普通高等教育"十四五"规划教材

U0184729

机械工程概论

钱 炜 丁晓红 沈 伟 等

·编著·

上海科学技术出版社

国家一级出版社
全国百佳图书出版单位

内 容 提 要

本书包括机械基础、机械设计、机械制造、机械电子与控制以及以汽车和机器人为典型的应用介绍等五个方面,旨在形成机械工程的知识脉络。在机械基础方面,包括力学、工程制图及工程材料等基础知识;在机械设计方面,包括机构、零件、机器与创新设计;在机械制造方面,包括切削、制造基础、传统制造、先进制造;在机械电子与控制方面,包括 PLC、液压与气压传动、数控技术、工业机器人等;此外,介绍了以汽车和机器人为典型的应用案例。本书从课程群的角度引入机械学科各方面的历史,结合社会发展不同时期对机械学科的需求,分别从机械工程的典型方向进行介绍,从而帮助读者建立围绕机械工程的整体知识体系。

本书适用于高等院校机械类专业的本科生和专科生,以及从事机械工程相关工作的技术人员。

图书在版编目(CIP)数据

机械工程概论 / 钱炜等编著. -- 上海 : 上海科学技术出版社, 2023.6
普通高等教育"十四五"规划教材
ISBN 978-7-5478-6142-4

Ⅰ. ①机… Ⅱ. ①钱… Ⅲ. ①机械工程-高等学校-教材 Ⅳ. ①TH

中国国家版本馆CIP数据核字(2023)第058709号

机械工程概论

钱 炜 丁晓红 沈 伟 等 编著

上海世纪出版(集团)有限公司
上海科学技术出版社 出版、发行
(上海市闵行区号景路 159 弄 A 座 9F - 10F)
邮政编码 201101 www.sstp.cn
上海新华印刷有限公司印刷

开本 787×1092 1/16 印张 14.25
字数:350 千字
2023 年 6 月第 1 版 2023 年 6 月第 1 次印刷
ISBN 978 - 7 - 5478 - 6142 - 4/TH·99
定价:69.00 元

编委会

主 编　钱　炜

副主编　丁晓红　沈　伟

编　委　（按姓氏笔画排序）

丁子珊	王　瀚	王双园	王神龙	王新华	叶　卉
申慧敏	史诗韵	朱文博	刘　芳	刘旭燕	刘思成
刘银华	江小辉	孙茂循	李　千	李天箭	杨　雪
杨丽红	吴　薇	吴恩启	吴晨睿	邱彬彬	汪昌盛
张　横	张永亮	陈　龙	陈　浩	陈　琦	陈光胜
林献坤	周　静	郑岳久	赵　倩	胡　源	宫赤坤
姚雨蒙	袁　静	顾春兴	倪卫华	高佳丽	郭维城
黄　瑶	董　琴	蒋会明	景大雷	熊　敏	

前　言

机械是高等工科院校开办最早的四大工科专业之一。机械工程是一门利用物理定律为机械系统做分析、设计、制造及维修的工程学科。国家要发展、要强盛,需要强大的机械制造业;机械制造业是国民经济的主体,是立国之本、兴国之器、强国之基,各国都把机械制造业的发展放在首要位置。机械工程的每一次技术革命和创新都推动了社会进步和人类文明发展。

近年来,机械工程学科取得了快速的发展。为帮助学生更快、更全面地了解机械工程学科的相关知识,多所高校均开设了概论类课程。本书基于概论类课程需求,在满足课程思政和工程教育认证两方面要求的前提下,秉承"新工科"的指导思想,以立德树人为根本,以扩宽学生知识面为目标,为学生介绍机械工程相关知识和应用。教材主要的编写思路包括:凝练基础知识,强调应用方法;扩展知识广度,融入前沿技术;融合多知识点,体现学科交叉;提供扩展素材,创新学习手段;强调基础知识与实践结合,增加典型案例。

本书聚焦于机械工程领域知识的全面性,不涉及过深的专业内容,力求内容精练、深入浅出,除介绍机械工程所涉及的基本知识外,大量融入现代机械设计、先进制造、机械电子与控制、车辆工程和机器人工程的最新发展成果,希望为刚入校的大一机械类新生展示机械工程领域的知识以及针对性应用,使学生了解到机械工程领域的科技人才所需具备的专业知识和专业技能。全书涵盖机械基础知识、机构学、机械设计与现代设计方法、机械电子与控制、计算机集成制造系统与智能制造、新能源及智能网联、机器人学、工业工程发展以及在多个领域的实际应用案例等内容,为学生全面介绍了机械工程学科的研究领域和方向,引导学生对机械工程学科有正确的认识,激发学生学习兴趣,提高学生培养质量。

上海理工大学孙跃东教授、李卫东教授,同济大学吴志军教授等,对教材进行了审定,对书稿提出了宝贵意见。本书部分内容和图片参考来源于网络,已尽可能在各章末参考文献中列出,在此一并对文献作者表示衷心的感谢。

本书由上海理工大学钱炜、丁晓红和沈伟担任主要编著人员。具体编写分工如下:本书第1章由丁晓红教授等负责撰写,第2章由陈龙教授等负责撰写,第3章由吴恩启副教授等负责撰写,第4章由杨丽红教授等负责撰写,第5章由陈光胜教授等负责撰写,第6章由刘银华教授等负责撰写,第7章由林献坤副教授等负责撰写。全书各章节由沈伟教授、袁静教授、申慧敏副教授、高佳丽副教授和叶卉副教授等进行统稿和整合,并做了交稿前的审定,在此一并表示感谢。

本书适用于普通工科院校机械类专业的低年级学生,也适用于各类成人高校、自学考试等有关机械类专业的学生,同时可供从事校企合作相关研究和实践的人员等参考。

机械工程学科涉及的知识面非常广泛,专业发展又日新月异,再加上时间仓促和编者水平有限,书中谬误在所难免,恳请专家、读者批评指正。

作者

目 录

第 1 章

机械工程概述

1.1 机械工程内涵及发展简史

1.1.1 机械工程的内涵

制造业是国民经济和国家安全、物质来源的主体产业,装备制造业是指为国民经济各部门进行再生产提供技术装备的各类制造业的总称。机械制造业是装备制造业的核心,它提供各种机器设备和系统给国民经济的各个部门,因此国民经济各部门的生产水平和经济效益很大程度上取决于机械制造业所提供的装备和系统的技术水平、工作性能和可靠性,国民经济的发展速度也很大程度上取决于机械制造业技术水平的高低和发展速度的快慢。

机械工程(mechanical engineering,ME)以相关的自然科学和技术科学为理论基础,研究机械系统与制造过程的基本原理和规律,为产品制造和各类工程活动提供工艺、装备、环境的科学原理和方法。其主要任务是把各种知识、信息融入设计、制造和控制中,应用各种技术(包括设计、制造及加工技术,维修理论及技术,电子技术,信息处理技术,计算机技术,网络技术等)和工程知识,使设计制造的机械系统和产品能够满足使用要求,并且具有市场竞争力。

机械工程的研究领域包括机械的基础理论、各类机械产品及系统的设计理论和方法、制造原理与技术、检测控制理论与技术、自动化技术、性能分析与实验、过程控制与管理等。随着机械工程学科及其相关学科的发展和相互交叉、渗透及融合,该学科的基础理论不断被充实和丰富,研究领域也随之拓宽和发展。

1.1.2 机械工程的发展简史

人类从远古时代就开始使用工具,最初发明工具的动机是为了省力,如石器时代的石刀、石斧等。在人类历史上,机械的发展可大致分为三个阶段:①古代机械阶段:从青铜器时代到14—16世纪欧洲文艺复兴运动。②近代机械阶段:从17世纪至第二次世界大战(简称"二战")结束。③现代机械阶段:从二战结束直到现在。详述如下:

1) 古代机械阶段

几千年前,人类就开始发明制造了用于谷物脱壳和粉碎的臼和磨、用来提水的桔槔和辘轳,以及车船和各种武器等。其中,杠杆、轮轴、滑轮、斜面、螺旋和尖劈被称为六种"简单机械",这些工具和机械所用的动力逐步从人自身的体力发展到利用畜力、水力和风力。这个时期,机械发明和创造主要集中在埃及、中国、欧洲(主要为古希腊、古罗马)三个地区。中国是世界上机械发展最早的国家之一,中国古代在机械方面有许多辉煌的发明创造,特别是在动力的利用和机械的设计上。东汉初的公元 31 年,杜诗发明了冶铸鼓风用的水排(图 1-1a),其原理是在激流中置一木轮,然后通过轮轴、拉杆等机械传动装置把圆周运动变成直线往复运动,以此达到起闭风扇鼓风的目的,其中应用了齿轮和连杆机构。东汉时期张衡(78—139)制作的水运浑天仪用精铜铸成(图 1-1b),主体是一个球体模型,代表天球,球体可以绕天轴转动。到了宋朝(11 世纪末),苏颂在其基础上制作了"水运仪象台"(图 1-1c),它是集观测天象、演示天象、计量时间和报告时刻的机械装置于一体的综合性观测仪器,采用了水车、桔槔、凸轮和杠杆等机械原理。明朝末年宋应星所著的《天工开物》系统地记述了中国农业、工业和手工业的生产工艺和经验,也包括金属的开采、冶炼、铸造和锤锻工艺,工具和机械的操作方法,船舶、车辆、武器的结构、制作和用途等。在中国以外,公元前 4700 年,埃及出现了搬运重物的工具,包括滚子、撬棒、滑轮和滑橇等,在建造金字塔时就是使用的这类工具。公元前 4 世纪亚里士多德(Aristotle)撰写的著作《机械问题》是现存最早的研究机械和力学原理的文献。公元 1 世纪时的古希腊哲学家希罗(Hero of Alexandria)在其著作《力学》中论述了杠杆、滑轮、螺旋、轮轴和劈的制作和应用。随着古希腊、古罗马的衰亡,欧洲进入中世纪后科技发展缓慢,但在中世纪晚期,机械技术开始逐渐复苏。14—16 世纪欧洲发生了文艺复兴(Renaissance)运动,这是历史上第一次资产阶级思想解放运动,是后来包括资产阶级革命、工业革命在内的一系列社会变革的序幕。在这个时期,社会和生产力的发展加速,也包括机械的发展加速。中国毕昇发明的活字印刷术在约 13 世纪传到欧洲后,1434 年德国人古腾堡(J. Gutenberg)发明了螺旋加压、可双面印刷的平板印刷机,1450 年他在故乡美因兹(Mainz)建立了印刷厂。1588 年英国人发明了针织机。15 世纪意大利人发明了转臂式起重机。16 世纪中叶,瑞士出现了钟表制造业,钟表制造业的发展则为工业革命中机床的发展奠定了基础。

(a) 水排　　　　　　　　(b) 水运浑天仪　　　　　　　(c) 水运仪象台

图 1-1　中国古代机械发明

2) 近代机械阶段

18 世纪 60 年代英国开始了第一次工业革命,其间最重要的机械发明是珍妮纺纱机和瓦特(J. Watt)的蒸汽机,珍妮纺纱机(图 1-2a)通常作为英国工业革命开始的标志。随着机械化装置的使用,动力成为制约机器生产进一步发展的严重问题,这导致了蒸汽机的发明。从

1759 年开始,瓦特开展了一系列改进蒸汽机的试验,至 1790 年,瓦特发明了汽缸示功器,历时 30 年,终于完成了蒸汽机发明的全过程(图 1-2b)。蒸汽机的发明极大鼓舞了各行各业使用和发明机器的热情,如蒸汽机车和蒸汽轮船等推动了铁路交通和远洋运输的发展。1785 年,爱德蒙特·卡特莱特发明了动力织布机(图 1-2c),并于 1791 年建造了第一座动力织布机工厂,实现了纺织行业的机械化生产。

(a) 珍妮纺纱机　　　(b) 瓦特的蒸汽机　　　(c) 动力织布机

图 1-2　近代机械

蒸汽机技术的不断完善推动了交通运输的发展:1814 年,史蒂文森设计了第一台蒸汽机车;1807 年,富尔顿发明了蒸汽船。同时也促进了工程机械与矿山机械的进步:1835 年,美国人威廉·奥蒂斯设计和制造了第一台蒸汽驱动的挖掘机;1825 年,布鲁内尔发明了盾构机,第一台实用的盾构机于 1846 年制造出来;1858 年,破碎矿石用的颚式破碎机问世;1805 年,伦敦船坞建造出第一批蒸汽驱动的起重机,并于 19 世纪前期开发出桥式起重机。19 世纪中叶,随着发电机和电动机的发明,世界进入了电气时代,西门子发明发电机是进入电气时代的标志,也是 19 世纪 60—70 年代第二次工业革命开始的标志。在这个阶段,内燃机、汽车和飞机的发明,开始了新的交通运输革命。1885 年,本茨研制成功第一辆三轮汽车(图 1-3a),次年,戴姆勒制成了世界上第一辆四轮汽车(图 1-3b),二人被称为"汽车之父"。

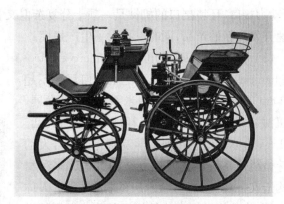

(a) 本茨第一辆三轮汽车　　　　(b) 戴姆勒第一辆四轮汽车

图 1-3　第一辆汽车

1903 年,莱特兄弟制造的飞机试飞成功(图 1-4),此后各国的航空工业陆续建立起来。

经过两次工业革命,机械向高速、大功率化、自动化、精密化和轻量化方向发展,并且这一趋势一直持续至现在。

3）现代机械阶段

二战以后，微电子技术、电子计算机和集成电路的出现，以及运筹学、现代控制论、系统工程等基础理论和软科学的产生和发展，推动了机械工程科学技术产生质的飞跃，全球范围内兴起了第三次技术革命。第一、二次技术革命是动力革命，而第三次技术革命则是信息化的革命，它以信息技术、原子能技术和航天技术为代表，涉及新能源技术、新材料技术、生物技术和海洋技术等领域。这一时期，最重要的发明无疑是电脑，电脑出现并

图 1-4　莱特兄弟飞机试飞

运用到生产中，使机械的生产效率、精确度提高到了一个前所未有的高度。20 世纪 80 年代以来，信息产业的崛起和通信技术的发展，使得在机械领域出现了新的制造理念和生产模式，如计算机集成制造、精益生产、智能制造、快速原型制造、并行工程、协同设计和协同制造等。进入 21 世纪，机械工程科学技术正向数字化、极端化、智能化、网络化、绿色化、精密化等方向发展。在产品的服役功能与工作品质不断向新的极端发展的挑战下，机械工程领域出现以下主要的发展趋势：

（1）智能化。指对机器行为的描述，是在控制理论的基础上，吸收人工智能、运筹学、计算机科学、模糊数学、心理学、生理学和混沌动力学等新思想、新方法，模拟人类智能，使其具有判断推理、逻辑思维、自主决策等能力，以求得更高的控制目标。未来如何进一步将新一代信息技术与机器学理论深入融合，在设计、制造、运行、维护的全生命周期中对机械产品和装备赋能，实现性能、功能大幅提升甚至革命性变化，是推动智能制造水平大幅提升的一个重要内容，也是当前装备质量水平提升的努力方向。

（2）模块化。由于机械产品种类和生产厂家众多，研制和开发具有标准机械接口、电器接口、动力接口、环境接口的机械是一项十分复杂但又非常重要的事。模块化可以利用标准单元迅速开发出新的产品，同时也扩大了生产规模。

（3）微型化。微机电系统（micro-electro-mechanical system，MEMS）泛指几何尺寸不超过 1 cm 的机械产品，并向微米级、纳米级发展。微机械自动化产品体积小、耗能少、运动灵活。图 1-5 为苏黎世联邦理工学院研究人员开发的医疗微机械系统。其通过复杂的方式将多种材料构造在一起，制造出微米级的机器，通过人体的血管，将药物送到身体的特定部位。微机械设计发展的瓶颈在于微机械技术，微机械产品的加工采用精细加工技术。

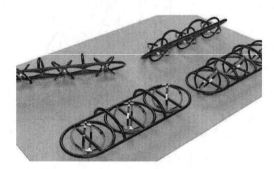

图 1-5　微机械

（4）绿色化。绿色制造涉及产品的整个生命周期，有四个层次的含义：①绿色设计：在设计阶段，产品本身应节能减排，为了可回收再制造，设计阶段还需要考虑产品的拆卸、回收、修理问题。②绿色材料：采用对环境友好的材料制造机械产品。③绿色工艺：采用低能耗

制造工艺和环境友好的生产技术。④处理回收绿色化：机械产品的再制造技术是有效的技术之一。

（5）人格化。未来的机械产品更加注重与人的关系，机械产品的最终使用对象和服务对象都是人，如何赋予机械智能、情感、人性显得越来越重要。

1.2　机械工程教育知识架构

1.2.1　专业教育的组成

专业教育包含相应的学科领域，符合专业的培养目标。一般地，机械工程专业教育可分为以下四个模块：

（1）人文与社会科学。该模块涵盖一个人全面发展必须具备的基本素养，须包括哲学、政治经济学、法律、社会、环境、历史、文学艺术、外语、工程经济学、管理学等。

（2）数学和自然科学类。该模块是专业教育的理论基础。数学类包括线性代数、微积分、微分方程、概率和数理统计等；自然科学类科目包括物理和化学，也可包括生命科学基础等。

（3）工程科学类。该模块以数学和自然科学为基础，侧重于发现并解决实际工程问题，一般包括数值计算、模拟、仿真和实验方法的应用。相应课程包括理论力学、材料力学、流体力学、传热学、热力学、电工电子学、控制理论和工程材料等。

（4）专业理论和实践类。该模块以数学、自然科学及工程科学的知识为基础，涵盖机械产品和系统的开发设计、加工制造、检测控制及项目管理等专业知识领域，侧重于培养学生对机械产品和系统的设计开发、分析和研究能力。相应课程包括机械原理、机械设计、机械制造、机电控制及测试、信息处理及生产过程、项目管理等，同时还须包括必要的计算机相关知识。另外，由于机械工程是应用科学，因此还应设置金工实习、生产实习、课程设计、毕业设计等实践课程。

1.2.2　专业知识体系的结构

机械工程专业知识体系可分为 4 个层次，具体包括：

（1）知识领域。用于组织、分类和描述知识体系的高级结构元素，代表了特定的学科子领域，是本科生应该了解的一个重要内容。在机械工程专业中，知识领域可分为四个，包括机械设计原理与方法、机械制造工程原理与技术、机械系统中的传动与控制、计算机应用技术。知识领域通常用课程群来支撑。

（2）子知识领域。包含于各知识领域中，是知识领域中独立的主题模块，如"机械设计原理与方法"知识领域，包含形体设计原理与方法、机构运动及动力设计原理与方法等，一般可用课程来支撑。

（3）知识单元。包含于各子知识领域中，是子知识领域中独立的专题模块，如"机构运动及动力设计原理与方法"子领域中，包含机构的结构分析、机构的运动分析等知识单元，一般用课程中的章节来支撑。

（4）知识点。知识体系的最底层是知识点，若干个知识点组成知识单元，如"机构的组成"就是"机构的结构分析"中的一个知识点。

以上 4 个层次之间的相互关系如图 1-6 所示。

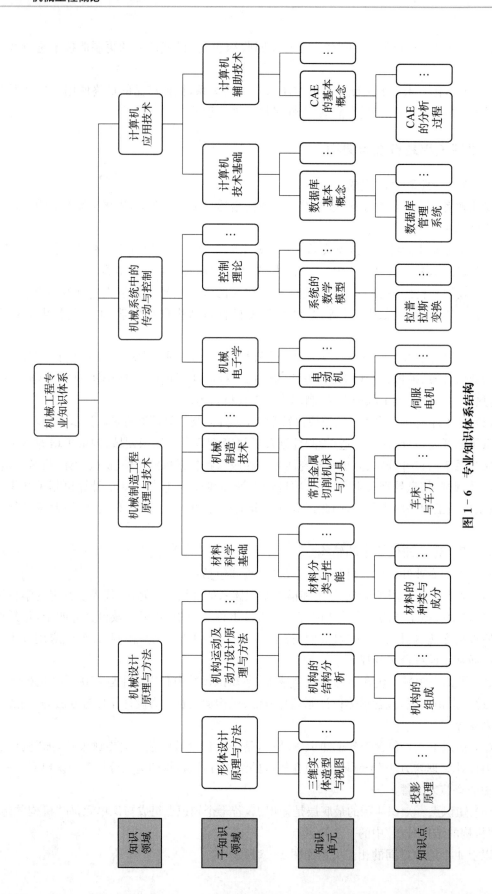

图 1 - 6 专业知识体系结构

1.2.3 知识领域、子知识领域及其对应的主要课程

1) 机械设计原理与方法

产品的性能、质量和成本很大程度上取决于设计。产品是否能满足用户的需求、是否具有市场竞争力,设计是关键,产品的创新和创造更是必须从设计开始。因此,在机械产品设计中需要特别重视从系统的观点出发,合理地确定系统的功能,重视机电技术的有机结合,新技术、新工艺及新材料的应用,提高产品的可靠性、经济性和安全性。

基于认知规律和设计能力培养的渐进性,并结合工程设计特点,将"机械设计原理与方法"知识领域划分为表1-1所示的5个子知识领域:

(1) 形体设计原理和方法。主要是指机械零部件形体结构的设计构思和表达。

(2) 机构运动与动力设计原理和方法。指以实现运动传递与变换的机构为对象,解决机构设计中的运动学、动力学等问题。

(3) 结构与强度设计原理和方法。指在实际工况下机械系统组成单元的方案设计、工作能力设计和结构设计,包括标准件的选择计算等。

(4) 精度设计原理和方法。指从工作要求、工艺性和经济性等角度进行常用零件配合、形状与位置公差及表面粗糙度的选用和标注,并了解有关检验、测量技术与方法。

(5) 现代设计理论和方法:为获得可行、可靠、有效的设计结果提供理论和方法的支持。

各子知识领域对应的主要课程见表1-1。

表1-1 知识领域、子知识领域及其对应的主要课程

知识领域	子知识领域	对应的主要课程
机械设计原理与方法	形体设计原理和方法	画法几何与机械制图
	机构运动与动力设计原理和方法	理论力学、机械原理、机械振动学
	结构与强度设计原理和方法	材料力学、机械设计
	精度设计原理和方法	互换性原理与测量技术
	现代设计理论和方法	现代设计理论和方法
机械制造工程原理与技术	材料科学基础	工程材料与应用
	机械制造技术	材料成型技术基础、机械制造技术基础、制造装备和过程自动化技术
	现代制造技术	数控技术、特种加工
机械系统中的传动与控制	机械电子学	电工技术基础、电子技术基础、测试技术
	控制理论	控制工程基础、计算机控制技术
	传动与控制技术	微机原理、液压与气压传动、机电传动与控制工程
计算机应用技术	计算机技术基础	大学计算机基础、网络与系统集成、数据库原理与应用、高级语言程序设计
	计算机辅助技术	计算机绘图、计算机辅助设计与制造、计算机辅助工程

2）机械制造工程原理与技术

利用机械设备、工具与技术，将原材料经加工、处理和装配后形成最终产品，包括材料选配、毛坯制作、零件加工、检验、装配、调试、包装、提交运输等全过程。"机械制造工程原理与技术"知识领域划分为3个子知识领域（表1-1）：

（1）材料科学基础。包括常用材料的种类、性能及其改进方法，材料的选择等。

（2）机械制造技术。包括毛坯成型、金属切削加工、常用机床及工具、加工工艺规程制定、加工精度及控制等零部件制造相关技术。

（3）现代制造技术。包括数控加工原理和方法、特种加工原理和方法等。

3）机械系统中的传动与控制

自动化已经成为现代机械工程的重要特征和发展趋势，随着科学技术的发展，自动化已经由自动控制、自动调节、自动补偿和自动辨识等技术发展到自学习、自组织、自维护和自修复等更高的技术水平。随着自动化技术在机械工程领域的普遍应用，机械系统已经发展为机、电、液、光一体化系统。在机械系统中，控制单元是系统的中枢，控制系统各部分功能的实现；传动单元则是连接原动机和执行单元的载体。按照层次不同，将"机械系统中的传动与控制"知识领域也划分为3个子知识领域（表1-1）：

（1）机械电子学。包括电工电子技术、模拟电路和数字电路、传感器及测量技术等。

（2）控制理论。包括系统的特性分析、计算机控制技术等。

（3）传动与控制技术。包括单片机、电力电子技术、流体传动与控制等。

4）计算机应用技术

将计算机作为工具用于产品的设计、制造和测试等过程，包括计算机辅助设计、计算机辅助制造等技术。将"计算机应用技术"知识领域分为2个子知识领域（表1-1）：

（1）计算机技术基础。包括计算机应用的基础知识和原理、计算机网络的原理和集成应用、数据库原理和应用等。

（2）计算机辅助技术。包括计算机辅助设计（computer aided design，CAD）、计算机辅助制造（computer aided manufacturing，CAM）及CAD/CAM集成技术等。

1.2.4 课程体系

专业知识体系需要通过课程教学来实现，因此明确了知识体系后，需要构建相应的课程体系。专业培养目标决定了毕业生的毕业要求，而毕业要求的落实也是通过课程体系来支撑的。培养目标、毕业要求、课程体系之间的关系如图1-7所示。

图1-7 培养目标、毕业要求和课程体系的关系

1）专业培养目标

培养目标一般基于社会经济和行业发展需求、企业人才需求及学校培养定位等来制定，是一个专业对其培养的人才5年左右能够达到的职业和专业成就的总体描述。例如，某高校机械设计制造及其自动化专业的培养目标为：本专业培养"工程型、创新性、国际化"的机械工程领域专业工程师，可胜任机械及其相关工程领域的技术和管理工作。具体目标包括：

（1）能综合运用工程数理知识和机械工程专业知识，提出、分析和解决所在领域的复杂工程问题。

（2）能跟踪机械工程及其相关领域的前沿技术，创新性地运用现代工具从事相关产品的设计、开发和生产，并具有工程项目的管理能力。

（3）理解并遵守职业操守，熟知工程规范，在工程实践中能综合考虑法律、环境和可持续发展等因素的影响。

（4）能开展多学科、跨文化的技术交流，具备团队协作、沟通和表达能力。

（5）具有国际视野，在终身学习、专业发展方面表现出担当和进步。

2）毕业要求

毕业要求是对学生毕业时应该掌握的知识和能力的具体描述，包括学生通过本专业的学习所掌握的知识、技能和素养。中国工程教育认证通用标准规定的毕业要求包括：

（1）工程知识。指能够将数学、自然科学、工程基础和专业知识用于解决复杂工程问题。

（2）问题分析。指能够应用数学、自然科学基本原理，并通过文献研究，识别、表达、分析复杂工程问题，以获得有效结论。

（3）设计/开发解决方案。指能够设计针对复杂工程问题的解决方案，设计满足特定需求的系统、单元（部件）或工艺流程，并能够在设计环节中体现创新意识，考虑法律、健康、安全、文化、社会以及环境等因素。

（4）研究。指能够基于科学原理并采用科学方法对机械领域复杂工程问题进行研究，包括设计实验、分析与解释数据，并通过信息综合得到合理有效的结论。

（5）使用现代工具。指能够针对复杂工程问题，开发、选择与使用恰当的技术、资源、现代工程工具和信息技术工具，包括对复杂工程问题的预测与模拟，并能够理解其局限性。

（6）工程与社会。指能够基于工程相关背景知识进行合理分析，评价专业工程实践和复杂工程问题解决方案对社会、健康、安全、法律以及文化的影响，并理解应承担的责任。

（7）环境和可持续发展。指能够理解和评价针对复杂工程问题的工程实践对环境、社会可持续发展的影响。

（8）职业规范。指具有人文社会科学素养、社会责任感，能够在工程实践中理解并遵守工程职业道德和规范，履行责任。

（9）个人与团队。指能够在多学科背景下的团队中承担个体、团队成员以及负责人的角色。

（10）沟通。指能够就复杂工程问题与业界同行及社会公众进行有效沟通和交流，包括撰写报告和设计文稿、陈述发言、清晰表达或回应指令；并具备一定的国际视野，能够在跨文化背景下进行沟通和交流。

（11）项目管理。指理解并掌握工程管理原理与经济决策方法，并能在多学科环境中应用。

（12）终身学习。指具有自主学习和终身学习的意识，以及不断学习和适应专业发展的能力。

3）课程体系

基于毕业要求和机械工程专业知识体系，本书作者所任教的上海理工大学机械设计制造及其自动化专业的课程体系如图1-8所示。

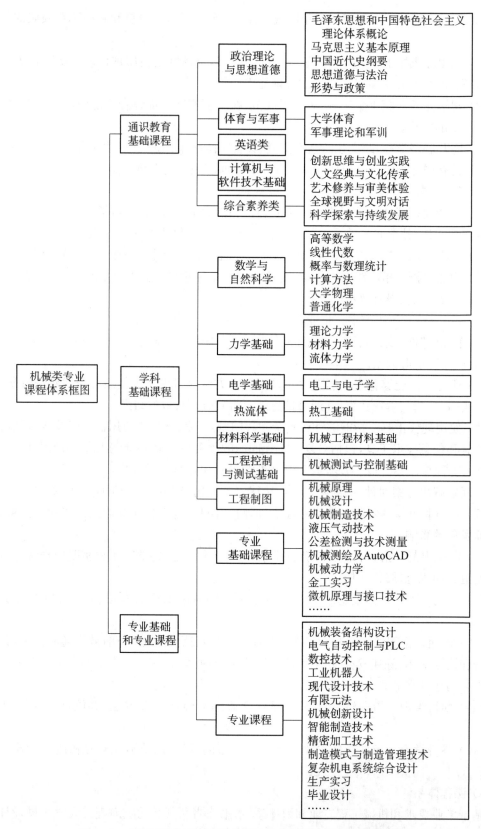

图1-8 上海理工大学机械设计制造及其自动化专业的课程体系

1.3 机械工程学科的教育

1.3.1 机械工程教育的起源

机械工程从最简单的杠杆、轮轴螺旋等到引起第一次工业革命的蒸汽机,直至今天的智能机器人,它有着自己的辉煌历史。

机械技术在世界范围内很早就有运用,并且为人类生活带来了巨大便利,当然也对人类生活和人类社会的发展起到了很大的作用。从古至今,具有历史意义的机械都充分展现了其在历史长河中是在不断发展的。但是真正意义上的机械教育却是在近代从西方开始的。

15—18 世纪,机械技术已经发展得极其迅速,而且在欧洲诞生了工程科学。许多科学家如牛顿、伽利略、胡克等,为新科学奠定了多方面的理论基础。17 世纪 60 年代出现了科学学会;其他国家也先后建立起一些科学学院,如法国科学院、俄国科学院、柏林科学院等,这些学术机构冲破了当时教会的束缚和禁锢,展开自由讨论和简单教授,交流学术观点和试验结果,因而促进了科学技术和机械工程的发展,也为最初的机械工程教育和发展准备了条件。

19 世纪时,机械工程的知识总量还很有限,在欧洲的大学院校中它通常还与水利工程、土木工程、建筑工程综合为一个学科,被称为民用工程,19 世纪下半叶才逐渐成为一个独立学科。这一时期机械工程在世界范围内出现了飞速发展并获得了广泛的应用,其理论基础也在不断地完善和进步中。在这一历史时期内,世界上发生了引起社会生产巨大变革的工业革命。工业革命最先在英国兴起,后来逐渐在其他国家相继展开,前后延续了一个多世纪。当然在这一变革阶段中,机械工程教育也得到了一个良好的发展契机,并不断根据社会上产生的机械成就进行理论总结和交流,不断发展现有理论基础。也正是在这个阶段中,机械工程教育开始在世界各地不断展开,世界开始共享工业革命带来的福利,机械工程教育作为发展机械工程技术的理论基础,为机械技术的发展起到了基础作用,并得到社会广泛的重视,因此带来了机械教育的一个发展契机。

进入 20 世纪,随着机械工程技术的发展和知识总量的增长,机械工程开始分解,陆续出现了专业化的分支学科,这种分解的趋势在 20 世纪中期即二战结束前后达到最高峰。由于机械工程的知识总量已扩大到远非一个人所能全部掌握,所以一定的专业化是必不可少的。

综合—专业分化—再综合的反复循环,是知识发展合理的和必经的过程。但是,综合的恢复,不能是现有专业的简单合并,而是在更高一级上的综合,其目的是能更好地发挥专业知识作用。不同专业的专家们各具精湛的专业知识,又有足够的综合知识来认识、理解其他学科的问题和工程整体的面貌,才能形成互相协同工作的有力集体。

二战结束后,当世界局势渐趋平息,世界在二战的阴影中发现了工业的重要性,而机械工程又是工业的基础,从而人们更加注重机械工程的发展。至此,机械工程教育在世界范围中展开。

1.3.2 机械工程教育在中国的发展

中国机械技术在明朝中期以前都处于世界先进行列,中国古代的机械发明和机械工艺技术在世界发展史上也是具有重大意义的。但由于一些历史因素,中国机械技术开始落后于西方并且开始不能满足当时社会发展的需要。1840 年的鸦片战争打破了清朝闭关自守政策的壁垒,随之中国开始了自己机械史的近代时期。

1) 中国机械工程教育的开始

中国近代机械工程教育源于清朝洋务运动时期,当时被派到西方学习先进科学技术的中国留学生,是中国最早一批接触机械工程教育的人员。洋务派倡议革新教育,并在这一变革中成立起来中国本土的科学教育机构,左宗棠奏请创设船政学堂,学造西洋机器以成轮船。机械工程教育应运而生。同治二年(1863 年),江南制造局成立工艺学堂及操炮学堂,训练制造和使用枪炮人才。1867 年 1 月,福州船政学堂前学堂开学,开设了机器学、机械制图、蒸汽机构造、法语等课程,聘请外国人任教,设前、后学堂分别训练驾驶和轮机士官生。这是中国培训机械制造技术人员及轮机人员的开端。同年曾国藩开办学校,培养机械工程师。江南制造局于 1868 年开始翻译"有裨制造之书"。在 1896 年办工艺学堂,下设化学工艺、机器工艺两科,由中国人任教,学制四年。

1895 年 10 月,孙宣怀创办天津中医学堂,以美国哈佛大学、耶鲁大学学制为蓝本,学制四年。其机械工程科开创了中国的高等机械工程教育。1896 年,盛宣怀向清政府建议在各省都开办一所学堂,被采纳。1903 年,清政府制定大学学堂章程,统一规定机器工学课程为 23 门,包括算学、力学、应用力学、热机学、机器学、热力学、水力学、水力机、机器制造学、应用力学制图及实验、计划制图及实验、蒸汽及热力学、机器几何学及机器力学、电气工学、电气工学实验等。1905 年废除科举、办新学,机械工程教育逐渐有了发展,慢慢地为中国的近代科学教育掀开了新纪元。1913 年民国北京市政府教育部公布《大学规程》,机器工学课程被调整为 22 门。

第一次世界大战期间,资本主义国家无暇东顾,加之辛亥革命和爱国民主运动的推动,中国近代工业特别是民族资本机器工业发展迅速,对专业技术人才的需求量日益增加。为适应当时中国经济发展之急需,包括机械教育在内的工程教育也有了较大发展。清末办的高等学堂主要由外国人任教,民国以后的大学虽多由留学归国人员执教,但所用教材仍是国外的。20 世纪 20 年代后期,为了追求"学术之独立发展",中国教师开始自编部分中文教材。

抗日战争爆发后,为适应战时工业、军事之急需,促进工程教育之发展,国民党教育部组建了工业教育委员会,并动议设立工业专科学校,教授应用科学与技术,培养工程技术人才。这种工业专科学校可单独设立,亦可附设于大学工学院,学制两年,以高中毕业生为招生对象,分设 21 科,其中机械类学科有机械制造、热工、汽车、机车、造船等数科。为造就中级工程技术人才,国民党教育部还创设了一种新制度,即设立技艺专科学校,两年内便建成了中央、西康、西北三所技艺专科学校。还在西南、西北各省增设了几所培养初级技术人员的实用职业学校。由于战时官办、民办机械厂都急需大量技工,经济部成立了专门的技工训练处,在调查基础上制订了初步训练规划,开办了一些培训机构,编写了培训教材。但那时由于帝国主义侵略和社会政治腐败,机械工业基础薄弱,机械教育专门机构的发展道路曲折、步履维艰。只有到了 1949 年以后,机械工程教育才迎来大发展的春天。

1950 年以前,中国高等工程教育已初具规模,能培养大学本科生和个别硕士研究生,为后来机械工程教育的大发展打下了基础。当然,那时招生人数少,远不能满足机械科技和机械工业发展的需要。

2) 中国机械工程教育的发展

1952 年,在苏联高等教育体制的影响下,中国进行了高等学校院系调整,从此中国工程教育进入一个新的发展时期。

中华人民共和国诞生以后,中央人民政府重视教育事业,注意到国家即将转入全面建设,迫切需要培养大量建设人才。因此,于 1950 年召开了第一次全国高等教育会议。当时全国除台湾地区外,共有高等学校 227 所(各地人民革命大学一类性质的学校和各地军政大学不包括在内),学生共约 134 000 人,其中机械类专业学生约 8 000 人。到 1958 年,高等学校学生达 660 000 人,其中机械类专业学生约 80 000 人,为 1947 年机械类专业学生(约 7 000 人)的 11 倍之多。1949—1959 年机械工程教育的改革和发展,大体上可分为三个阶段:

(1) 1949—1952 年为初步改革阶段。当时提出的方针是"维持原有学校,逐步改善"。各大学的机械工程系学制仍为四年;教育计划仍按各校原定计划进行,只是设立社会发展史、新民主主义论等政治教育课程,取消了国民党党义等课程,当时由北京大学工学院机械系初步制订了教学计划及学习计划,作为试点;教材则采用过渡办法,逐步由英文教材改为中文。为了适应革命建设急需,华北地区各大学都设立了机械专修科,学制两年,其任务为培养机械工程实际专门人才,课程以实践为主,配以必要的理论。

(2) 1952 年年底—1957 年为改革的第二阶段。这一阶段,在全国范围内,进行了大规模的院校调整工作,明确了各院校的任务和分工。着重加强了工科院校,尤其是加强了机械类型的专业。从 1953 年起,高等工科院校的中心工作转到大力学习苏联经验,结合中国实际,对学校的教学制度、教学内容、教学方法和教学组织进行了全面的改革。中国机械工程教育有了很大的改变和重大的发展。学制由四年改为五年,培养目标明确规定为培养机械工程师,贯彻执行了苏联专家协助制订的各机械类专业教学计划和各科教学大纲。尤其是机械制造类专业扩展最快,例如机械制造工艺、铸造工艺、金属压力加工、金属学及热处理、焊接工艺等专业,都是过去没有设置的。机械专业课程的增设以及专业教材的编译,进展极快。以机械制造工艺专业为例,新开的课程有金属切削原理、机械制造工艺学、夹具设计原理、机械加工工艺过程自动化等,各课程教材也相继编译出版。按照理论联系实际的原则,建立了课堂讲授、课堂讨论、习题课、实验课、课程设计、生产实习、毕业设计等一系列教学环节,增设认识性实习、生产实习及毕业实习,建立了很多新的实验室,为机械制造专业的发展奠定了基础。

(3) 1957—1959 年为改革的第三阶段。机械工业是工业的心脏,随着中国经济建设的飞跃发展,中国机械工程教育取得了巨大的成绩,培养出大量的机械工程方面的建设人才。从 1952 年起到 1980 年止,机械工程类专业的毕业学生达到 297 500 多人,约为工科毕业学生总人数的 26%。目前在校学生已达到 110 800 多人,为 1949 年前最高年份在校学生的 16 倍。

3) 中国机械工程教育发展的黄金阶段

推进新型工业化是中国现代化的重要组成部分,工业化是世界各国经济发展的普遍规律,是发展中国家走向现代化的必然选择。在工业化进程中,制造业是国民经济的物质基础和重要产业,是一个国家实现现代化的原动力和国家实力的支柱。通过加快发展机械工程教育来推动先进制造技术进步改造和提升传统产业,是加快实现工业化和现代化的基础和前提。因此,中国机械工程教育要追逐世界工程技术的发展步伐,就要形成多层次多类型的机械工程教育人才培养体系。

当今中国机械工程教育的发展表现为:机械工程教育的规模不断增长,结构逐步优化。在中国的高等学校当中,机械工程教育包括了研究生、本科生和高等职业教育三个层次。分为机械设计制造及自动化、材料成型及控制工程、工业设计、工程装备及控制工程等专业,机械类专业成为工程教育当中的第二大专业,基本适应了国家工业化进程对各个层次机械工程人才的需求。

机械工程教育质量逐步提高,比较优势日益明显。在中国,始终有一大批优秀的中学生,把成为一名机械工程师作为自己的理想,机械工程专业拥有比较优秀的生源;蓬勃发展的机械工业也为机械工程教育的毕业生提供了施展才华的广阔舞台。有关部门的权威抽样调查显示,多年以来,机械工业一直保持着旺盛的人才需求。社会对机械类专业毕业生的总需求位列社会需求的前几位。同时在机械工程教育的人才培养当中,高校十分注重机械工程和电子技术结合、教育教学和科研结合、教学和生产实际结合,也十分注重借鉴国外机械工程教育的有益经验。机械工程教育培养的新一代工程技术人员,已经成为支撑中国企业发展和提升中国企业竞争力的骨干力量。

高校机械工程学科的实力显著增强,产学合作更加紧密。中国实施的"985 工程"和"211 工程"也即高水平大学建设和重点学科建设的工程,以及教育振兴行动计划等高等学校的建设计划,通过创新体制机制,搭建创新平台,加强队伍建设和加大经费投入等措施,使一批高等学校的创新能力明显增强。高等学校通过广泛开展产学结合,建立了与企业的紧密联系。

1.3.3　中国机械工程教育发展的未来

总的来说,中国机械工程教育的起步相比西方国家来说慢了许多,也由于一些自身的历史原因出现了一段时间的缓慢发展。但是也正由于中国机械工程教育自身拥有的一些体制和时代因素,为其发展带来了一些机遇和创造了条件。当前中国机械工程教育已经发展得相对成熟,各方面都在不断地完善和提高,并与国外工程教育在不断地交流、相互促进与竞争中。

2016 年 6 月,中国正式加入国际上最具影响力的工程教育学位互认协议之一——《华盛顿协议》,《华盛顿协议》是一个有关工程学士学位专业鉴定、国际相互承认的协议。中国正式成为《华盛顿协议》成员国,标志着中国工程技术人才的培养与《华盛顿协议》成员国之间的国际互认进入了一个新阶段。

工程教育专业认证是指专业认证机构针对高等教育机构开设的工程类专业教育实施的专门性认证,由专门职业或行业协会(联合会)、专业学会会同该领域的教育专家和相关行业企业专家一起进行,旨在为相关工程技术人才进入工业界从业提供预备教育质量保证。协会将根据中国工程教育改革发展需要,以及国际工程教育发展变化趋势,不断完善工程教育认证体系,更好地保障中国工程教育人才培养质量,提高工程教育对产业发展的适应性,为国家经济社会发展和工业现代化建设做出更大贡献。

机械工程学科具有悠久的历史,在其引领下,中国机械工业和制造业得到了飞速的发展,以机械工程学科知识为基础的制造业已经成为关系国计民生、经济发展和国防安全的支柱产业。在中国,从制造业大国向制造业强国转型的道路上,高等学校人才培养工作肩负着重要的使命,是完成这一重大突破与转变的关键所在。机械工程是典型的工程学科,自然要勇于创新,敢于尝试,贯彻以创新创业教育为核心的改革思路,不断扩散与渗透到改革实践当中,从而促进相关产业结构的调整比例、优化升级,推动技术发展、社会可持续发展,实现制造强国和创新型国家建设的战略目标,工程教育的实践性、综合性、经济性和创新性是工科人才培养的基本特征。从机械工程专业的角度来说,每一位合格的毕业生应当具有扎实的机械专业知识储备、综合应用科学理论和技术手段分析工程问题的能力、采用科学方法对复杂工程问题进行研究的能力。了解国家的机械产业相关政策,具备强烈的社会责任感与遵守工程职业道德规范的意识,拥有自主学习与适应发展的能力,理解并掌握工程管理原理与决策方法以及项目管理能力。

新工科专业是以智能制造、云计算、人工智能、机器人等用于传统工科专业的升级改造,相比传统的工科人才,未来新兴产业和新经济需要的是实践能力强、创新能力强、具备国际竞争力的高素质复合型新工科人才。

相信中国机械工程教育也随着中国综合国力的不断强大,得到更好的发展,并取得高质量的教育成果。

参考文献

[1] 张策. 机械工程史[M]. 北京:清华大学出版社,2015.

[2] 周济. 中国机械工程教育现状和未来发展方略[J]. 高等工程教育研究,2006(6):1-3.

[3] 王章豹. 中国近代机械工程教育机构发展史略[J]. 机械工业高教研究,1999(4):62-69.

[4] 李世栋. 晚清机械工程教育简述[J]. 教育现代化,2017,4(19):172-174.

[5] 张柏春. 20世纪前叶中国机械工程教育概况[C]. 第五届全国机械设计及制造专业教学研讨会议论文集(卷2 教学史志),1995:109-111.

[6] 朱立达,宁晋生,巩亚东,等. 基于机械工程学科的新式工程教育模式改革探析[J]. 中国大学教学,2018(8):19-25.

[7] 冯立昇. 刘仙洲院士与中国机械工程教育[J]. 智慧中国,2021(9):42-44.

[8] 中国机械工程学科教程研究组. 中国机械工程学科教程[M]. 北京:清华大学出版社,2017.

第 2 章

机 械 基 础

2.1 概述

2.1.1 机械系统模型化与数据化

机械系统是机电一体化系统的最基本要素，主要用于执行机构、传动机构和支撑部件，以完成规定的动作，传递功率、运动和信息，支撑连接相关部件等。随着科技的发展，机械的内涵不断变化，机电一体化已成为现代机械的最主要特征，机电一体化拓展到光、机、电和声控制等多学科的有机融合。现代机械系统综合运用了机械工程、控制系统、电子技术、计算机技术和电工技术等多种技术，是将计算机技术融合于机械的信息处理和控制功能中，实现机械运动、动力传递和变换，完成设定的机械运动功能的机械系统。那么如何来认识、设计、控制和制造这么一个复杂的机械系统呢？

仅仅在 20 年以前，大多数人获得的知识只能来自书架上的几本书。现在，数据正以前所未有的维度和粒度急速地涌现出来。例如，过去消费者的购买数据只能以每月汇总表的形式打印出来，而现在却可以与空间、时间信息及消费者"标签"一起实时传输；过去学生的学习成绩数据仅仅是一个期末总成绩，而现在也包括每一份作业、每一篇论文、每一次测验和考试的分数；过去农场工人也许只能在每月一次的农场会议上提出土壤过于干燥的问题，而现在却能够通过拖拉机自动传输以平方米为单位的关于土壤肥力和水分含量的实时数据。人们开始需要模型，不然就无法理解计算机屏幕上不断滑过的数据流。如今，用模型组织和解释数据的能力，已经成为工程师、商业策略家、城市规划师、经济学家、医疗专家、精算师和环境科学家等专业人士的"核心竞争力"。任何人，只要想设计产品、分析数据、制订业务发展策略、分配资源和起草协议，就必须应用模型，也要运用模型思维。模型是用数学公式和图表展现的形式化结构，它能够帮助人们理解世界。

掌握各种模型，可以提高推理、解释、设计、沟通、行动、预测和探索的能力。现代科学和工程技术的核心是系统概念和系统模型。分析任何一种动态系统，都应首先建立它的数学模型，建立一个合理的数学模型是分析过程的关键。模型是为研究系统而构造出的用来收集有关信息的替代物，利用这些信息预测系统的性能或运动状态，从而进行设计或控制。广义上，所有的科学研究与技术开发活动都是人们认识客观对象特性，抽象和建立相关系统模型并采用该系统模型解决实际科学技术问题的过程。因此，学术研究与工程技术研发过程特别强调以系统模型构建和应用为核心。基于模型的系统工程倡导研究者和工程师建立多学科相互关联的数字化系统模型,并运用系统模型研究和解决各类科学与工程技术问题。复杂产品(装备)的设计、加工、装配和运行维护,需要多领域模型的支持。

机械系统的数学模型是对机械系统动态特性的数学描述,通常用微分方程来进行描述。机械系统的数学模型通常可分为离散系统和连续系统两大类;也可以根据描述系统的微分方程是否为线性,分为线性系统和非线性系统;有时也根据其数学模型的确定性、随机性和模糊性进行分类。为描述机械系统在设计、制造、使用、维护等过程中的几何结构、纹理外观、材料性能、物理性能等,科学家和工程师们构建了大量的机械系统模型。在航空航天等复杂工程技术领域,人们建立和应用大量的系统或学科模型,包括几何模型、空气动力学模型、传热分析模型、结构振动模型、工艺模型、装配模型和测试模型等。其中,几何模型是复杂产品(装备)研制过程中必须建立的核心基础模型,在产品全生命周期内支持设计、分析、制造、装配、测试和运行维护过程。

2.1.2 机械系统几何表达与构建

几何模型是产品设计方案的一种表现形式,决定了多物理场的定义域和边界,确定了加工装配方式和成本,直接影响产品运行性能、可靠性和寿命。在复杂产品研制领域,几何模型支撑其他学科模型的构建和应用。其他学科模型只有关联到几何模型上才能发挥预期的作用。几何建模技术是各类先进设计和制造模式的基础,是多物理场仿真分析和系统测试验证的基础。例如,最近在工业界和学术界得到高度认可的"数字孪生"技术就包含了多学科模型构建、应用和演化的技术群,而且系统几何模型是数字孪生模型的核心子模型。计算机辅助几何建模或设计技术不仅应用于制造业,也是计算机动画与多媒体技术的基础。几何建模技术包括支撑参数化几何形状表达、几何对象拓扑约束表达、计算机显示和数据交换等过程的方法和技术。

几何建模技术在很大程度上影响复杂产品研制效率、技术水平、成本和综合系统性能。20世纪60年代,美国麻省理工学院 Ivan Sutherland、波音公司 Ferguson、法国雷诺公司 Bézier与其他欧美科研机构的学者就开始研究计算机辅助几何设计技术。该技术在随后30余年中取得了巨大的进步。在技术研究的基础上,欧美软件公司开发了一批商业化计算机辅助设计系统,如 AutoCAD、Pro/Engineer、UG、SolidWorks 和 CATIA 系统等。在制造行业,计算机辅助设计系统彻底取代了传统的铅笔、丁字尺和图板,推动制造业进入数字化设计和制造时代。中国学者在计算机辅助设计领域开展了数十年的研究工作,虽然发表了大量的学术论文,且进行了开发工作,却没有开发出具有自主知识产权的 CAD 引擎(内核)或者支持高端装备产品研制的 CAD 系统。尽管使用国外商业化 CAD 系统提升了中国高校学术研究效率,并显著提高了中国制造企业的产品研发能力和水平,但是这些商业系统仍然存在数据壁垒等问题,甚至在不稳定的国际环境下造成工业软件"卡脖子"的严重问题。不掌握计算机辅助几何建模技术,许多先进制造模式就如同建立在流沙之上的楼阁。当前学术界和工业界积极倡导数字化设计、多学科仿真分析、软件定义产品和数字孪生模型建立等技术的研究与应用工作,这些先进制造策略和模式的实现都离不开计算机辅助几何建模技术。

对机械系统进行几何建模是从学习如何对机械对象进行制图表达开始的。工程图是生产中必不可少的技术文件,是在世界范围通用的"工程技术的语言"。正确、规范地绘制和阅读工程图,是一名工程技术人员必备的基本素质。工程制图是一门专业基础学科,其以画法几何的投影理论为基础,以直尺、圆规和图板为工具,以黑板、木模和挂图为媒介,已有 200 多年的历史。机械工程制图是体现工科特点的入门课程,也是工科学生必须学习的专业基础课程之一,在培养学生作为创造性思维基础的空间想象力及构思能力和促进工业化进程等诸多方面发挥了重要的作用。

2.1.3 机械系统材料表达与建模

制造各类机械零件和构件需要各种材料。人类最先利用的材料是自然材料:石头、木头、泥土和兽皮。发明火以后,可以使用陶器和瓷器。最早使用的金属材料是青铜,炼铁和炼钢丰富和发展了机械材料,钢铁是机械材料的主要材料,提高钢铁等金属材料的使用性能和加工性能是最近几个世纪材料专家的主要研究内容,非金属材料如高分子材料和现代陶瓷则是材料工作者最新研究目标。一代材料、一代工艺、一代装备和一代产业,材料的每一次创新应用,都推动人类文明实现跨越式发展。材料科学是研究材料的成分、组织结构、制备工艺与材料性能和应用之间相互关系的新兴学科,它将金属、陶瓷和高分子等不同材料的微观特性和宏观规律建立在共同的理论基础上,对生产、使用和发展材料具有指导意义。

工程材料在人们的生活中处处可见,例如玻璃、陶瓷、光纤和塑料等材料。小到一个指甲钳、一根签字笔、一个文件夹,大到出行工具、医疗设备、住房建筑等,到处都可以看到工程材料的"身影"。而机械产品的可靠性和先进性,除设计因素外,在很大程度上取决于所选用材料的质量和性能。新型材料的发展是发展新型产品和提高产品质量的物质基础。各种高强度材料为发展大型结构件和逐步提高材料的使用强度等级,减轻产品自重提供了条件;高性能的高温材料、耐腐蚀材料为开发和利用新能源开辟了新的途径。现代发展起来的新型材料,如新型纤维材料、功能性高分子材料、非晶质材料、单晶体材料、精细陶瓷和新合金材料等,对于研制新一代的机械产品有重要意义。如碳纤维相比玻璃纤维具有更高的强度和弹性,其用于制造飞机和汽车等结构件,能显著减轻自重而节约能源。精细陶瓷如热压氮化硅和部分稳定结晶氧化锆,有足够的强度,比合金材料有更高的耐热性,能大幅提高热机的效率,是绝热发动机的关键材料。还有不少与能源利用和转换密切相关的功能材料的突破,将会引起机电产品的巨大变革。

在机械设计的过程中,会挑选不同类型的材料,同时每项材料具有的作用是千差万别的。然而,从机械设计具体实际情况的层面来看,绝大多数的设计者仅注重材料的使用环境,而忽视了材料的载荷问题。没有重视负荷偏差问题,往往会造成材料的不合理使用,不仅盲目浪费诸多资源,还极易引发安全事故。因此,在机械设计最开始的时候,工作人员就要高度重视机械材料载荷问题,从而有效防范在实验阶段因零部件的载荷较差,导致机械无法正常工作的情况出现。在还没有展开设计工作的时候,就要对材料的载荷问题予以格外的关注,对其进行全方位的评估,挑选出符合相关要求的材料。不仅如此,设计人员还需要持续提升自身的专业素质水平,立足于具体实际情况的层面,正确且合理地挑选材料。通过这种方式,让机械设计更为科学,突显出其较高的实用性。

在机械工程实践中,大多数零件是在多种应力条件下工作的,而每个零件的受力情况又因零件的工作条件不同而不一样。因此,在选材时应根据零件最主要的性能要求,作为选材的主要依据。综合考虑零件的强度、刚度、磨损、温度和耐腐蚀性等这几项指标。比如,强度应当考虑受载状态和应力种类。对于一般齿轮,由于其表面受接触应力较大,所以应选择可以进行局部强化处理的材料。如调质钢、渗碳钢和氮化钢等,以保证齿轮所要求的表面性能。另外,我们从蜗杆传动工作中可以看出,由于点面间存在相当大的滑动,容易导致齿面磨损或胶合。为减小摩擦和磨损,以提高传动承载能力和效率,一方面要有良好的润滑,另一方面对蜗轮副提出耐磨、减振和抗胶合的综合性能要求。采用钢质蜗杆时,要求采用青铜蜗轮轮圈。由于锡是稀有金属,而青铜储量又日渐稀少,价格昂贵。所以从这个角度来讲,采用青铜蜗轮轮圈是不经济的。但是,如果为了减小磨损,从齿形齿面改变接触线形状,使得齿面间更容易形成润滑油膜,往往伴随着加工工艺的复杂化。因此,不能侧重某一方面,忽略另一方面。要尽可能地全面考虑材料的选用原则,在满足力学性能的前提下还应充分考虑材料的工艺性和经济性。

2.1.4 机械系统物性表达与建模

工业技术的源头是对材料及其物理特性的开发与利用,因此对各种具有不同几何形状的工程材料在静态和动态的不同载荷作用下表现出来的物理性能进行描述和建模,是机械系统模型构建的关键。在机械系统中,各种看得见、看不见的物理场,如力、声、热、电和光等,在不同的相态之下,都在按照各自的机理发挥作用。这些专业领域的问题求解算法,如电磁、结构和流体等,物理场的求解机制也都是完全不一样的。以结构为例,为解决结构设计的问题,有可能涉及理论力学、材料力学、结构力学、弹性力学、塑性力学、振动力学、疲劳力学和断裂力学等一系列专业领域知识。解决这些复杂的问题,不仅需要深刻理解相关学科的物理特性,以及这些物理特性所沉淀的学科方程,如力学的应力应变方程、流体力学的伯努利方程和纳维-斯托克斯方程、电磁学的麦克斯韦方程等,还需要对实际工程应用领域的多物理场交织耦合环境下对求解问题快速解耦,让不同学科和特质的特征参数在迭代过程中能够互为方程组的输入输出,以便对多场多域的工程问题进行优化。

力学是一门基础学科,主要研究能量和力以及它们与固体、液体及气体的平衡、变形或运动的关系,可粗分为静力学、运动学和动力学三部分。力学的发展历史悠久,古希腊时代力学附属于自然哲学,后来成为物理学的一个大分支,1687 年牛顿三大定律的提出标志着力学作为一门学科的开始形成。到 18 世纪末,以动力学和运动学为主要特征的经典力学日益完善。19 世纪,大机器人生产促进了力学在工程技术和应用方面的发展,推动了结构力学、固体力学和流体力学等主要分支的建立。力学在机械中应用广泛,如在机械设计中针对机械零件的运动进行设计和求解,研究机械零件在外力作用或温度变化等外界因素下所产生的应力、应变和位移,从而解决结构或机构设计中所提出的强度和刚度问题。在力学理论的指导或支持下,以人类登月、建立空间站和航天飞机等为代表的航天技术,以单机功率达百万千瓦的汽轮机组为代表的机械工业,摩天大楼或高速列车等都得以实现。力学发展到今天,已经能够解决许多领域的问题,但也有解释和解决不了的问题需要继续探索、为其添砖加瓦使其更完善。例如固体力学方向,经典的连续介质力学可能会被突破,新的力学模型和体系将融汇力-热-电-磁等效应。在流体力学方向,过去的理论和实践未能解决的难题将随着高温空气动力学的进展得到新的契机。其他新兴交叉学科例如生物力学和环境力学等,也在探索新概念、新技术和新方法,紧密结合国家需求和工程实际,成为力学学科的新生长点。

热学是研究热运动的规律及其对物质宏观性质的影响,以及热运动与其他各种运动形式之间相互转化规律的物理学分支,热学模型也是机械模型中的一个重要组成部分。热力学系统最重要特征之一是其由大量微观粒子组成,也就是说热力学系统既可以是宏观上的大系统,也可以是宏观小微观大的系统,因此热学的研究对象不仅包括宏观可见的系统还包括通常意义上的微观系统。再者,物质的状态不仅包括固态、液态、气态、等离子体态、高压态和粉尘态等表观(平常可见)的状态,还包括仅微观可见的由物质的组分粒子的关联(或构型、结构)决定的微观状态。通常把仅宏观可见的状态简称物态,把考虑微观结构的状态简称物相。物相是具有更普遍意义的描述热力学系统状态的概念,系统由一个相向另一个相的演化(变化)统称相变。现代物理学研究表明,在物质演化(包括宇宙等的演化)过程中,相变起着至关重要的作用,因此相结构与相变已成为现代物理学的重要研究领域。热学目前主要有宏观和微观两种方法。宏观方法是指根据大量观测事实,应用数学工具,分析总结归纳出确定的、可观测的宏观量之间的关系及其变化规律,这种方法既适用于研究状态方程等静态性质也适用于研究热力学定律等动态规律,通常也称之为热力学方法。微观方法是指根据物质微观结构的学说,从微观层次出发,利用统计的方法阐述物质宏观性质的物理本质,因此通常也称之为统计物理方法,但由于受到对微观结构及组分粒子间相互作用认识的水平和实际计算能力的限制,这种方法被认为具有近似的特点。

随着目前需要处理的模型规模越来越大,模型本身也越来越复杂,需要开发模型计算的软件和工具包括主要进行几何设计和计算的计算机辅助设计(CAD)软件、主要进行物性计算的计算机辅助工程(CAE)软件等、主要进行材料属性性能及成型过程的材料计算软件等,可以统称这些工具为 CAX 软件。因此,我们既需要了解机械系统模型背后所蕴含的数学和物理规律,以及系统中所沉淀的工业知识,也需要掌握基于这些规律和知识所构建的工业软件,包括这些工业软件的使用及软件开发。

2.2 专业核心知识点和要求的能力

2.2.1 图学

工程图是工程技术人员之间交流设计思想的语言,工程制图是工科各专业学生一门必修的专业技术基础课程,工科类学生只有熟练掌握这一课程,才能够在学习后续课程时正确理解并绘制符合国家标准(简称"国标")要求的工程图样。如上海理工大学等高校常将工程制图课程分为工程制图(1)和工程制图(2)。工程制图(1)侧重于讲解几何形体的投影原理和工程图的表达方法,工科学生均须修读该课程;工程制图(2)是工程制图(1)的后续课程,智能化制造类的学生须修读,该课程进一步讲解零件(标准件和非标准件)图和装配图的绘制。这两门课程合起来完整地讲解了机械制图的原理、国标、工程图的表达方法,使学生具有绘制工程图的能力,拥有宽泛的专业基础知识,为将来学习机械专业课程(如机械设计、机械结构设计等)打下基础。工程制图课程教学内容及组织实施情况如图 2-1 所示。

学生通过学习工程制图,终极目标就是掌握阅读与绘制零件图和装配图的能力。图 2-2所示为"蜗轮箱体"零件图示例。学生通过阅读这张图纸不仅能看懂蜗轮箱体的内外结构,而且能看出图中尺寸标注和技术要求等所有信息。

图 2-3 为"滑动轴承"装配图示例,要求学生能看懂滑动轴承 8 种零件间的装配关系、每一种零件的形状结构,以及明确掌握尺寸标注的要求、技术要求的编写、序号的书写方式、明细栏的填写方式、标题栏填写等。

2.2.1.1 制图的基本知识

必须选择某一种图幅(国标允许以当前图幅短边的整数倍加长或加宽作为图纸幅面)来进行绘图,不能随意变更图纸大小。必须按照国标规定绘制图框(没有图框的图纸不是工程图),且在图框的右下角必须绘制标题栏,标题栏的格式也是国标规定的。

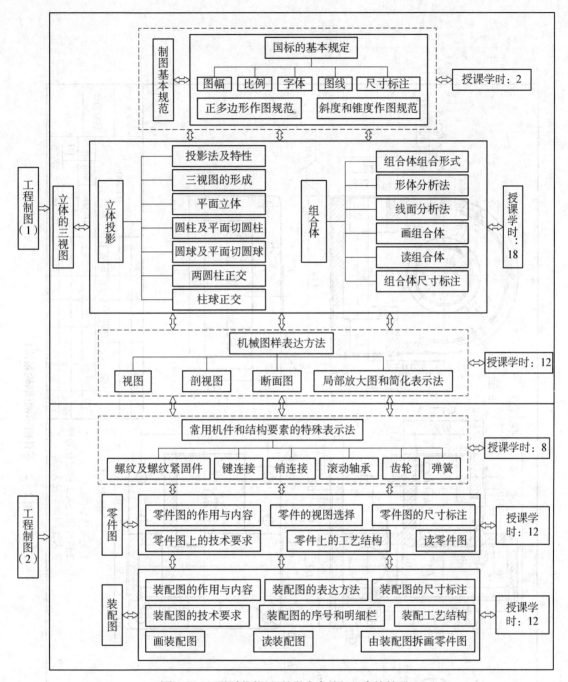

图 2-1 工程制图课程教学内容及组织实施情况

比例是指图中图形与其实物相应要素的线性尺寸之比。绘制工程图时,必须根据零部件的实际大小选取适当的比例。

在工程图中,所有的汉字、字母、数字书写时必须做到:字体工整、笔画清楚、间隔均匀、排列整齐。对于字体高度国标也是有规定的,其系列为 2.5、3.5、5、7、10、14、20(mm),字的宽度一般是高度的 2/3,字体的高度代表字体的号数,尺寸数字一律标 3.5 号字,汉字一般不小于 3.5 号。

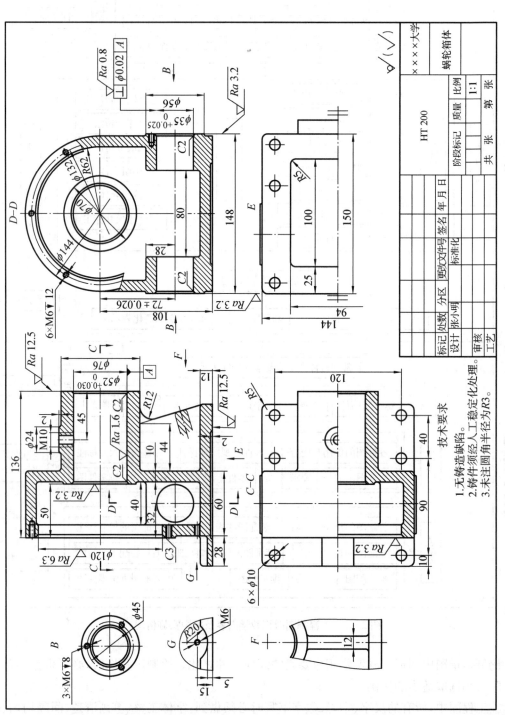

图 2-2　零件图示例(蜗轮箱体)

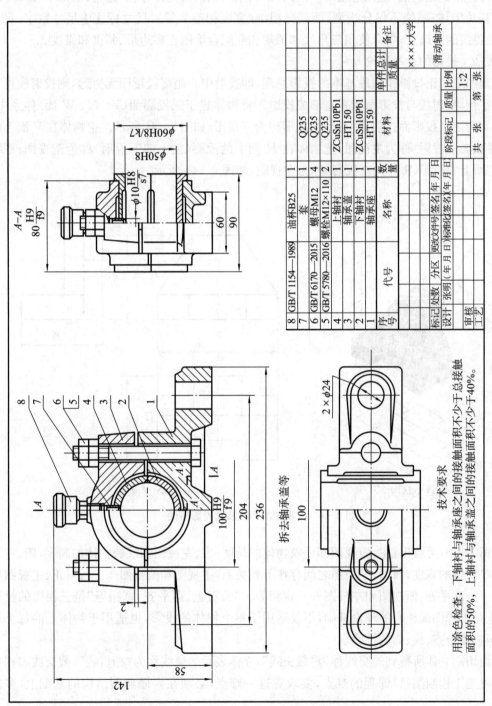

8	GB/T 1154—1989	油杯B25	1			
7		套	1	Q235		
6	GB/T 6170—2015	螺母M12	4	Q235		
5	GB/T 5780—2016	螺栓M12×110	2	Q235		
4		上轴衬	1	ZCuSn10Pb1		
3		轴承盖	1	HT150		
2		下轴衬	1	ZCuSn10Pb1		
1		轴承座	1	HT150		
序号	代号	名称	数量	材料	单件/总计 质量	备注

图 2 - 3 装配图示例（滑动轴承）

技术要求

用涂色检查：下轴衬与轴承座之间的接触面积不少于总接触面积的50%，上轴衬与轴承盖之间的接触面积不少于40%。

拆去轴承盖等

要求学生具有如下能力:了解机械专业技术标准及规范。掌握工程图的基本图幅有 5 种:A0、A1、A2、A3 和 A4;掌握比例是图比物的线型尺寸之比,并且明确绘制工程图必须选用国标允许存在的比例值(优先选用第一系列,第二系列比例值允许存在)进行;明确工程图中的字体为长仿宋体;图线不仅分线型,而且分粗细(宽度相差 2 倍);尺寸标注中尺寸数字、尺寸线、尺寸界线的正确性;学会使用三角尺和圆规相互配合绘制正多边形、斜度和锥度。

2.2.1.2 投影的基本理论

工程图采用正投影作为最基本的投影原理,即投射中心距离投影面无穷远,则投射线可视为互相平行,投射线与投影面相垂直形成投影。将物体置于三投影面(V、H、W 面)体系中,然后分别向三个投影面投射,所得到的图形称为三视图,如图 2−4a 所示。把物体在 V 面上的投影(由前向后投射)称为主视图;把物体在 H 面上的投影(由上向下投射)称为俯视图;把物体在 W 面上的投影(由左向右投射)称为左视图,如图 2−4b 所示。

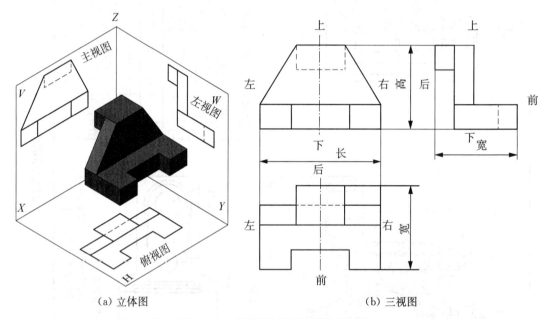

(a) 立体图　　　　　　　　　　(b) 三视图

图 2−4　三视图的形成及其投影特性

从图 2−4b 可看出:主、俯视图都反映物体的长度;主、左视图都反映物体的高度;俯、左视图都反映物体的宽度,所以,三视图之间存在下列关系:主视图和俯视图——长对正、主视图和左视图——高平齐、俯视图和左视图——宽相等。"长对正、高平齐、宽相等"是三视图的投影特性,也是工程图最核心的理论基础,不仅适用于整个物体的投影,也适用于物体上的每个局部,乃至物体上点、线、面的投影。

平面切割立体所得到的交线称为"截交线",立体表面的交线称为"相贯线",截交线和相贯线的学习是工程制图(1)课程的难点,要攻克这一难点,必须在弄懂典型结构的基础上,多做练习。

形体分析法和线面分析法是组合体画图、读图以及进行尺寸标注的基本方法。形体分析法是先"化整为零",即假想地将组合体分解成若干个基本形体,并弄清每个形体的形状;再"积零为整",即进一步弄清各形体间的相对位置、组合形式以及相邻两表面间的连接关系等,也称其为

"先分后组合"。线面分析法是在形体分析法的基础上,运用线、面投影特性来分析形体表面的投影,从而再构思出物体整体形状的一种方法。对于视图中局部难以读懂的地方,如物体上的斜面,可运用线面分析法,利用投影面垂直面或者一般位置平面的类似性,来攻克读图的难点。

要求学生具有的能力为能够绘制和阅读立体三视图。三视图的绘制是绘制工程图的基本功,为后续学习图样表达方法做铺垫;培养学生将三维物体投影成二维工程图,以及根据二维工程图想象三维物体的空间逻辑思维能力和形象思维能力。

2.2.1.3 图样的表达方法

图样的表达方法包括六个基本视图、向视图、局部视图、斜视图、剖视图(全剖视图、半剖视图、局部剖视图)、各种剖切方法(单一剖切平面、几个平行的剖切平面、几个相交的剖切平面)、断面图、局部放大图以及各种简化画法(断开画法、相同结构的简化画法、均布孔和肋板的简化画法、当回转体被平面所截时平面的表示法、较小结构的简化画法、端面均布孔的画法、剖切平面前结构的画法、剖中剖的画法、对称机件的省略画法)。

表达机件要综合运用视图、剖视图、断面图、简化画法等各种表达方法,将机件的内、外结构形状及形体间的相对位置完整、清楚地表达出来。如图2-5a所示四通管,很明显采用三视图表达不好,应该采用图2-5b所示图样来表达。主视图为 $B-B$ 全剖视图,采用两个相交的剖切平面进行剖切;俯视图为 $A-A$ 全剖视图,采用几个平行的剖切平面进行剖切,通过主、俯视图将底板的形状以及四通管四个通道的相对位置表达出来。左侧法兰盘的形状可以用一个局部视图,或者像 $C-C$ 全剖视图(右视图)进行表达。右侧的倾斜法兰盘,通过 $E-E$ 全剖视图进行表达,采用不平行于任何一个基本投影面进行剖切,把这个倾斜结构的真形表达得清清楚楚;画图方便,日后标注尺寸也方便。上方顶板的形状,通过 D 向局部视图来表达,辅助 $F-F$ 局部的全剖视图,表达其上孔为通孔。

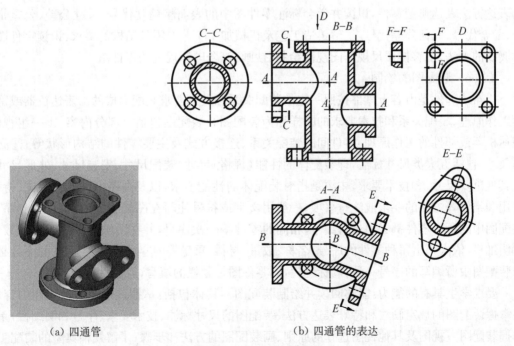

(a) 四通管　　　　　　　　　　　　　(b) 四通管的表达

图2-5　表达方法举例

要求学生具有的能力包括:掌握工程图样的表达方法和规定画法,具有工程相关的基础理论和专业知识,能够运用图纸呈现设计结果,为后继课程工程制图(2)及机械设计等,以及阅读和绘制机械图样打好扎实的基础。

2.2.1.4 常用机件和结构要素的特殊表示法

掌握螺纹的五大要素,外螺纹和内螺纹的规定画法,内外螺纹连接的画法,螺纹的标注,各种螺纹紧固件的标记,螺栓连接、螺柱连接和螺钉连接的规定和简化画法,键的标记、轴上键槽、轮毂上键槽、键连接的画法,销的标记、销连接的画法,滚动轴承的标记及规定画法,直齿圆柱齿轮的要素及其尺寸计算、单个齿轮及齿轮啮合的规定画法;识读圆锥齿轮及啮合、蜗杆蜗轮、齿轮齿条的画法,弹簧的种类、圆柱压缩弹簧的参数及其规定画法,滚动轴承和弹簧的规定画法。

要求学生具有的能力为掌握标准件和常用件规定画法和标注。向学生强调一定要按照国标规定的画法去绘图,而不能按照工程制图(1)课程中所讲的投影的画法来绘制标准件和常用件。

2.2.1.5 零件图的绘制

组成机器的最小单元称为零件。零件可以分为两大类,一类为标准件,如螺纹紧固件、键、销、滚动轴承等,无须绘制零件图;另一类为非标准件,包括齿轮和弹簧等常用件在内,需要绘制零件图。表达单个零件的图样称为零件图。零件图是设计部门提交给生产部门的重要的技术文件,反映了设计者的意图,表达了机器或部件对零件的要求,是制造和检验零件的依据。零件图包括四部分内容:①一组图形,表达零件的内外各部分结构形状和相对位置;②完整的尺寸,确定各部分的大小和位置;③技术要求,即加工、检验达到的技术指标,在图中一般须标注表面粗糙度、尺寸公差和几何公差,或者用文字或符号注写;④标题栏,在规定的位置填写零件名称、数量、材料及必要签署。

要求学生具有的能力:能够阅读并绘制零件图。明确零件图的作用和内容,能够采用适当的表达方法表达典型零件,识读并学会标注零件图中的表面粗糙度代号、尺寸公差、公差带代号、配合代号、几何公差代号,了解铸造工艺及机械加工工艺对零件结构的要求、识读零件图中过渡线的画法,能够按照尺规作图规范绘制(抄画)符合国标规范的零件图。

2.2.1.6 装配图的绘制

机器或部件是由若干零件按照一定的装配关系和技术要求装配而成的。表达机器或部件的工作原理、装配关系和技术要求的图样称为装配图。装配图包括六部分内容:①一组视图,表达机器或部件的工作原理、零件间的装配关系、连接方式及主要零件的结构形状等;②必要的尺寸,包括五大类尺寸标注,即装配体的性能(规格)尺寸、装配尺寸、安装尺寸、外形尺寸以及其他重要尺寸;③技术要求,主要是指对装配体的性能要求,以及在装配、安装、调试、检验、使用和维修等方面的要求或注意事项,一般用文字或符号注写在图纸下方的空白处;④序号,装配图中的所有零件都必须进行编号,相同的零件编一次序号,并在明细栏中注明它的数量;⑤明细栏,依次列出每种零件的序号、名称、数量、材料、重量等内容,明细栏中零件的序号必须与装配图中所编写的序号一致;⑥标题栏,同零件图标题栏的填写,但是材料处不填。

要求学生具有的能力:能够阅读并绘制装配图。具体包括:掌握装配图的作用和内容;重点掌握装配图的规定画法和特殊表达方法、装配图的尺寸标注、技术要求、序号和明细栏,重点掌握装配图主视图及其他视图选择的原则、画装配图的方法和步骤;了解几种典型的装配工艺结构;重点掌握读装配图的方法和步骤,以及由装配图拆画零件图的方法和步骤;要求学生能够根据零件图拼画装配图,并且由装配图拆画零件图。

针对智能化制造类的学生,大一分流后,分流到机械设计制造及其自动化和车辆等专业,还须修读机械测绘及 AutoCAD 课程。

机械测绘及 AutoCAD 是一门实践课程。通过这一实践环节,使学生对整个制图课程即它的先修课程——工程制图(1)和工程制图(2)有一个系统、完整、深入的认识和体会,使学生巩固和强化机械制图相关的基础理论和专业知识,培养学生采用现代化工具进行计算机辅助设计的能力,能够运用图纸呈现设计结果,用图纸与业界同行进行有效沟通和交流。

2.2.1.7 机械拆装与测绘

根据已有的零件或装配实体画出其零件图和装配图的过程,称为测绘。其目的在于获得机器或部件的技术资料。测绘的步骤分为:了解工作原理,查阅相关资料,准备拆卸工具、测量工具和绘图工具等;边拆边画装配示意图,并且给零件编序号;测量标准件特征尺寸,确定其型号,并测量各个非标准件尺寸,画零件草图;将部件装配好,并结合零件草图,画装配工作图(根据需要调整零件草图中的零件尺寸);由装配工作图,拆画零件工作图;编写技术说明书。

要求学生具有的能力包括:掌握零部件测绘的方法和步骤;通过测绘实物的展示,对标准件、常用件、非标准件有直观的认识,了解零件间相互作用及装配关系,进一步复习巩固工程制图(1)和工程制图(2)两门课程讲授过的零件图和装配图的表达方法及其绘制方法;具有机械工程相关的基础理论和专业知识,了解本专业相关的标准和规范;能用工程语言正确描述机械零部件。

2.2.1.8 AutoCAD 软件的应用

AutoCAD 软件的应用包括图层的设置、对象捕捉、常用的二维绘图命令(直线、圆、圆弧、样条曲线、正多边形等)、编辑命令(删除、修剪、复制、偏移、阵列、镜像、圆角、倒角等)、图案填充(可用于绘制剖面线)、字符书写以及尺寸标注、图块的制作(可用于表面粗糙度的绘制)、几何公差的标注、图纸的输出打印及装配图的绘制。图 2-6 为学生采用 AutoCAD 软件绘制出的阀体零件图(截屏效果图),图 2-7 为学生将其打印输出后的纸质版(拍照)。

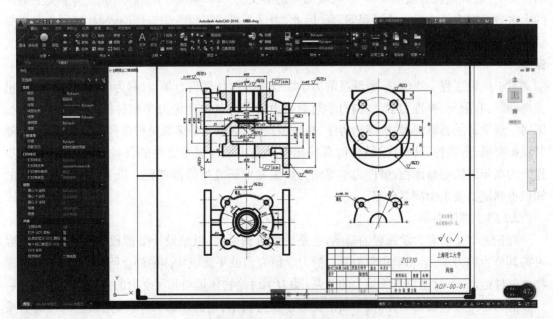

图 2-6 学生采用 AutoCAD 软件绘制出的阀体零件图

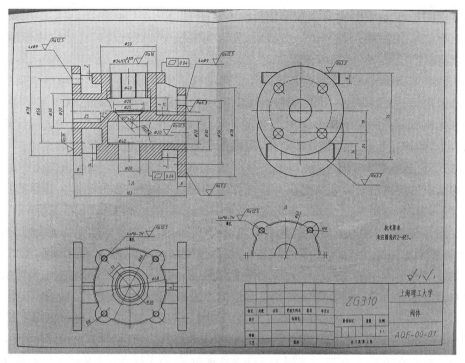

图 2-7 打印出的纸质版阀体零件图

要求学生具有的能力如下:具有使用 AutoCAD 软件绘制打印工程图的能力,能按照国标用计算机绘图的形式正确地表达机械零部件。

2.2.2 力学

力学的英文为 mechanics,其包含汉语中的力学、机械学,但不局限于这两个单词,其真正的含义是"宏观低速对象机理学"。机械工程的英文为 mechanical engineering,其事实上解决的大多数为宏观低速对象的工程问题。因此,力学为机械提供科学与理论依据,机械为力学提供实际应用对象。从某种角度来说,本科阶段学习机械工程相关专业,核心即为力学及其交叉课程。

对于机械工程一级学科,所涉及的力学课程主要包括理论力学、材料力学、机械动力学、机械振动学、有限元、弹性力学、结构力学与断裂力学等。其中理论力学和材料力学是所有机械下属二级学科的必修课程;机械动力学、机械振动学、有限元是多数机械学科的选修课程,但随着减振降噪、舒适性、NVH 及结构仿真优化技术在机械领域重要性的日益提升,其将被逐步提升为高年级的必修课程;弹性力学等则为相关专业研究生修读课程。以下将对相关课程的知识点和能力要求做简要介绍。

2.2.2.1 理论力学

理论力学是所有力学课程的基础,也是后续机械原理、机械设计等课程的基础,依据内容可将其分为静力学、运动学和动力学。静力学研究力的平衡或物体的静止问题;运动学只考虑物体怎样运动,不讨论它与所受力的关系;动力学讨论物体运动和所受力的关系。

静力学主要包括受力分析、平面汇交力系及力偶系、平面任意力系、摩擦和空间任意力系等内容,其中最需要学生掌握的能力为"明确研究对象、取分离体画受力图、列平衡方程求解"。

例如图 2-8a 中的传动轴问题,学生应用静力学知识,可以由已知的皮带轮拉力,求解齿轮上的啮合力和轴承上的约束力;图 2-8b 中电流接触器问题,也可以根据静力学知识由杠杆和小轮的总重和弹簧拉力,求出铰链的约束反力和小轮对输电线的压力,为进一步校核强度和刚度、许可载荷设计和尺寸设计打下基础。

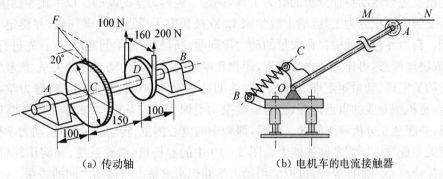

(a) 传动轴　　　　　　　　　(b) 电机车的电流接触器

图 2-8　理论力学中的静力学问题举例

运动学与动力学平行发展,到 19 世纪后半叶,运动学已成为理论力学的一个独立部分,主要包括点的运动学、刚体的基本运动、点的合成运动与刚体的平面运动,其中绝对运动、相对运动、牵连运动的概念尤为重要,牵连运动不为平动时存在的科氏加速度,是重点要求的内容;此外,刚体平面运动中的速度瞬心、纯滚动、瞬时平动的概念也非常重要。图 2-9 列举了能应用运动学知识解决的一些典型问题,例如曲柄滑道机构、凸轮导杆机构、曲柄摆杆机构和曲柄连杆机构,重点研究了物体的轨迹、位移、速度、加速度等运动特性。

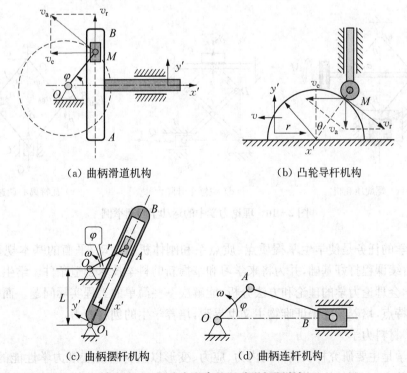

(a) 曲柄滑道机构　　　　　　　　　(b) 凸轮导杆机构

(c) 曲柄摆杆机构　　　　　　　　　(d) 曲柄连杆机构

图 2-9　理论力学中的运动学问题举例

动力学则研究物体机械运动与受力之间的关系。动力学的科学基础以及整个力学的奠定时期在 17 世纪。意大利物理学家伽利略创立了惯性定律，首次提出了加速度的概念。英国物理学家牛顿推广了力的概念，引入质量的概念，总结出机械运动的三定律，其中第二定律建立了动力学方程，由此可以推导出动力学的三大定理：动量定理、动量矩定理与动能定理；它们都是用来建模及进行运动特性分析的有力工具，奠定了经典力学的基础。以牛顿和德国人 G. 莱布尼兹所发明的微积分为工具，瑞士数学家 L. 欧拉研究了质点动力学问题，并奠定了刚体力学的基础。自然界与工程中存在大量的动力学问题。研究动力学问题时，应首先进行分析、简化，抽象成物理模型，再建立动力学方程，即物理模型的受力与运动之间的关系，该教学阶段的内容包括动量定理、动量矩定理、动能定理、达朗贝尔原理和虚位移原理。将静力学与运动学有机结合，是机械专业的重点内容，也为后续振动类课程奠定基础，要求学生熟练掌握相关定理和原理，并能独立分析解决问题。最后，课程中的重心测量、转动惯量测量、动力学模型构建同样是相关专业学生所需掌握的能力。图 2-10 中的卷扬机、滑轮系统、螺旋压轧机、检修车升降台和瓦特离心调速器等，都可以应用动力学知识来求解力与运动之间的关系。

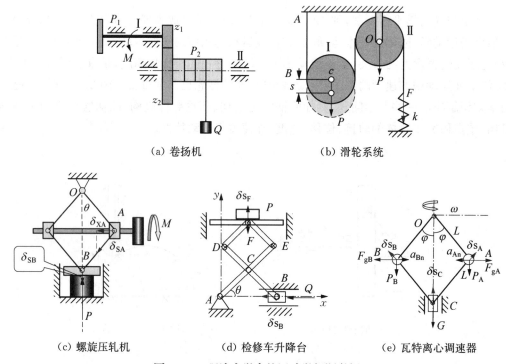

（a）卷扬机　　　　　　　　　（b）滑轮系统

（c）螺旋压轧机　　　（d）检修车升降台　　　（e）瓦特离心调速器

图 2-10　理论力学中的运动学问题举例

理论力学的任务是使学生掌握质点、质点系和刚体机械运动/平衡的基本规律和研究方法，为学习后续课程打好基础，并为将来学习和掌握新的科学技术创造条件。学生修读该课程后，应初步学会理论力学的理论和方法分析，能解决一些简单的工程实际问题。而任课教师也将结合课程特点，培养学生辩证唯物主义世界观，培养学生的创新能力。

2.2.2.2　材料力学

材料力学是主要研究杆状构件的内力、应力、变形以及材料的宏观力学性能的学科，是工程设计的基础之一，即结构构件或机器零件的强度、刚度和稳定性分析的基础。在人们运用材料进行建筑、工业生产的过程中,需要对材料的实际承受能力和内部变化进行研究,这就催生了材料力学。运用材料力学知识可以分析材料的强度、刚度和稳定性。材料力学还可用于机械设计中,使材料在相同的强度下可以减少材料用量,优化结构设计,以达到降低成本、减轻重量等目的。

该课程通常围绕基本变形展开,即拉压、扭转、弯曲、组合工况的内力、应力与变形,再结合超静定问题、应力状态与强度理论、稳定性校核、能量方法等,与理论力学相比,更偏向工程实际。核心知识点为强度、刚度和稳定性校核,尤其是复杂应力状态下的强度问题。通过该课程,培养学生内力与应力分析、强度与刚度校核、设计尺寸和许可载荷的能力。在许多工程结构中,杆件往往在复杂载荷的作用或复杂环境的影响下发生破坏。例如,杆件在交变载荷作用下发生疲劳破坏,在高温恒载条件下因蠕变而破坏,或受高速动载荷的冲击而破坏等。这些破坏是使机械和工程结构丧失工作能力的主要原因。所以,材料力学还研究材料的疲劳性能、蠕变性能和冲击性能。

此外,该课程发展迅速,有诸多前沿知识与学科交叉内容,例如应用于医疗领域的负泊松比材料(图2-11)、各向异性的复合材料(图2-12),又如新型组合梁与等强度梁、极高强度和极硬刚度的研究等。因此,该课程不仅对学生的工程思维和数理功底有较强的要求,还要求任课老师从事前沿科学研究,否则很容易使得课程枯燥无味,且无法教授学科精髓,例如软物质、人工肌肉的应力-应变关系研究、金刚石的极限强度和刚度研究,与传统的低碳钢、铸铁完全不同。

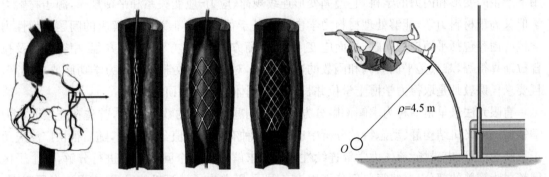

图2-11 材料力学中的负泊松比材料举例:应用于医工交叉领域(心脏支架)　　**图2-12 材料力学中的复合材料举例:应用于体育领域(撑杆跳)**

学生可以应用材料力学知识,校核杆件在复杂载荷作用下的强度、刚度和稳定性,设计尺寸或许可载荷。如图2-13所示带轮传动轴,属于典型的材料力学组合变形问题,学生可以根据已知的传递功率和材料属性,计算传动轴安全工作时的最小直径。

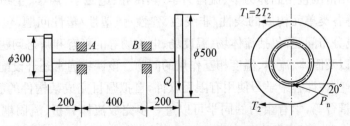

图2-13 材料力学中的组合变形问题举例:带轮传动轴

2.2.2.3 机械动力学

机械动力学研究机械在运转过程中的受力、机械中各构件的质量与机械运动之间的相互关系，是现代机械设计的理论基础，课程核心内容包括：①在已知外力作用下求机械系统的真实运动规律；②分析机械运动过程中各构件之间的相互作用力；③研究回转构件和机构平衡的理论和方法；④研究机械运转过程中能量的平衡和分配关系；⑤机械振动的分析研究；⑥机构分析和机构综合。其中，第⑤条内容由于实际应用极为广泛，已独立发展成一门学科，即机械振动学或振动力学。

机械振动学主要包括单/多自由度/连续体系统振动描述、随机振动及功率谱密度、振动问题的求解方法、振动测试与信号分析技术等，对学生的理论力学、材料力学和高等数学等课程的基本功要求较高，要能够掌握用拉格朗日方程/达朗贝尔原理建立动力学方程，选择合适的解析/数值方法求解之，能使用激振器/振动台测试振动并完成信号分析。

机械动力学则在机械振动学的基础上，再额外增加转子动力学、连杆凸轮机构动力学、多体动力学等内容，能够培养学生的工程能力，要求任课老师必须是长期从事动力学相关研究、有一定学术地位的资深博士、教授。由于这两门课程相关度很高，对学生能力略有重复，通常建议本科阶段开设机械振动学，到高年级或研究生阶段再开设机械动力学课程。

2.2.2.4 弹性力学和有限元法

弹性力学与有限元法通常成对出现。弹性力学是研究弹性物体在外力和其他外界因素作用下产生的变形和内力的学科，它遵循变形连续规律、应力-应变关系和平衡规律，源于材料力学但又高于材料力学，能够处理材料力学中需要基于很多基本假设才能解决的问题。弹性力学核心内容包括平面应力问题、平面应变问题、平衡方程、物理方程、几何方程、相容方程及拉普拉斯算符等，难点是平面双调和函数的边值问题，对学生的数学和材料力学功底要求极高，且要求任课教师是取得力学博士学位并长期从事固体力学相关研究。

有限元法最早是一种为求解偏微分方程边值问题近似解的数值技术，首先在连续介质力学领域——飞机结构静、动态特性分析中应用的一种有效的数值分析方法，随后很快广泛应用于求解热传导、电磁场、流体力学等连续性问题。求解时对整个问题区域进行分解，每个子区域都成为简单的部分，这些简单部分就称为有限元，随着电子计算机的发展，它迅速发展起来，成为一种现代计算方法。目前，不少科技工作者对有限元法误解较深，误以为其就是诸如ANSYS、ABAQUS、ADAMS等仿真软件，实则不然。有限元法的理论基础是加权余量法和变分原理，这就要求学生提前修读并掌握弹性力学的基本方程。对于未修读弹性力学的同学，直接修读有限元法会遇到很多理论瓶颈，直接操作软件很难学到精髓，对于做研究不利。

有限元法应用范围包括固体力学、流体力学、热传导、电磁学、声学、生物力学，能解决杆、梁、板、壳、块体等各类单元构成的线性/非线性、弹性/弹塑性/塑性问题，包括静力和动力问题，可求解各类场分布问题，包括流体场、温度场、电磁场等的稳态和瞬态问题，以及水流管路、电路、润滑、噪声以及固体、流体、温度相互作用的问题。该课程通常还开设配套的课程设计或软件应用课程，学生在课程中学习使用有限元软件，自拟题目完成某构件的静态分析、动态分析、热分析、热固耦合等，学有余力的同学可以进一步完成流体分析、流固耦合、蠕变等课题。图 2-14 展示了大学三年级学生在有限元法学习过程中完成的仿真分析。

（a）连轴体的静态分析

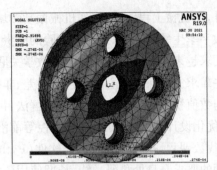
（b）法兰盘的模态分析

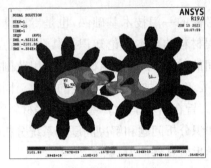
（c）齿轮副的接触分析

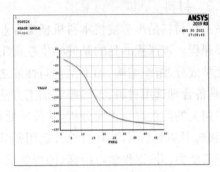
（d）单自由度系统的谐响应分析

图 2 - 14   有限元法课程中学生完成的仿真分析课题示例

有限元法是用较简单的问题代替复杂问题后再求解，虽然得到的解不是精确解而是近似解，但随着计算机技术的快速发展，有限元法的高效性和实用性令它迅速从结构工程强度分析计算扩展到几乎所有的科学技术领域，成为一种丰富多彩、应用广泛并且实用高效的数值分析方法。

有限元法为工程设计人员提供了一种模拟物理世界的手段，加快了产品设计与迭代优化效率，提高了产品竞争力，例如某型客机机翼前缘肋板结构减重优化设计，通过有限元计算实现了飞机减重。应用有限元法也可以替代物理试验，实现更便捷和低成本评估设计方式，例如汽车设计领域，通常利用有限元软件进行汽车碰撞仿真分析，减少试验成本。

2.2.2.5   其他力学课程

结构力学是在理论力学、材料力学的基础上，研究杆系结构内力、应变和变形的学科，主要内容包括杆系结构的分类、自由度的计算、静定结构内力计算、影响线、结构位移计算、力法、位移法、超静定结构的计算方法、矩阵位移法等，由于所学内容与机械学科中的理论力学、材料力学、机械原理有大量重复，现通常开设于土木类专业的培养计划中，而对于机械类专业则为选修或者研究生阶段课程，但其可以解决大量材料力学等课程无法解决的杆系结构问题，要求学生熟练掌握理论力学和材料力学课程，并且能够很好地理论联系实际。断裂力学是研究材料和工程结构中裂纹扩展规律的一门学科，核心内容包括应力强度因子、能量释放率、J 积分理论、裂纹扩展速率、应力集中等，尤其适用于解决焊接结构疲劳问题，这类问题大量存在于机械工程领域，例如挖掘机工作装置疲劳寿命预估、汽车座椅骨架耐久性等。由于机械类专业核心课程材料力学和机械设计中都涉及疲劳问题，因此，逐步将断裂力学移出培养计划，但随着疲劳断裂工程问题频发，可考虑将该课程列入高年级本科生或者研究生的选修科目，它要求学生材料力学和机械设计基本功扎实，任课老师必须常年从事疲劳断裂相关研究。

此外,在机械工程领域,例如机械振动领域、热流体领域、微纳设计与制造领域以及近年来热门的数字孪生领域,考虑到物理试验的昂贵性及有限元仿真的不确定性,对数字模拟和数据驱动的要求越来越高。与应用力学和数学关联最为紧密的一门课程——计算方法能够较好地解决这些需求。该课程核心内容包括误差、非线性方程求根、线性方程组求解、插值与拟合、数值微分与数值积分、常微分方程的数值解法,帮助解决机械领域的不确定性量化、六西格玛设计、拓扑优化设计、机器视觉与视觉飞控等前沿问题。计算方法课程要求学生熟练掌握高等数学、线性代数课程,并能够使用编程软件(Python、MATLAB 或 C 语言)上机实现可视化,对任课老师的要求是身处科研一线,长期使用数值计算方法解决实际问题。

2.2.3 材料

机械工程材料是高等院校本科机械类专业必修的一门技术基础课,也是专业课程体系中一门主要课程。该课程的目的是使学生获得工程材料的基本理论知识及其性能特点,建立起材料的化学成分、组织结构、加工工艺与性能之间的关系,了解常用材料的应用范围和加工工艺,初步具备合理选用材料、正确确定加工方法、妥善安排加工工艺路线的能力。同时对实践中与材料相关的问题进行正确分析,并及时处理。旨在培养学生掌握常用工程材料的组织、性能、应用和选用基本原则,并具有综合运用所学知识分析问题和解决问题的系统分析设计能力和综合创新能力。该课程学习指标(课程要求、学生应具备能力)见表 2 - 1。

表 2 - 1　课程学习指标

具备能力	课　程　要　求
掌握工程知识	掌握机械工程材料的专业知识,能将其与数理基础、工程基础和经济管理等知识相结合,综合应用于解决复杂机械工程问题
问题分析能力	能够通过文献查阅、分析或实验、实践,对复杂工程问题进行解释并提出相应的解决方案。能理解工程问题解决方案的多样性,并对不同方案进行比较、评价
研究开发潜力	能够对复杂工程问题中所涉及的物化现象、材料特性以及系统性能进行理论分析或实验测试、验证

2.2.3.1 材料的选择

机械工程材料在机械的设计、制造和维修等过程中扮演着重要角色,只有在节能环保和经济实用的前提下,才能促使其高速发展。在机械工程制造过程中,首先就需要考虑材料的实用性。材料的应用需要根据设计的工艺指标来进行铸造、加工和热处理等。然而这些工艺对材料的特征要求比较严格,不同的工艺就必须满足不同的工艺要求特性,在保证生产需求的前提下还要选择合理的加工材料。

为了更好地选择材料,应该了解材料性能和结构之间的内部关系。材料内部的组织结构决定着材料的性能,材料内部的组织结构又受选材及其他加工工艺的影响,总之,两者之间是相辅相成和相互依存的关系。这一关系可以直接应用在实际的材料选用和工艺加工的工作中。通过各材料要求的使用性能及其相对应的组织结构,来选择适当的材料、热处理及其他加工工艺。依据这样的思路可以依次设计出需要的材料。机械工程中材料的选用原则和注意事项如图 2 - 15 所示。

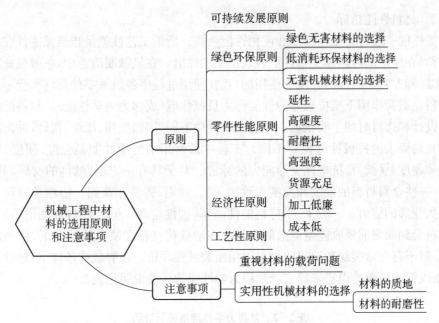

图 2 - 15　机械工程中材料的选用原则和注意事项

　　机械制造中零件的种类较多,性能要求不一,而满足这些零件性能要求的材料也多。每种材料都有各自的特点,比较看来,金属材料具有优良的综合力学性能,因此常被广泛使用。机械工程材料性能结构-选材-加工之间的关系如图 2 - 16 所示。

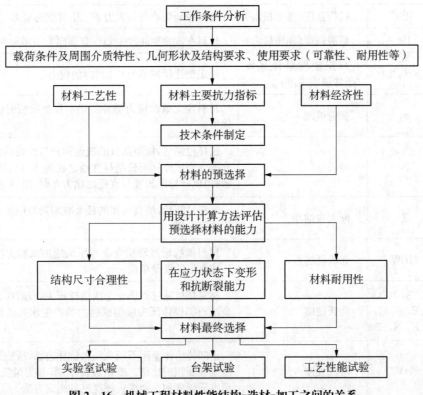

图 2 - 16　机械工程材料性能结构-选材-加工之间的关系

2.2.3.2 材料性能指标

材料的性能一般分为工艺性能和使用性能两类。所谓工艺性能是指机械零件在加工制造过程中,材料在所定的冷热加工条件下表现出来的性能。在机械制造业中,一般机械零件都是在常温、常压和非强烈腐蚀性介质中使用的,且在使用过程中各机械零件都将承受不同载荷的作用。材料在载荷作用下抵抗破坏的性能称为机械性能(或称为力学性能)。材料的机械性能是零件的设计和选材时的主要依据。外加载荷性质不同(例如拉伸、压缩、扭转、冲击和循环载荷等),对材料要求的机械性能也将不同。工程中最常用的力学性能是强度、硬度、塑性和韧性。强度和硬度是材料抵抗塑性变形能力的标志。对于具有一定塑、韧性的材料,其硬度高,强度也高,一些金属材料的硬度和强度大致成正比,如钢、铸铁和黄铜。塑性是材料受力断裂前承受永久变形的能力。一般来说,材料塑性高,其韧性也高。但韧性与塑性是不同的概念,韧性是材料受到断裂前吸收能量能力的度量。在动载荷且存在缺口的情况下,用冲击试验来评价韧性,对于存在微裂纹和缺陷的材料则用断裂韧性评价。在静载荷条件下,韧性可通过应力-应变曲线下所包围的面积来确定。常用力学性能指标及说明见表 2-2。

表 2-2 常用力学性能指标及说明

力学性能	性能指标		说　明
	符号	名称	
刚度	E	弹性模量	低于比例极限的应力与相应应变的比值
强度	—	弹性极限	材料在应力完全释放时能够保持没有永久应变的最大应力
	Rm	抗拉强度(强度极限)	材料在断裂前与最大力 F_m 相对应的应力
	Re	屈服强度(屈服极限)	材料在试验期间发生塑性变形而力不增加时的应力
	Rp0.2	规定塑性延伸强度(条件屈服强度)	规定塑性延伸率为 0.2% 时的应力
	σ_D	疲劳极限	材料经无数次应力循环后仍不发生断裂时的最大应力幅值
塑性	A	伸长率	试样拉断后,标距部分的残余伸长与原始标距之比的百分率。当试样标距长度与直径之比为 10 时,用 A11.3 表示;当试样标距长度与直径之比为 5 时,用 A 表示
	Z	断面收缩率	试样拉断后,横截面积的最大减缩量与原始横截面积之比的百分率
硬度	HBW	布氏硬度	材料抵抗通过硬质合金球压头施加试验力所产生永久压痕变形的度量单位
	HR (A, B, C, D, E, F, G, H, K, N, T)	洛氏硬度	材料抵抗通过硬质合金或钢球压头,对应某一标尺的金刚石圆锥体压头施加试验力所产生永久压痕变形的度量单位
	HV	维氏硬度	正四棱锥体金刚石压头压入试样表面,所施加的载荷与压痕表面积的比值。根据载荷不同,分为维氏硬度、小负荷维氏硬度和显微维氏硬度三种测定方法

（续表）

力学性能	性能指标		说　明
	符号	名称	
韧性	K	冲击吸收能量	标准夏比缺口试样被一次冲断后,摆锤冲击前所具有的势能和试样断裂后残留的能量的差
	K1c	断裂韧度	材料抵抗内部裂纹失稳扩展能力的度量

　　材料的机械性能主要之处便在于其在机械的设计、制造和维修等过程中扮演的重要角色,认真学习并掌握表征材料的力学性能指标,且能说明其物理意义和单位,比如 Re、Rp0.2、HBW 和 HRC 等;还须掌握布氏硬度和洛氏硬度的优缺点及应用场合;将理论知识转化到生活生产中,增强个人能力,更好地应对未来的工作。

2.2.3.3　材料的结构

　　物质都是由原子和分子组成的,原子或分子间的结合方式和排列方式直接影响材料的性能,这部分基本概念较多,内容比较抽象,需要发挥想象力并注意各部分的内在联系。材料的结构主要知识点如图 2-17 所示。

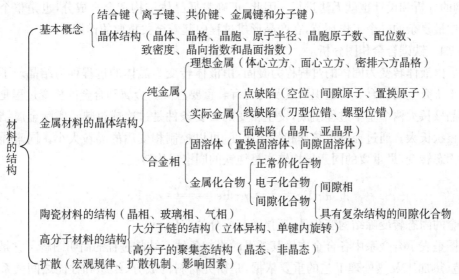

图 2-17　材料的结构主要知识点汇总

　　固态物质中原子、离子和分子之间的结合力称为结合键,其分为离子键、共价键、金属键和分子键。结合键的性质不同,材料的性能差异很大。晶体是原子(离子或分子)在三维空间中有规则地周期性重复排列构成的物质;非晶体是组成物质的微粒无规则排列,如玻璃、松香。晶体又分为单晶体与多晶体。晶体与非晶体的根本区别在于:晶体中的原子按照一定的几何规律周期性地排列而非晶体是无规则的排列。其在性能上的区别是晶体具有固定的熔点,且在不同的方向上具有不同的性能,表现出各向异性;但是非晶体表现出各向同性。为研究方便,人为规定了晶格、晶胞、原子半径、晶胞原子数、配位数和致密度等基本概念和晶向指数以及晶面指数来表示。在金属晶体中,原子是按一定的几何规律做周期性规则排列,是金属的同素异构现象。晶格类型分为体心立方(bcc)、面心立方(fcc)和密排六方(hcp)晶格三种,假设晶格常数为 a,具体参数见表 2-3。

表 2-3 晶体类型及其参数

晶体类型	原子半径	原子个数	致密度	配位数	常见金属
bcc	$\frac{\sqrt{3}}{4}a$	2	68%	8	α-Fe、Cr、W 等
fcc	$\frac{\sqrt{2}}{4}a$	4	74%	12	γ-Fe、Cu、Ni 等
hcp	$0.5a$	6	74%	12	Mg、Cd、Zn、Be 等

学生需要掌握晶体结构的各种基本概念、金属的三种典型晶体结构和实际金属中的三种类型晶体缺陷及合金的相结构。了解各种材料的特点,由于材料的性能主要取决于其内部的结构,同样一些要素,排列组合的方式不同,就可能具有完全不同的性质、特征与功能。对于一个复杂的产品来说,如果没有一个确定其合理结构的方法,没有一个考虑整体优化的方案,那么,结构的分析和设计也就无法进行。因此,正确掌握晶体结构和合金成分,也是整个产品设计过程中最复杂的一个工作环节,在产品形成过程中起着至关重要的作用。

2.2.3.4 铁碳合金相图分析

物质由液体转变为固体的过程称为凝固,由液体转变为晶体的过程称为结晶。了解结晶规律对于研究金属和合金的组织形成及转变有着重要意义。金属和合金的相变过程是由晶核形成和晶核长大两个基本过程组成,发生相变的必要条件是过冷或过热。实际金属结晶时晶核呈树枝状长大。通过控制形核率和长大速度,可以控制相变后的晶粒大小。同素异构转变是一种固态转变,最重要的同素异构转变是纯铁的同素异构转变:

$$\alpha\text{-Fe} \xrightleftharpoons{912\,\text{℃}} \gamma\text{-Fe} \xrightleftharpoons{1\,394\,\text{℃}} \delta\text{-Fe} \qquad (2-1)$$

合金的固态转变除结构变化外,还伴随着成分的变化。

相图是表示合金系中各合金在极其缓慢的冷却条件下结晶过程的简明图解。它是制定熔炼、铸造、热加工及热处理工艺的重要依据,是研究材料的成分、组织和性能之间关系的有力工具。

杠杆定律表示了合金在平衡状态下两平衡相的成分与相对质量之间的关系,它只适用于二元相图的两相区,利用杠杆定律可计算给定温度下合金中两平衡相或两组织组成物的相对质量百分比。在杠杆定律中,杠杆的支点是合金的成分,杠杆的端点是两平衡相或两组织组成物的成分,杠杆的位置取决于给定的温度,杠杆中各线段(成分线段)的长度为所取线段两端点对应成分的差值。铁碳合金相图是二元合金相图的综合应用。它揭示了钢铁材料的成分和组织随温度的变化规律,是机械工程材料课程的重点内容。铁碳合金相图是研究钢铁材料的成分、相和组织变化规律以及与性能之间关系的重要工具。铁碳合金相图由三部分(包晶、共晶和共析)组成,其中共析部分最重要,其次是共晶部分。铁碳合金相图各区域的相组成物和组织组成物标注如图 2-18 所示,利用铁碳合金相图可对钢铁材料进行分类。通过对典型合金结晶过程的分析,可确定室温下各合金的相组成和组织组成。利用杠杆定律可计算相组成物和组织组成物在合金中所占的质量百分比,见表 2 - 4。

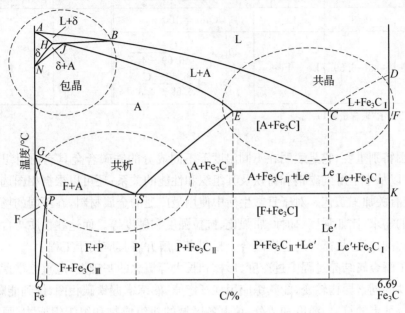

图 2 - 18　铁碳合金相图

表 2 - 4　铁碳合金的分类及室温平衡状态下组织组成物和相组成物的杠杆定律计算

铁碳合金		C/%	组织组成物	组织组成物的相对质量百分比	相组成物	相组成物的相对质量百分比
工业纯铁		0~0.0008	F	$Q_F = 100\%$	F	$Q_F = 100\%$
		0~0.0218	$F+Fe_3C_{III}$	$Q_{Fe_3C_{III}} = \dfrac{C-0.0008}{6.69-0.0008}$ $Q_F = \dfrac{6.69-C}{6.69-0.0008}$		
钢	亚共析	0.0218~0.77	F+P	$Q_P = \dfrac{C-0.0008}{0.77-0.0008}$ $Q_F = \dfrac{0.77-C}{0.77-0.0008}$	$F+Fe_3C$	$Q_{Fe_3C} = \dfrac{C-0.0008}{6.69-0.0008}$ $Q_F = \dfrac{6.69-C}{6.69-0.0008}$
	共析	0.77	P	$Q_P = 100\%$		
	过共析	0.77~2.11	$P+Fe_3C_{II}$	$Q_P = \dfrac{6.69-C}{6.69-0.77}$ $Q_{Fe_3C_{II}} = \dfrac{C-0.77}{6.69-0.77}$		
白口铸铁	亚共晶	2.11~4.3	$P+Fe_3C_{II}+Le'$	$Q_{Le'} = \dfrac{C-2.11}{4.3-2.11}$ $Q_{Fe_3C_{II}} = \dfrac{4.3-C}{4.3-2.11}$ $Q_P = 100\% - Q_{Le'} - Q_{Fe_3C_{II}}$		

（续表）

铁碳合金		C/%	组织组成物	组织组成物的相对质量百分比	相组成物	相组成物的相对质量百分比
白口铸铁	共晶	4.3	Le′	$Q_{Le'} = 100\%$		
	过共晶	4.3～6.69	Le′＋Fe_3C_I	$Q_{Fe_3C_{II}} = \dfrac{C-4.3}{6.69-4.3}$ $Q_{Le'} = \dfrac{6.69-C}{6.69-4.3}$		

注：表中符号"C"表示"碳含量×100"。

合金相图特别重要，它是表明在不同温度下不同成分的铁碳合金具有的组织或者形态的一种图形，可以从中了解到碳钢和铸铁及其组织和性能的关系；还可以根据相图选择不同的材料，并且制定有关加工工艺。对于日常生活中使用最广泛的金属材料，在不同的场合下对金属材料有不同的需求，比如强度、韧性、屈强比、抗拉强度和硬度等。而这些性质与含碳量和加工工艺有着密切的关系，故需要通过铁碳合金相图来了解并将其应用于工程上。

学生在了解金属结晶过程中过冷度、形核和长大等概念的基础上，应重点掌握影响晶粒大小的因素和铁的同素异构转变，能熟练应用杠杆定律；熟练掌握铁碳相图，做到能默画全图，并标出图中各特征点的符号、温度和成分，填上各区域的相组成物和组织组成物，画出各典型合金的冷却曲线和组织转变示意图，应用杠杆定律计算各典型合金室温平衡组织中各相和各相组织成物的相对质量百分比；弄清铁碳合金的成分、组织和性能之间的关系，即随着含碳量的变化，其组织和性能的变化规律。

2.2.3.5 碳钢的热处理

热处理是指通过对固态金属的加热、保温和冷却，来改变金属的显微组织及其形态，从而提高或改善金属机械性能的一种方法。铸造、锻压、焊接和机加工的目的是使零件成型或改变其形状，而热处理的目的是改变金属材料的组织和性能，而不要求改变零件的形状和尺寸，各种机械零件中的大多数或绝大多数要经过热处理才投入使用。钢的热处理对提高和改善零件的机械性能发挥着十分重要的作用。热处理方法很多，常用的有退火、正火、淬火、回火和表面热处理等。热处理既可以作为预先热处理，以消除上一道工序所遗留的某些缺陷，为下一道工序准备好条件；也可作为最终热处理，进一步改善材料的性能，从而充分发挥材料的潜力，达到零件的使用要求。因此，不同的热处理工序常穿插在零件制造过程的各个热加工或冷加工工序中进行。

通过热处理理论和实验工艺的学习，学生须掌握退火、正火、淬火和回火的目的，以及其加热温度、冷却条件、组织性能变化和适用钢种。熟悉常见热处理组织的本质、形态以及应用。深入理解马氏体转变的有关问题。对淬透性及主要影响因素有清楚的概念。对表面淬火、渗碳和渗氮等表面热处理工艺及表面处理新技术有一般性了解。

2.2.4 热流体

2.2.4.1 热流体的概念及其涉及的学科内容

热流体是一个用于分析热系统和热过程中由于流体流动和温度差异而产生的各种形式能量之间相互转换与传递规律的概念，它涉及流体力学、传热学和热力学等多个学科的交叉融合,这些学科的相互交融不仅是热流体的基础,也是研究热流体性质和能量传递与转换规律的重要前提。

其中,流体力学是力学的一个分支,其主要研究在各种力的作用下,流体本身的静止状态和运动状态,以及流体和固体之间有相对运动时的相互作用和流动规律。传热学是研究由于温差引起的热量传递规律的科学,其目的是研究物质内部的温度分布和物质之间的热量传递现象与规律。热力学作为热科学领域中最基础的学科,是"研究物质、能量以及控制它们相互作用规律的科学"。

任何系统的设计和运行都必须满足一定的约束条件,如成本、安全、性能、尺寸和环境等。而在热流体领域主要的约束条件有质量守恒定律、动量守恒定律、角动量守恒定律、能量守恒定律和热力学三大定律,热流体所涉及的多个学科之间的关系可以用图 2－19 进行简单的概括与描述。

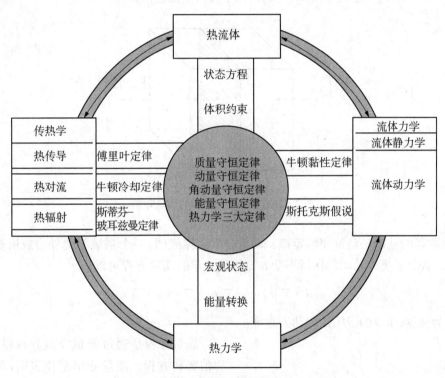

图 2－19　热流体涉及的学科和基本定律

2.2.4.2　流体力学基础

热流体的前提是流体,而流体力学是研究热流体的基础。流体力学作为一门基础性很强和应用性很广的学科,可以分为流体静力学和流体动力学两个分支。

1）流体静力学

如果流体相对于某一坐标系静止不动,即称流体在力学上处于平衡状态。研究流体平衡状态下的力学规律称为流体静力学。当流体处于平衡状态时,流体不呈现黏性,流体内每一点的切应力都为零,作用在静止流体的表面力只有静压力,通常称之为流体静压强。对于静止流体,流体静力学基本方程为

$$p = p_0 + \rho g h \tag{2-2}$$

式中，p 为任意点压强；p_0 为参考点压强；h 为参考点与任意点的位置高度差。式(2-2)即为最常用的流体静压强计算公式。

2) 流体动力学

流体动力学是流体力学的另一个分支，主要研究作为连续介质的流体在外力作用下的运动规律及其与固体边界的相互作用。研究流体动力学问题的三大基本方程包括连续性方程、动量方程和能量方程，其中连续性方程是依据质量守恒定律导出的。取图 2-20 所示六面体微元作为控制体积，不可压缩流体的连续性方程可以表示为

$$\frac{\partial u_x}{\partial x} + \frac{\partial u_y}{\partial y} + \frac{\partial u_z}{\partial z} = 0 \tag{2-3}$$

式中，$u(u_x, u_y, u_z)$ 为微元在 (x, y, z) 三个方向上的速度。

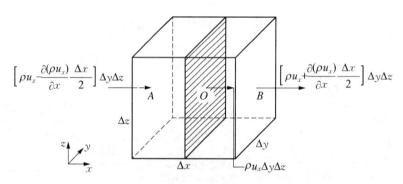

图 2-20 微分控制体积的质量守恒

动量方程的基础是动量守恒定律。动量守恒定律表明，一个系统不受外力或所受外力之和为零时，这个系统的总动量保持不变。流体动力学的动量方程可以表示为

$$\rho(\vec{u} \cdot \nabla \vec{u}) = -\nabla p + \nabla \cdot (\mu \nabla \vec{u}) \tag{2-4}$$

式中，$\vec{u}$ 为速度；p 为压力；μ 为动力黏度。

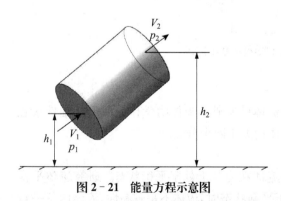

图 2-21 能量方程示意图

能量方程是通过能量守恒方程得到的，又称伯努利方程。能量守恒定律表明，能量既不会凭空产生，也不会凭空消失，它只会从一种形式转化为另一种形式，或者从一个物体转移到其他物体，而能量的总量保持不变。以图 2-21 所示模型为例，流体动力学的能量方程可以表示为

$$p_1 + \frac{1}{2}\rho V_1^2 + \rho g h_1 = p_2 + \frac{1}{2}\rho V_2^2 + \rho g h_2 \tag{2-5}$$

2.2.4.3 传热学基础

传热学就是研究由温差引起的热能传递规律的科学。热流体在流动传热的过程中，主要

有三种基本热量传递方式:热传导、对流传热与辐射传热。

1) 热传导

物体各部分之间不发生相对位移时,依靠分子、原子及自由电子等微观粒子的热运动而产生的热量传递称为热传导,简称导热。例如,固体内部热量从温度较高的部分传递到温度较低的部分,以及温度较高的固体把热量传递给与之接触的温度较低的另一固体,都是导热现象。

以图 2 - 22 所示一维稳态固体传热为例,热传导可以表示为

$$q''_x = \frac{\Phi}{S} = -\lambda \frac{\mathrm{d}T}{\mathrm{d}x} \tag{2-6}$$

式中,q''_x 为热流密度,即在与传输方向相垂直的单位面积上,在 x 方向上的传热速率($\mathrm{W/m^2}$);单位时间内通过某一给定面积的热量称为热流量,记为 $\Phi(\mathrm{W})$;S 为热流量的传热面积;λ 为热导率,它是物质的重要热物性参数,其数值就是物体中单位温度梯度、单位时间、通过单位面积的导热量[$\mathrm{W/(m \cdot K)}$];T 为温度;x 为热传递方向的坐标。此规律由法国物理学家傅里叶于 1822 年首先提出,故称之为傅里叶定律,又称导热基本定律。

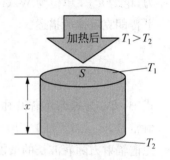

图 2 - 22　热传导示意图

2) 对流传热

流体流过固体表面时,流体与固体间的热量交换称为对流传热。对流传热包括自然对流传热与强制对流传热。不依靠泵或风机等外力推动,由流体自身温度场的不均匀所引起的对流传热称为自然对流,例如,暖气管道的散热以及空调送出的冷空气降低室内空气温度等都是自然对流换热的应用。流体在外力影响下发生的对流传热称为强制对流,常见的强制对流传热现象有吹电风扇、做饭时锅内液体翻滚等。

对流换热的基本计算公式是牛顿冷却公式,即

$$q'' = h \Delta T \tag{2-7}$$

或对于面积为 A 的接触面

$$\Phi = h A \Delta T_{\mathrm{m}} \tag{2-8}$$

式中,q'' 为热流密度;h 为流体与固体表面间的传热系数;ΔT 为温度差;Φ 为单位时间内通过某一给定面积的热量;ΔT_{m} 为传热面积 A 上的平均温差。很明显,计算对流换热量的关键在于获得流体与固体表面间的传热系数 h。

3) 辐射传热

热辐射是热量传递的另一种基本方式,它是一种以电磁波形式传递热量的传热方式。热辐射的电磁波是物体内部微观粒子的热运动状态改变时激发出来的,可以在真空中传播,具有强烈的方向性,且伴随着能量形式的转变。当热辐射的能量投射到物体表面上时,会发生吸收、反射和穿透现象,通常,吸收比 $\alpha = 1$ 的物体被称作黑体,它能吸收全部波长的辐射能。黑体热辐射有三个基本定律,分别是斯蒂芬-玻耳兹曼定律、普朗克定律和兰贝特定律。

(1) 斯蒂芬-玻耳兹曼定律。单位时间内单位表面积向其上半球空间的所有方向辐射出去的全部波长范围内的能量称为辐射力,记为 E,其单位为 $\mathrm{W/m^2}$。黑体的辐射力与热力学温

度(K)的关系由斯蒂芬-玻耳兹曼定律所规定：

$$E_b = \sigma T^4 = C_0\left(\frac{T}{100}\right)^4 \tag{2-9}$$

式中，σ 为黑体辐射常数，其值为 5.67×10^{-8} W/(m²·K⁴)；C_0 为黑体辐射系数，其值为 5.67 W/(m²·K⁴)；下角码 b 表示黑体。这一定律现又称辐射四次方定律，是热辐射工程计算的基础。

(2) 普朗克定律。该定律解释了黑体辐射能按波长分布的规律。单位时间内单位表面积向其上半球空间的所有方向辐射出去的在包含波长 λ 在内的单位波长内的能量称为光谱辐射力，记为 $E_{b\lambda}$，单位为 W/(m²·m)或者 W/(m²·μm)。黑体的光谱辐射力随波长的变化由以下普朗克定律所描述：

$$E_{b\lambda} = \frac{c_1\lambda^{-5}}{e^{c_2/(\lambda T)}-1} \tag{2-10}$$

式中，$E_{b\lambda}$ 为黑体光谱辐射力(W/m³)；λ 为波长(m)；T 为黑体热力学温度(K)；c_1 为第一辐射常量，$c_1 = 3.7419\times10^{-16}$ W·m²；c_2 为第二辐射常量，$c_2 = 1.4388\times10^{-2}$ m·K。黑体的光谱辐射力随着波长的增加，先是增大，然后又减小。光谱辐射力最大处的波长 λ，亦随温度不同而变化。

(3) 兰贝特定律。该定律给出了黑体辐射能按空间方向的分布规律。单位时间内，物体在垂直发射方向的单位面积上，在单位立体角内发射的一切波长的能量称为定向辐射度，记为 L，单位是 W/(m²·sr)。黑体辐射的定向辐射度与方向无关，也就是说，在半球空间各个方向上的定向辐射度相等：

$$L(\theta,\varphi) = L = 常量 \tag{2-11}$$

定向辐射度与方向无关的规律称为兰贝特定律。

2.2.4.4 热力学基础

热力学是从宏观角度研究物质的热流体运动性质及其规律的学科，它主要是从能量转化的观点来研究物质的热性质，提示了能量从一种形式转换为另一种形式时遵从的宏观规律。热力学可以用少数几个能直接感受和可观测的宏观状态量如温度、压强、体积、浓度等，来确定系统所处的状态。通过对实践中热现象的大量观测和实验发现，热力学过程须满足以下三大定律。

1) 热力学第一定律

热力学第一定律是研究热力过程的能量守恒和转化的定律，其通常描述为热力系内能的增加等于热力系吸收的热量和外界对热力系所做的功的总和，其表达式为

$$\Delta U = Q + W \tag{2-12}$$

式中，ΔU 为热力系内能的改变量；Q 为热力系吸收的热量；W 为外界对热力系所做的功。

热力学第一定律的本质是能量守恒定律，它指出热量可以从一个物体传递到另一个物体，也可以与机械能或其他能量互相转换，但是在转换过程中，能量的总值保持不变。根据能量守恒定律，做功必须由能量转化而来，不能无中生有地创造能量，因此，永动机是一定不存在的。

2） 热力学第二定律

热力学第二定律是关于热量或内能转化为机械能或电磁能，或是机械能或电磁能转化为热量或内能的特殊转化规律。热力学第二定律有多种不同的表达方式。克劳修斯表述为：热量不能自发地从低温物体转移到高温物体。开尔文表述为：不可能从单一热源取热，使之完全转换为有用的功而不产生其他影响。熵增原理表述为：不可逆热力过程中熵的微增量总是大于零。在自然过程中，一个孤立系统的总混乱度（即"熵"）不会减小，即

$$dS \geqslant 0 \qquad\qquad (2-13)$$

式中，S 为熵。

热力学第二定律的每一种表述，都揭示了大量分子参与的宏观过程的方向性，使人们认识到自然界中进行的涉及热现象的宏观过程都具有方向性。

3） 热力学第三定律

热力学第三定律是由低温现象的研究而得到的一个普遍定律，它的主要内容是"能氏定理"和"绝对零度不能达到原理"，1906 年能斯特从研究各种化学反应在低温的性质中得到一个结果，称之为"能氏定理"，它的内容是：凝聚系的熵在等温过程中的改变随绝对温度趋于零：

$$\lim_{T \to 0}(\Delta S)_T = 0 \qquad\qquad (2-14)$$

式中，$(\Delta S)_T$ 指一个等温过程中熵的改变。

到 1912 年，能斯特根据他的定理推出一个原理，即"绝对零度不能达到"原理。在统计物理学上，热力学第三定律反映了微观运动的量子化。在实际意义上，热力学第三定律并不像第一、第二定律那样明白地告诫人们放弃制造第一种永动机和第二种永动机的意图，而是鼓励人们想方设法尽可能接近绝对零度。现代科学可以使用绝热去磁的方法达到，但永远达不到 0 K。

2.3 前沿技术和发展趋势

2.3.1 图学前沿技术

工程图学是一门应用十分广泛的学科，历经了从古至今的演变和发展，形成了相对完善的、标准化的工程语言和工具。在 21 世纪，伴随经济的飞速发展、科技的大踏步前进，工程图学处于不断发展变化阶段，且依然在发挥着极其重要的作用。

1） 工程图学的前沿

随着 20 世纪计算机的出现及软硬件性能的不断提升，计算机辅助设计应运而生，它是通过计算机进行工程图绘制及产品设计的方法。计算机辅助设计在理论及技术上的突破与普及，给工程图学提供了前所未有的发展机遇。随着计算机辅助设计软件的不断完善，三维几何建模技术在工程领域得到了大力发展和广泛应用。它改变了用传统的平面图形表示空间形体的思路，通过三维实体表达空间几何形体的方法改变了形体表达形式，这无疑是更直接、更便捷的。随着计算机辅助设计技术的不断创新和发展，其作为工程图的表达形式与产品开发设计的研究手段，优势和作用越来越凸显。

设计人员只要在绘图时严格执行相关的图式图例、技术规范，并对各种注记和符号、不同的线型赋予不同的参数值，便会得到注记正确、符号规范、线型一致的数字图形。有工程图学

基础的设计者通过短期培训，即可在计算机上进行结构设计和图纸绘制。这提高了制图精度，减少了人为误差。

计算机存储介质在不断发展，其逐步具备体积小、可靠性高、容量大、记录密度高等特点。这为数字信息的保存、传输、修改和更新提供了可靠的基础，且对实现数据信息共享和共建提供了极大的便利。此外，数据库和硬拷贝或软拷贝的可视化为设计者提供了简明、友好、快捷的使用方法。

使用计算机绘图软件可以直接生成三维空间模型，其提供了更为丰富的展示空间，让抽象难懂的空间信息变得直观化和可视化。它是一种对空间形体进行全方位的完整描述，并综合了外形结构及内部物理特征（如材料属性、加工方法、应力分布等）的设计工具。根据计算机辅助设计所得到的信息，再通过数据转换，传输给计算机辅助工艺过程设计（computer aided process planning，CAPP）系统、计算机辅助制造（computer aided manufacturing，CAM）系统，进行下一阶段零件的工艺设计及加工生产。

2）工程图学未来的发展趋势

计算机辅助设计技术的迅猛发展，相关软、硬件水平不断更新优化，这为工程图学的发展提供了强有力的技术支持。计算机辅助设计技术为产品设计、生产和制造的发展带来了质的飞跃，它已经朝着集成化、智能化、标准化、虚拟化的方向发展。

未来系统的集成水平进一步提高，能够使更高的设计质量要求和效率要求得到满足。未来计算机辅助设计技术会向数组化产品建模方向发展，计算机辅助设计技术将能够提供产品的几乎所有的数据信息，包括报废、维护、使用、制造、分析、设计等，所提供的数据需要和特定规范标准相符合。在建模过程中，为了提高产品的设计质量，将会对使用及生成的数据进行数组化、参数化、规范化处理。此外，实现产品数据交换也是计算机辅助设计技术一个重要的发展方向，在数据交换过程中，基于特定规范准则，通过不断扩充数据量，根据已有的交换规范标准进行完善，同时不断对新的交换思想规范进行补充。

现有计算机辅助设计技术主要是对数值性工作进行处理，对相应的知识模型具有一定的依赖性，需要利用符号推理策略，才能够实现设计目标。因此，将计算机辅助设计技术和知识工程技术、人工智能技术进行深度融合，是一个必然的趋势。协同化设计、标准化设计、模块化设计、并行设计等都是时下比较热门的研究内容，未来计算机辅助设计技术将会不断研发出新的设计理论和方法。在新的理论和方法的指导下，有望建立新一代智能计算机辅助设计系统，有效解决目前创新设计、方案设计等难度较大的工作。

我国针对计算机辅助设计技术已经制定了很多相关标准，这些标准也是计算机辅助设计必须遵守的重要法则。根据不同类别可将标准分为五大类，分别是 CAD 一致性测试标准、CAD 文件管理及光盘存档标准、产品数据技术标准、CAD 技术制图标准、计算机图形标准等。未来随着对计算机辅助设计技术的不断深入研究和发展，还会制定出更多、更全面的标准，从而更好地指导和规范计算机辅助设计技术的应用以及计算机辅助设计系统的产品开发及管理。

虚拟技术可以满足设计者对多维信息环境交互的需求，减少样品和实物模型的生产。在虚拟环境中，使用数据手套、投影显示器等三维交互设备，可让设计人员从多角度观察虚拟模型。相比传统的可视化系统，在基于虚拟现实技术的计算机辅助设计系统中，设计者可以直接通过三维虚拟环境中的设计替代传统的二维交互方式进行建模。该系统能够支持眼神、手势、语音的识别和跟踪,并且操作简单,普通设计者不必经过系统培训也能够轻松掌握。

2.3.2 力学前沿技术

1) 新型减振隔振技术

随着机电装备工作精度要求的日益提高,机械系统的振动、噪声及其隔离技术逐步成为相关领域的热点和前沿问题。传统隔振技术大多数集中在线性隔离,对于隔振设备,往往存在两类问题:其一是过高的刚度对应着过大的质量,其二是过低的刚度意味着无法承担高质量负载,从而约束着非线性隔振技术的发展。基于此,上海理工大学研究人员提出高静低动型隔振器,即具有高的静刚度和低频隔振性能,能够实现准零刚度隔振,甚至绝对零刚度隔振(图 2 - 23)。

$$D(u) = C_0 + C_1 u^2 + C_2 u^4 + \cdots + C_n u^{2n} \qquad n \in 0,1,2,\cdots$$

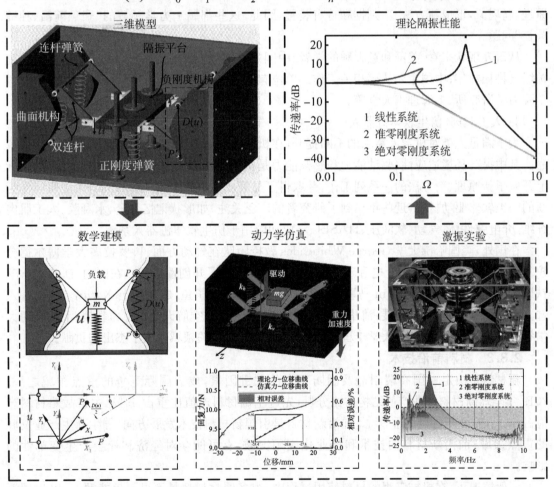

图 2 - 23　上海理工大学机械工程学院在新型隔振器设计方面的研究进展

英国布里斯托大学 Carrella 教授团队、中国香港理工大学 Jing Xingjian 教授团队做出了开创性工作;中国湖南大学徐道临与周加喜教授团队,同济大学徐鉴与孙秀婷教授团队,上海交通大学张文明教授团队,清华大学、哈尔滨工业大学、浙江大学及北京航空航天大学团队,都致力于发展新型减振隔振技术,并将其应用于实践。

2) 极端力学

随着前沿科学和新技术不断发展,工程材料与结构的超常规尺度、密度、硬度、刚度等性能以及在超常规温度、速度、场强和恶劣天气等极端服役环境中的力学响应规律,需要力学提供更为有效的理论和方法。2019 年,中国力学学会副理事长、中国科学院院士郑晓静教授从极端力学的基本定义和科学内涵出发,结合重大工程问题和大科学问题,从极端性能、极端载荷、学科发展三个方面系统介绍了极端力学的研究现状,并总结了极端力学的特点及其对力学理论、计算方法和实验技术的挑战。

从极端服役环境来看,存在大量的超高温、超低温和超温差问题,例如航空发动机高温段运行温度环境可达 1 600 ℃,超导材料须在超低温下运行,太空结构运行温度环境的温度范围为 ±200 ℃。从极端载荷来看,极端天气环境包括台风、沙尘暴和冰雨等,对飞行器、机电工程装备的安全是极大的威胁。针对这些挑战,需要在实验技术和测量技术上有所突破,以发现新原理、新现象,形成新方法、新判据和特有装置,因此,这些都属于力学领域的"聚焦前沿、独辟蹊径"问题。

从研究现状来看,美国和意大利的学者、中国的郑晓静及方岱宁院士,在极端力学的研究领域已耕耘数年;中国主要从事相关工作的单位有北京理工大学、浙江大学、宁波大学、中国科学院力学研究所、上海理工大学等。

3) 人工肌肉/仿生软体机器人

为了满足人类对机器人需求的不断提升,在机器人设计理念和组成元素上正发生巨大革命。其中提升环境适应性、驱动能力和感知能力是机器人永恒的主题,围绕这三个部分,国际上开展了新原理、新方法的一系列工作,并取得了显著成果。其中,在驱动方面,人工肌肉作为新的一类软体驱动材料,近些年得到了研究者的广泛关注,如形状记忆合金、水凝胶、人工肌肉纤维、介电弹性体、气动、软液压、HASEL 已成功应用于仿生软体机器人系统。

在国外,美国哈佛大学 George Whitesides 教授团队在气动方面、科罗拉多大学博尔德分校 Christoph Keplinger 在介电和 HASEL 驱动方面做出了开创性研究。在国内,浙江大学李铁风教授开发出能在 11 000 m 马里亚纳海沟游动的深海狮子鱼,成功登上 Nature 封面,并入选 2021 年中国科学十大进展;清华大学赵慧婵教授、北京航空航天大学文力教授、上海交通大学谷国迎教授、哈尔滨工程大学李国瑞教授等团队,均在相关领域做出了杰出的贡献。

2.3.3 材料前沿技术

新材料是决定一国高端制造及国防安全的关键因素,成为国际竞争的重点领域之一。2019 年全球新材料产业产值结构占比分析,先进基础材料产值比重占 49%,关键战略材料产值占 43%,前沿新材料比重 8%。前沿新材料是引领新材料技术发展方向、催生新生产业发展的重点领域,前沿新材料的技术和产业化应用突破,有可能会对经济和社会产生变革性的影响。

一般情况下,在机械工程的材料使用过程中,很多原材料都是不可再生能源,一旦出现消耗过度的情况,最终会对整个机械工程制造行业带来很大的安全发展隐患。因此,在材料的选择过程中还要做好环保和节能,促使各项需求都能够满足实际要求。例如,被广泛看好的石墨烯,由于具有透光性好、导热系数高、电子迁移率高、电阻率低、机械强度高等优异性能,如果能在规模化制备及应用方面取得重大突破,将有望带动新一代信息技术、新能源、高端装备制造等领域快速发展。来自法国格勒诺布尔大学的 Benjamin Sacépé 等研究者,使用扫描隧道光谱对石墨烯中三个不同的破坏对称相进行了成像。相关论文以题为 *Imaging tunable quantum Hall broken-symmetry orders in graphene* 于 2022 年 5 月 4 日发表在 *Nature* 中。

对于新材料,研究者除了从内部晶体结构方面之外,还有从"多重界面与多级结构"协同策略角度开展了相关研究。设计高性能触觉传感材料,发展高灵敏传感机制,实现高效的柔性传感器件构筑,是柔性电子皮肤领域发展面临的重要挑战。近期,中国南开大学梁嘉杰教授团队利用二维过渡金属碳化物 MXene 与半结晶聚氧化乙烯(PEO)复合组装,制备具有相互独立的压阻效应(piezoresistive)和热阻效应(pyroresistive)的压力-温度双重传感气凝胶材料。该工作是在具有高灵敏度的压力传感气凝胶结构基础上的进一步突破,实现了高灵敏度、高分辨率的压力-温度双重传感气凝胶材料(图 2-24)。

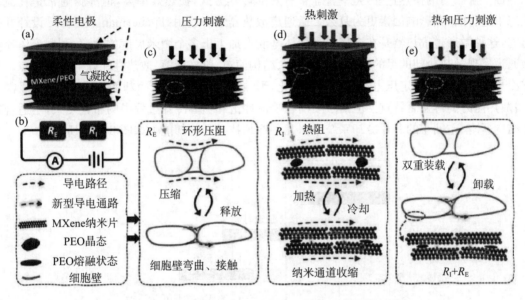

图 2-24 MXene/PEO 气凝胶的结构和双重传感机理图

机械工程材料课程对于人类工业发展的意义非同小可,未来可能往以下几个方向发展:

(1)更加注重培养学生开发新材料和微观层次设计特定性能材料的能力。

(2)培养学生利用模拟与计算工具对复杂工程和实践问题进行预测与模拟,运用现代信息技术高效获取信息的能力。

(3)培养从事材料技术转化领域专门技术与管理人才。

(4)随着新材料研究及产业化成功,新材料知识教学比重将逐渐提升。

2.3.4 热流体前沿技术

1)新型的热流体材料

传统的液体,如水、乙二醇和矿物油的导热性较差,提高传统流体传热性能的一种有效方法是使用纳米流体。所谓纳米流体是指把 $1 \sim 100$ nm 大小的纳米颗粒(金属或非金属纳米粉末)分散到水、醇、油等传统换热介质中,制备成均匀、稳定、高导热的新型换热介质。作为一种新型的高效、高传热性能的传热介质,纳米流体可有效提高热系统的传热性能,满足热系统高负荷的传热冷却要求,满足一些特殊条件下的强化传热要求,可以广泛应用于能源、汽车、电子和航空航天等领域。例如,纳米流体可以作为散热器的工作流体,能有效提高换热系数,增强对流传热,降低微电子设备的工作温度,提高微电子元件的可靠性和工作效率,延长其使用寿命,对促进降低成本、提高经济性有着重要意义。

2)新的热流体散热技术

目前,常用的散热技术包括空气冷却、液体强迫对流、水沸腾冷却、微通道冷却和喷雾冷却等。空气冷却通常是指强迫对流冷却,利用风扇不断吹入冷空气、流出热空气,风扇与空气分子进行强迫对流,将热量散发到空气中,完成散热过程。但是空气冷却的散热能力很低,不能满足高热通量集成电路的散热要求。液体强迫对流主要是指利用流动的液体带走热量,液体的比热容较大,其散热能力比风冷的散热方式更强,具有高效率、低噪声和低成本等优点,但是需要注意的是,在使用时应做好密封,防止液体流出损坏电子元器件。水沸腾冷却是指液体在加热面上沸腾时的换热过程,是一种非常有效的传热方式,换热效率高,但沸腾通常是在流动状态下进行的,其影响因素更为复杂。微通道散热器最早是由 Tucherman 和 Pease 设计并提出的,这种微通道散热器是在金属或半导体基底上加工出多个微米尺度的通道,利用流体流经微通道实现散热冷却的目的,它具有体积小、结构简单、价格低廉、散热性能好等优良特点。喷雾冷却是指用具有一定压力的空气将水雾化,形成雾流,从而进行冷却的技术,具有流量需求小、散热能力高等显著特点。但由于喷嘴在喷流冲击和喷雾冷却过程中的布置复杂,不适合置于结构紧凑、空间小的芯片冷却系统中。几种冷却技术的冷却能力如图 2-25 所示。

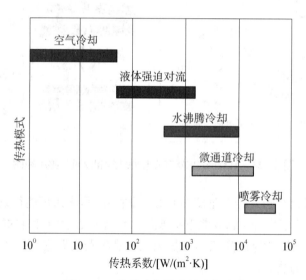

图 2-25　几种冷却技术的冷却能力

3)新的热流体应用领域

在我们生活的世界中发生着各种各样的过程,其中与人类生存关系最密切的过程之一是热能的传递:从机械制造中的散热到电子器件的有效冷却,从国际空间站到随处可见的新能源汽车,这些无不与热流体过程密切相关。

航空航天技术近年来得到了快速的发展,人类在宇宙空间取得了巨大的科技成果,航空航天技术更是当代各个领域新技术、新材料的集中体现。值得注意的是,不仅航天飞行器在运行和返回时需要大量散热,就连在太空零下 270℃ 左右寒冷环境里的国际空间站也需要散热。太阳辐射是近地轨道空间热环境中最大的辐射源,可以为航天器运行提供所需要的动力,但也是引起航天器表面高温的最主要因素。此外，由于宇宙中没有大气对空间站进行防护，图2-26所示的空间站被太阳照射的一面会急剧升温。太空中没有传递热量的工作介质，因此，空间站接收到的热量不能通过热传递的方式进行散热，只能通过热辐射的方式进行自然散热，但热辐射的速率十分缓慢。所以，国际空间站设有冷却循环装置，通过冷却管路输送液氨冷却液，液氨吸收热量后，将吸收的热量从外部的管道循环装置输送到光伏散热板块，

图 2 - 26　太空中的国际空间站

将热量散发出去，以维持国际空间站的整体温度。同时，空间站的外层覆盖着一种高反射率的多层隔热材料，这种材料可以有效地降低表面温差，既可以让面向太阳的一侧得到充分散热，又能给背向太阳的一侧保暖，使空间站内部的仪器能在合适的温度范围内正常工作。

随着汽车工业的蓬勃发展，人们对于环境友好型汽车的期望值越来越高，既要对环境产生较小的污染，又要实现能源的充分利用，节约资源，新能源汽车也就随之诞生。新能源汽车主要包括混合动力汽车、纯电动汽车以及生物燃料汽车等。在混合动力汽车和纯电动汽车中，图2-27所示的电池组是车辆重要的动力装置，同时也是各种电动辅助系统的能量供给装置。而动力电池作为新能源汽车的核心能源，电池单体对环境温度敏感性较差。在低温充、放电时，由于电极材料的特殊性，电池内部极化增大，导致电池无法充电或放电性能大幅衰减的现象。在电池组中，电池单体排布比较密集，电池充、放电时会产生大量的热量，而热量在密闭空间里不能及时排除，这样会导致电池组的温度急剧升高，甚至造成电池自燃。而电池单体之间也会存在差异，容易导致电池组放热不均，温升速度也有差异，温差较大也会导致电池性能的下降，造成热循环。目前新能源汽车大多采用液冷散热的方式，在电池组的周围布置液冷循环管道，冷却液在液冷管道内循环流动，降温速率快、均温性好，通过液体的对流换热方式，将电池产生的热量带走，从而降低电池温度。

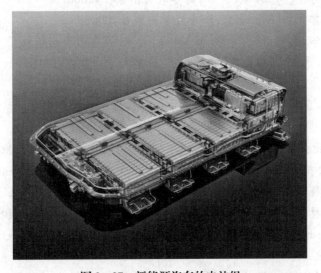

图 2 - 27　新能源汽车的电池组

参考文献

［1］乔纳森·维克特,肯珀·路易斯.机械工程概论[M].3版.盛忠起,谢华龙,刘永贤,译.北京:机械工业出版社,2018.

［2］斯科特·佩奇.模型思维[M].贾拥民,译.杭州:浙江人民出版社,2019.

［3］王成恩.几何建模方法及涡轮叶片设计技术[M].武汉:华中科技大学出版社,2021.

［4］赵长生,顾宜.材料科学与工程基础[M].3版.北京:化学工业出版社,2020.

［5］刘玉鑫.热学[M].北京:北京大学出版社,2016.

［6］林雪萍.工业软件简史[M].上海:上海社会科学院出版社,2021.

［7］张自成,钱冶.复活的文明[M].北京:团结出版社,2000.

［8］瞿元赏,李海渊,朱文博.机械制图[M].3版.北京:高等教育出版社,2018.

［9］亚·沃尔夫.十六、十七世纪科学技术和哲学史[M].周昌忠,等译.北京:商务印书馆,1985.

［10］路扎德 W J.工程制图基础——设计、产品研制与数字控制[M].西北工业大学制图教研室,译.兰州:甘肃人民出版社,1981.

［11］龚良.中国考古大发现[M].济南:山东画报出版社,2000.

［12］清华大学精密仪器系《机械制图》编写组.机械制图[M].北京:人民教育出版社,1974.

［13］黄承烈.对中国古代制图学整体发展的初步研究[D].武汉:湖北大学,1987.

［14］杨卫,赵沛,王宏涛.力学导论[M].北京:科学出版社,2020.

［15］郝桐生.理论力学[M].4版.北京:高等教育出版社,2017.

［16］刘鸿文.材料力学[M].6版.北京:高等教育出版社,2016.

［17］张策.机械动力学[M].2版.北京:高等教育出版社,2008.

［18］辛格雷苏·S.拉奥.机械振动[M].5版.李欣业,杨理诚,编译.北京:清华大学出版社,2016.

［19］徐芝纶.弹性力学[M].4版.北京:高等教育出版社,2008.

［20］王勖成.有限单元法[M].北京:清华大学出版社,2003.

［21］龙驭球,包世华,袁驷.结构力学[M].4版.北京:高等教育出版社,2018.

［22］张晓敏,万玲,严波.断裂力学[M].北京:清华大学出版社,2012.

［23］朱建新,李有法.计算方法[M].4版.北京:高等教育出版社,2020.

［24］苏文婷,吴凡,王震,等.机械设计加工中的材料选择问题分析[J].智能制造与设计,2021(4):50-58.

［25］陈晓斌.机械设计加工中的材料选择问题分析[J].科技创新与应用,2019(36):100-101.

［26］齐民,于永泗.机械工程材料[M].10版.大连:大连理工大学出版社,2017.

［27］刘智恩.材料科学基础[M].3版.西安:西北工业大学出版社,2011.

［28］陈志毅.金属材料与热处理[M].5版.北京:中国劳动社会保障出版社,2007.

［29］Massoud M. Engineering thermofluids [M]. [S. l.]: Springer Berlin Heidelberg, 2005.

［30］王经.传热学与流体力学基础[M].上海:上海交通大学出版社,2007.

[31] 杨世铭,陶文铨.传热学[M].4 版.北京:高等教育出版社,2006.

[32] 王慧民.流体力学基础[M].3 版.北京:清华大学出版社,2013.

[33] 王竹溪.热力学[M].2 版.北京:北京大学出版社,2014.

[34] Wang S L, Wang Z L. Curved surface-based vibration isolation mechanism with designable stiffness: modeling, simulation, and applications [J]. Mechanical Systems and Signal Processing, 2022(181):109489.

[35] 郑晓静.关于极端力学[J].力学学报,2019(51):1266 - 1272.

[36] Acome E, Mitchell S K, Morrissey T G, et al. Hydraulically amplified self-healing electrostatic actuators with muscle-like performance [J]. Science, 2018(359):61 - 65.

[37] Li G R, Chen X P, Zhou F H, et al. Self-powered soft robot in the Mariana Trench [J]. Nature, 2021(591):66 - 85.

[38] Coissard A, Wander D, Vignaud H, et al. Imaging tunable quantum hall broken-symmetry orders in graphene [J]. Nature, 2022(605):51 - 56.

[39] Wu J H, Fan X Q, Liu X, et al, Highly sensitive temperature-pressure bimodal aerogel with stimulus discriminability for human physiological monitoring [J]. Nano. Lett. , 2022,22(11):4459 - 4467.

[40] Wang X Q, Mujumdar A S. Heat transfer characteristics of nanofluids: a review [J]. International Journal of Thermal Sciences, 2007,46(1):1 - 19.

[41] 吴金星,曹玉春,李泽,等.纳米流体技术研究现状与应用前景[J].化工新型材料,2008(10):10 - 12,22.

[42] 贺斌,何光进,孙彩云,等.相变储能材料研究进展及应用[J].信息记录材料,2022,23(5):72 - 75.

[43] 万艳鹏.热力学模型在熔盐水合物相变储能材料设计中预测能力的比较研究[D].长沙:湖南大学,2007.

[44] Naqiuddin N H, Saw L H, Ming C Y, et al. Overview of micro-channel design for high heat flux application [J]. Renewable and Sustainable Energy Reviews, 2018(82):901 - 914.

[45] He Z, Yan Y, Zhang Z. Thermal management and temperature uniformity enhancement of electronic devices by micro heat sinks: a review science direct [J]. Energy, 2021,1(216):119 - 223.

[46] Tuckerman D B, Pease R F W. High-performance heat sinking for VLSI [J]. IEEE Electron Device Letters, 1981,2(5):126 - 129.

[47] 史逸.国际空间站姿态调整下阿尔法磁谱仪在轨热平衡特性研究[D].济南:山东大学,2021.

[48] 史利民.我国新能源汽车产业现状及发展趋势[J].电器工业,2011(7):5.

[49] 孟祥玮,赵海波,姜春宝.新能源汽车电池管理系统设计研究[J].电子元器件与信息技术,2021,5(6):117 - 118,123.

[50] 陈诚.新能源汽车方形动力锂电池散热及优化设计研究[D].上海:上海应用技术大学,2020.

第 3 章

机 械 设 计

3.1 概述

3.1.1 机械设计的一般过程

机械设计是指分析和计算所创造机器的运动、力和能量的变化,以确定组成机器的各零件的尺寸和形状,并选择合适的材料与制造工艺,从而使设计出来的机器可以完成预定的功能,并在要求的寿命内不发生失效。

机械设计过程实质上也是一个创新的过程,可分为问题提出、方案设计、详细设计和样机试制四个阶段,如图 3-1 所示。

(1) 问题提出。首先确定具体需求,开展背景调查研究,明确机械装置设计的任务、意义和目的。

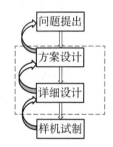

图 3-1 机械设计过程

(2) 方案设计。针对设计任务,提出可行性的解决方案,对各方案进行分析,并确定最终设计方案,即确定机器的工作原理,然后进行执行机构的选型,选择原动机、拟定传动方案,最后绘制机构的运动简图。

(3) 详细设计。根据前述设计方案,设计原动件及各构件的运动参数,计算各主要零件所受载荷,进行零部件选型及具体结构尺寸设计、主要零件的强度校核,完成零件工程图、总装配图,撰写说明书等。

(4) 样机试制。制作样机,测试其可行性,并进行优化。

需要说明的是,上述四个阶段并不是串联形式,而是不断迭代进化。在每个阶段的设计过程中发现问题,都可能回到上一阶段进行重新修订和完善。所以说,机械设计是一个不断改进、不断优化的过程。

3.1.2 机械设计知识架构

机械设计过程的相关理论知识可以分为基础理论、机械设计、精度设计、计算机辅助设计四个模块,各个模块对应的知识点及相关课程如图 3-2 所示。

机械设计基础理论包括机构运动简图、自由度的计算、常用机构以及机械平衡等机械基础知识,主要涉及的课程为机械原理;计算机辅助设计包括机械零部件三维模型的建立、二维工程图的绘制以及计算机辅助工程分析等知识,主要涉及的课程包括计算机辅助设计以及相关编程软件;精度设计包括零部件的尺寸公差、几何公差和粗糙度等知识,这些内容在公差检测与技术测量课程中讲授;机械设计模块包括螺栓、轴承、齿轮、轴等通用零件的设计和强度校核,

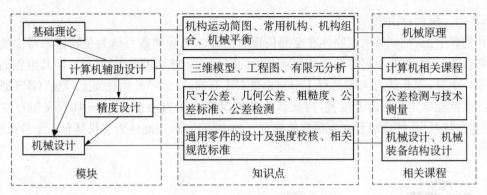

图3-2 机械设计知识架构图

以及相关部件的设计,相关课程有机械设计、机械装备结构设计等。

3.2 专业核心知识点和要求的能力

3.2.1 机械设计基础理论

3.2.1.1 机械

机械是机器和机构的总称。机器是一种执行机械运动的装置,可用来传递或变换能量、物料与信息。在日常生活和生产实践中,人们广泛使用着各种机器,如缝纫机、洗衣机、汽车等。而机构是一种用来传递与变换运动和力的可动装置,机器可以看作由若干机构组成。

图3-3a为工厂中常用的小型冲床,冲床是一部机器,它将电能转化为机械能。电动机的旋转运动经过带轮机构、齿轮机构(由大、小齿轮组成,图3-3b),传动到曲柄滑块机构(由曲轴、连杆和上模具等组成,图3-3c),带动了上模具的上下平移运动,完成冲压的过程,从而代替人类劳动来完成有用的机械功。

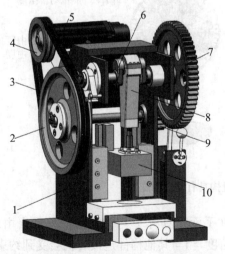

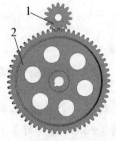

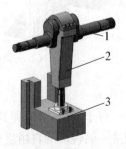

1—机座;2—大带轮;3—皮带;4—小带轮;5—电动机;　　1—小齿轮;2—大齿轮　　1—曲轴;2—连杆;3—上模具
6—曲轴;7—大齿轮;8—连杆;9—小齿轮;10—上模具
　　　(a) 小型冲床　　　　　　　　　　　　　(b) 齿轮机构　　　　　(c) 曲柄滑块机构

图3-3 小型冲床的机构组成

3.2.1.2 机构自由度

在物理学上,把能够确定物体在空间位置所需独立坐标的数目认为是物体的自由度。火车沿着铁轨运动,因此只需要知道从起点开始的路程就能够知道火车的位置,即其位置的确定只需要一个量,因此认为火车具有 1 个自由度(图 3 - 4a);远洋轮船在海上行驶,GPS 通过经度和纬度就能确定其在海上位置,因此认为轮船具有 2 个自由度(图 3 - 4b);飞机在空中飞行,雷达通过经度、纬度以及高度信息能确定飞机空间位置,因此认为飞机具有 3 个自由度(图 3 - 4c)。

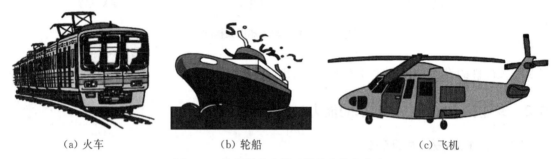

(a) 火车　　　　　　　(b) 轮船　　　　　　　(c) 飞机

图 3 - 4　物理学中交通工具具有的自由度

而在机构学中,机构的自由度定义为机构所具有的独立运动的数目。独立运动一般包括转动和移动两种类型。对于日常生活中常见的机构,如图 3 - 5a 所示的升降电梯,轿厢顺着滑轨产生上升和下降的直线运动,因此具有 1 个移动自由度。如图 3 - 5b 所示的电风扇,其叶片由于受到轴的限制,仅能够绕轴产生转动,因此具有 1 个转动自由度;而风扇头可以进行摇头和上下高度调节,因此具有 1 个转动自由度和 1 个移动自由度,共 2 个自由度。

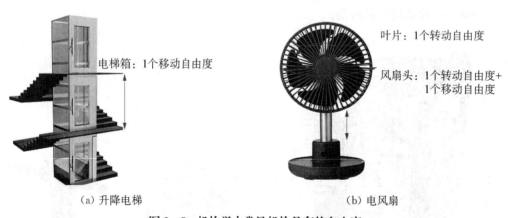

电梯箱:1个移动自由度

叶片:1个转动自由度

风扇头:1个转动自由度+
1个移动自由度

(a) 升降电梯　　　　　　　　　　　(b) 电风扇

图 3 - 5　机构学中常见机构具有的自由度

对于平面机构,即其运动在一个平面内,构件在平面中具有 x 与 y 方向的移动自由度和绕某一轴转动的自由度(图 3 - 6a),共具有 3 个自由度,当与其他构件连接后就会受到约束,从而减少自由度数。图 3 - 6b 中,一个转动副限制了构件 x 与 y 方向的移动,即提供了 2 个约束;一个移动副限制了滑块 y 方向的移动与绕垂直于纸面的轴的转动,也提供了 2 个约束。转动副和移动副合称平面低副,因此 1 个平面低副提供 2 个约束。图 3 - 6c 中,两个构件之间通过点或线接触时,称为平面高副,构件无法进行公法线方向的移动,因此产生 1 个约束。

1个平面高副提供1个约束。

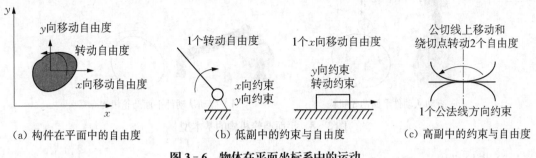

(a) 构件在平面中的自由度　　(b) 低副中的约束与自由度　　(c) 高副中的约束与自由度

图3-6　物体在平面坐标系中的运动

3.2.1.3　常用机构

1) 连杆机构

由低副连接刚性构件组成的机构是连杆机构。在相互平行的平面内运动的连杆机构称为平面连杆机构。在平面连杆机构中,结构最简单、应用最广泛的是由四个构件所组成的平面四杆机构,其他多杆机构都是在此基础上依次增加杆组扩充而成的。如图3-7a所示汽车前轮转向机构,其中就利用到了四杆机构。图中,连杆4为轮轴,其与车体固定,因此可以认为是机架,拉杆带动连杆1绕轴心旋转,进而通过连杆2带动连杆3进行转动,而固连在连杆1与连杆3上的右轮与左轮则会相应产生旋转运动,从而实现汽车的转向。

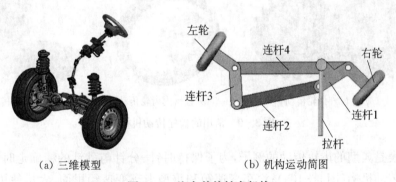

(a) 三维模型　　　　　　　　(b) 机构运动简图

图3-7　汽车前轮转向机构

2) 凸轮机构

凸轮机构是利用具有复杂轮廓形状的凸轮驱动从动件完成各种运动的高副机构,一般情况下,凸轮做等速运动,从动件可以做往复直线移动,也可以做往复摆动。凸轮机构能实现复杂的运动要求,广泛应用于各种自动化和半自动化的机械装置中。按凸轮和从动件的运动平面的不同,可分为平面凸轮机构和空间凸轮机构。

按从动件的运动形式,平面凸轮机构分为直动从动件平面凸轮机构和摆动从动件平面凸轮机构。直动从动件平面凸轮机构中,凸轮的定轴转动转化为从动件的往复移动,其从动件的位移、速度、加速度的变化取决于凸轮轮廓曲线的形状。直动从动件平面凸轮机构的基本型如图3-8a所示。摆动从动件平面凸轮机构中,凸轮的定轴转动转化为从动件的往复摆动,其从动件的摆角、角速度、角加速度的变化取决于凸轮轮廓曲线的形状。摆动从动件平面凸轮机构的基本型如图3-8b所示。

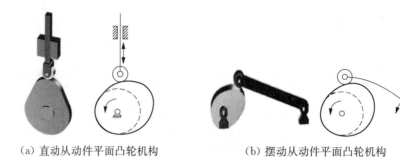

（a）直动从动件平面凸轮机构　　　（b）摆动从动件平面凸轮机构

图 3 - 8　平面凸轮机构的基本型

3）齿轮机构

齿轮是圆周上带有牙齿的轮子，由主动齿轮的牙齿依次拨动从动齿轮的牙齿实现运动和动力的传递。因其体积小、结构紧凑、传动比稳定、效率高、寿命长，齿轮传动是应用最广泛的一种传动，按两齿轮轴线位置的不同，可分为平行轴传动、相交轴传动和交错轴传动。平行轴齿轮传动机构中常见的有直齿齿轮传动、斜齿齿轮传动、人字齿齿轮传动和齿轮齿条传动等；相交轴齿轮传动机构中常见的有直齿齿轮传动、斜齿齿轮传动和曲线齿齿轮传动等；交错轴齿轮传动机构中常见的有螺旋齿轮传动、蜗杆传动机构和准双曲面齿轮传动机构等。图 3 - 9 所示为几类常用的齿轮传动机构。

（a）直齿外齿轮传动　　　（b）直齿内齿轮传动　　　（c）圆锥齿轮传动

图 3 - 9　常用的齿轮传动机构

机械手表是典型的齿轮传动的例子，为了保持时针、分针与秒针的精确走时关系，采用了精密的齿轮传动机构（图 3 - 10a）；汽车变速箱和重型卡车变速箱里面，大量使用了直齿圆柱齿轮和斜齿圆柱齿轮，通过不同齿轮在轴上位置的移动，产生不同的齿轮对啮合，实现换挡变速的功能（图 3 - 10b）。

（a）机械手表　　　　　　　（b）变速箱

图 3 - 10　齿轮传动的应用实例

4) 间歇机构

将原动件的连续运动转换成从动件周期性运动和停歇的机构称为间歇运动机构,间歇运动机构主要有棘轮机构和槽轮机构。

图 3-11 所示为一棘轮机构。当摇杆 1 逆时针摆动时,驱动棘爪 3 插入棘轮 2 齿槽中,推动棘轮转过一定的角度,此时,制动棘爪 5 在棘轮 2 的齿背上滑动;而当摇杆 1 顺时针摆动时,制动棘爪 5 阻止棘轮 2 顺时针转动,而驱动棘爪 3 在棘轮 2 齿背上滑过,棘轮 2 静止不动。因此,摇杆 1 做往复摆动时,棘轮 2 做单向间歇运动。

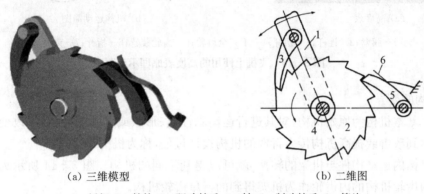

(a) 三维模型　　　　　　　　　　(b) 二维图

1—摇杆;2—棘轮;3—驱动棘爪;4—轴;5—制动棘爪;6—簧片

图 3-11　外啮合棘轮机构

图 3-12 所示为一槽轮机构,由带圆销的主动拨盘 1、具有径向槽的从动槽轮 2 和机架 3 组成。拨盘以匀角速度连续转动,当圆销未进入槽轮径向槽时,槽轮的内凹锁止弧被拨盘的外凸锁止弧锁住而静止;当圆销进入槽轮径向槽时,内、外锁止弧脱开,槽轮在圆销的驱动下顺时针转动;当圆销开始脱离径向槽时,槽轮因另一锁止弧又被锁住而静止,直到圆销再次进入下一个径向槽时,锁止弧脱开,槽轮才能继续转动,实现单向间歇运动。

棘轮机构一般用作机床及自动机械的进给机构、送料机构、刀架的转位机构、精纺机的成型机构、牛头刨床的进给机构等。槽轮机构应用于自动机床、电影机械和包装机械等定转角的间歇机构中。

1—拨盘;2—槽轮;3—机架

图 3-12　单圆销外槽轮机构

3.2.1.4　机构的组合与创新

1) 机构的组合

机构的组合是指在机构选型的基础上,根据使用或工艺动作要求,将几个基本机构按照一定的原则或规律组合成为一个复杂的、新的机构系统,常见的有齿轮-凸轮组合机构、齿轮-连杆机构、凸轮-连杆机构等。

飞机上使用的高度表就是连杆-齿轮机构串联以放大输出件摆角的应用实例,其结构原理如图 3-13 所示。因为飞机的高度不同,大气压力的变化将使膜盒 1 与连杆 2 的铰接点 C 左右移动,通过连杆 2 使摆杆 3 绕轴心 A 转动,与摆杆 3 相固连的不完全齿轮 4 带动齿轮放大装置 5,指针 6 在刻度盘 7 上则指示出相应的飞机高度。

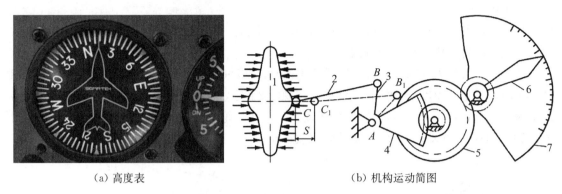

（a）高度表　　　　　　　（b）机构运动简图

1—膜盒；2—连杆；3—摆杆；4—不完全齿轮；5—齿轮装置；6—指针；7—刻度盘

图 3‑13　飞机上使用的高度表原理示意图

2）机构的变异

以某一基本机构为原始机构，对其进行运动副性质、形状或尺寸变换，在不改变机构类型的前提下达到改善或提高机构传力特性的机构设计过程，称为机构的变异。

通过机构内运动构件与机架的转换，就可以得到不同的机构。图 3‑14 所示为将定轴圆柱内啮合的齿轮机构的内齿轮作为机架得到的行星齿轮机构。

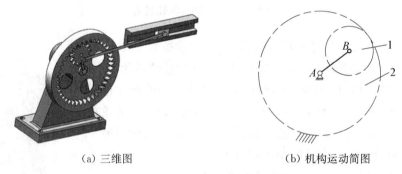

（a）三维图　　　　　　　（b）机构运动简图

1—行星齿轮；2—内齿轮

图 3‑14　行星齿轮机构

3）机构的创新

机构构型的创新设计，是机构学发展的源泉。创新设计的目的是获得构型新颖、功能独特、性能优良的"巧机构"。要设计出"巧机构"，就要思路开阔、创新意识强、基础扎实、经验丰富、知识面广，且善于联想、模仿与创新。下面用一些机构构型设计实例来说明，如何按照创新法则和机构学原理积极进行创造性思维，灵活使用创造技法来进行机构构型的创新设计。机构的创新设计方法主要有：将杆组一次连接到原动件和机架上设计新机构，将杆组连接到机构上设计新机构，此外可以进行机构的变异创新。

图 3‑15a 为一种凸轮滑块机构，它是综合模仿了凸轮与曲柄滑块两种机构的结构特点创新设计而成的。该机构用在泵上，其茧状凸轮 1 推动四个轮子，从而推动四个活塞做往复移动。若适当选取凸轮廓线，则该机构的性能就会比单纯应用曲柄的滑块机构（图 3‑15b）优越得多。

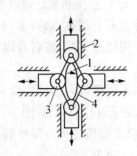 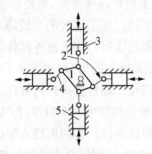

1—凸轮;2—滑槽;3—滚子;4—连杆　　　1—曲柄;2—连杆;3—滑槽;4—连杆;5—滑块
(a) 凸轮滑块机构　　　　　　　　　(b) 曲柄滑块机构

图 3 - 15　多滑块机构

3.2.1.5　机械的平衡与运转速度波动调节

1) 机械的平衡

机械在运转时,构件所产生的不平衡惯性力不仅将在运动副中引起附加的动压力,因而增大运动副中的摩擦和构件中的内应力,从而降低其机械效率和使用寿命,而且,这些惯性力一般都是周期变化,因此还必将引起机械及其基础上产生的强迫振动。机械平衡的目的就是设法将构件的不平衡惯性力加以平衡以消除或减小不良影响。机械的平衡是现代机械及精密机械中的一个重要问题。

2) 机械运转速度波动调节

大多数机械中原动机的驱动力和工作机的阻力都是变化的,输入功与输出功并非实时相等。输入功大于输出功时,"盈功"使机械动能增加;反之,"亏功"使机械动能减小。机械动能的增减导致机械运转速度的波动。机械运转速度的波动,使运动副中产生附加的动压力,降低机械效率和工作可靠性;引起机械振动,影响零件的强度和寿命;降低机械精度、工艺性能和产品质量,因此,需要对速度波动进行调节。

3.2.2　机械零部件设计

3.2.2.1　零件

零件是机器的基本组成要素,也是机械制造过程中的基本单元。零件通常分为通用零件和专用零件。

通用零件是以一种国家标准或者国际标准为基准而生产的零件,也是在各种机器中常用的零件。通用零件大致可分为四大类:连接类、传动类、轴系类和其他类。

专用零件是以自身机器标准而生产的一种零件,在国家标准和国际标准中均无对应产品,比如,某厂为一台设备而专门生产的一些零件。

机械零件丧失规定的功能,称为失效。在不发生失效的条件下,在规定期限内,零件所能工作的限度,称为零件的工作能力。进行机械零件设计时,根据不同的失效形式提出不同的设计计算准则。机械零件的设计计算准则,主要包括强度准则、刚度准则和耐磨性准则。

3.2.2.2　连接零件设计

1) 螺纹连接

螺纹连接是一种广泛使用的可拆卸的固定连接,具有结构简单、连接可靠、装拆方便等优点。螺纹连接主要有四种类型:螺栓连接、双头螺柱连接、螺钉连接和紧定螺钉连接。

(1) 螺栓连接。用于连接两个较薄零件,在被连接件上开有通孔,如图 3 - 16a 所示。

(2) 双头螺柱连接。用于被连接件之一较厚,不宜于用螺栓连接,或者较厚的被连接件强度较差,又需经常拆卸的场合,如图 3 - 16b 所示。

(3) 螺钉连接。螺钉直接拧入被连接件的螺纹孔中,不用螺母。结构比双头螺柱简单、紧凑。用于两个被连接件中一个较厚,但无须经常拆卸,以免螺纹孔损坏,如图 3 - 16c 所示。

(4) 紧定螺钉连接。其利用拧入零件螺纹孔中的螺纹末端顶住另一零件的表面或顶入另一零件上的凹坑中,以固定两个零件的相对位置,如图 3 - 16d 所示。

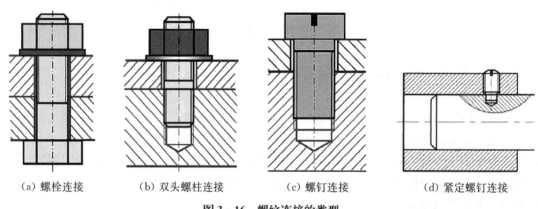

| (a) 螺栓连接 | (b) 双头螺柱连接 | (c) 螺钉连接 | (d) 紧定螺钉连接 |

图 3 - 16 螺纹连接的类型

根据螺纹平面图形的形状,螺纹的牙型可分为三角形、矩形、梯形和锯齿形等,如图 3 - 17 所示。根据螺旋线的绕行方向,可分为左旋螺纹和右旋螺纹,机械制造中一般采用右旋螺纹;有特殊要求时,才采用左旋螺纹。

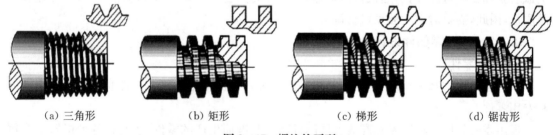

| (a) 三角形 | (b) 矩形 | (c) 梯形 | (d) 锯齿形 |

图 3 - 17 螺纹的牙型

三角形螺纹的牙型角大,自锁性能好,而且牙根厚、强度高,故多用于连接。矩形螺纹的牙型为正方形,牙型角 $\alpha = 0°$,传动效率较高,但牙根强度较低,螺纹磨损后造成的轴向间隙难以补偿,对中精度低,且精加工较困难,这种螺纹已被梯形螺纹替代。

2) 键连接

键连接是通过键实现轴和轴上零件间的周向固定,以传递运动和转矩。其中,有些类型还可以实现轴向固定和轴向力传递,有些类型能实现轴向动连接。键连接可分为平键连接、半圆键连接、楔键连接和切向键连接。

平键的两侧面为工作面,如图 3 - 18 所示。平键连接是靠键和键槽侧面挤压传递转矩,键的上表面和轮毂槽底之间留有间隙。平键连接具有结构简单、装拆方便、对中性好等优点,因而应用广泛。

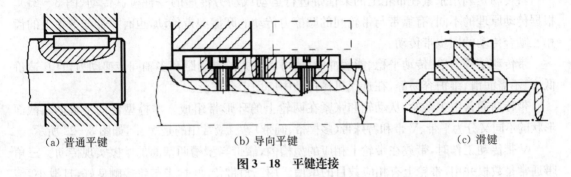

| (a) 普通平键 | (b) 导向平键 | (c) 滑键 |

图 3 - 18 平键连接

3) 花键连接

花键连接是由轴和轮毂孔上的多个键齿和键槽组成。键齿侧面是工作面,靠键齿侧面的挤压来传递转矩。花键连接具有较高的承载能力,定心精度高,导向性能好,可实现静连接或动连接。因此,其在飞机、汽车、机床和农业机械中得到广泛的应用。

花键连接已标准化,按齿形不同,分为矩形花键、渐开线花键两种,如图 3 - 19 所示。

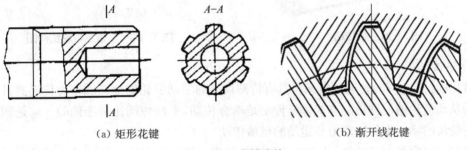

| (a) 矩形花键 | (b) 渐开线花键 |

图 3 - 19 花键连接

4) 销连接

销是标准件,可用来作定位零件,以确定零件间的相互位置;也可起连接作用,以传递横向力或转矩;或作为安全装置中的过载切断零件。销可以分为圆柱销、圆锥销和开口销等(图 3 - 20)。

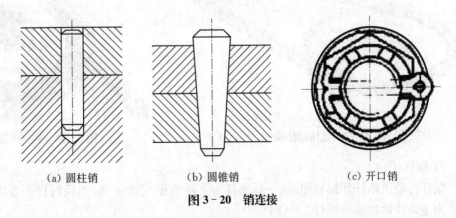

| (a) 圆柱销 | (b) 圆锥销 | (c) 开口销 |

图 3 - 20 销连接

3.2.2.3　传动零件设计

1）带传动

带传动是利用张紧在带轮上的柔性带进行运动或动力传递的一种机械传动（图3-21）。根据传动原理的不同，有靠带与带轮间的摩擦力传动的摩擦型带传动，也有靠带与带轮上的齿相互啮合传动的同步带传动。

带传动结构简单、传动平稳、能缓冲吸振，可以在大的轴间距和多轴间传递动力，且其造价低廉、不需润滑、维护容易等，在近代机械传动中应用十分广泛。

带传动通常由主动轮、从动轮和张紧在两轮上的环形带组成。摩擦型传动带根据其截面形状的不同又分为平带、V带和特殊带（多楔带、圆带）等。最常用的是V带，如图3-22所示。

V带传动工作时，带放在带轮上相应的型槽内，靠带与型槽两壁面的摩擦实现传动。三角带通常是数根并用，带轮上有相应数目的型槽。用三角带传动时，带与轮接触良好，打滑小、传动比相对稳定、运行平稳。

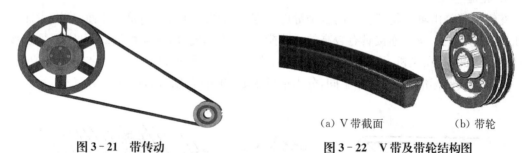

图3-21　带传动

(a) V带截面　　(b) 带轮

图3-22　V带及带轮结构图

2）链传动

链传动（图3-23）是通过链条将具有特殊齿形的主动链轮的运动和动力传递到具有特殊齿形的从动链轮的一种传动方式。链传动是啮合传动，平均传动比是准确的。它是利用链条与链轮轮齿的啮合来传递动力和运动的机械传动。

链传动通常由主动链轮、从动链轮和链条组成。链传动广泛应用于矿山机械、农业机械、石油机械、机床及摩托车中。

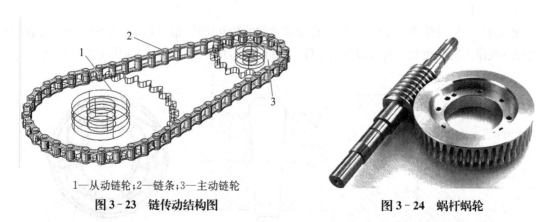

1—从动链轮；2—链条；3—主动链轮

图3-23　链传动结构图

图3-24　蜗杆蜗轮

3）蜗杆传动

蜗杆传动由蜗杆和蜗轮组成，一般蜗杆为主动件做减速传动；当反行程不自锁时，也可以蜗轮为主动件做增速传动（图3-24）。

蜗杆传动常用于两轴交错、传动比较大、传递功率不太大或间歇工作的场合。在卷扬机等起重机械中,利用其自锁性,可以起安全保护作用。蜗杆传动还广泛应用于机床、汽车、仪器、冶金机械及其他机器或设备中。

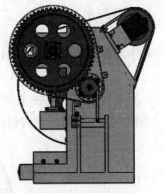

图 3-25 小型冲床中的齿轮传动

4) 齿轮传动

齿轮传动(图 3-25)的应用非常广泛,汽车、钟表、电梯、机械表、变速自行车、面条机、榨汁机、食品加工机、打蛋器、水表、煤气表、缝纫机、红酒开瓶器、汽车变速箱、电风扇的摆头、洗衣机等都用到了齿轮传动。

3.2.2.4 轴系零件设计

1) 轴

轴是支撑转动零件并与之一起回转以传递运动、扭矩或弯矩的机械零件。机器中做回转运动的零件安装在轴上。

根据轴线形状,轴可分为直轴和曲轴。图 3-26 所示小型冲床中的阶梯轴,即为直轴。

图 3-26 小型冲床中的阶梯轴

轴的结构设计是轴设计的重要步骤。它与轴上安装零件类型、尺寸及其位置、零件的固定方式,载荷的性质、方向、大小及分布情况,轴承的类型与尺寸,轴的毛坯、制造和装配工艺,安装及运输对轴的变形等因素有关。设计者可根据轴的具体要求进行设计,必要时可做几个方案进行比较,以便选出设计方案。

2) 联轴器

联轴器属于机械通用零部件范畴,是用来连接不同机构中的两根轴(主动轴和从动轴)使之共同旋转以传递扭矩的机械零件。在高速重载的动力传动中,有些联轴器还有缓冲、减振和提高轴系动态性能的作用。

常用联轴器有凸缘联轴器、十字滑块联轴器、齿式联轴器、万向联轴器、弹性套柱销联轴器、膜片联轴器等(图 3-27)。

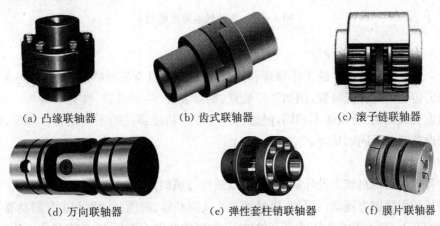

(a) 凸缘联轴器   (b) 齿式联轴器   (c) 滚子链联轴器

(d) 万向联轴器   (e) 弹性套柱销联轴器   (f) 膜片联轴器

图 3-27 联轴器

3)轴承

轴承是机械设备中一种重要的零部件。它的主要功能是支撑机械旋转体,降低其运动过程中的摩擦系数,并保证其回转精度。轴承一般分为滑动轴承和滚动轴承两类。

滑动轴承(图3-28)工作平稳、可靠、无噪声。在液体润滑条件下,滑动表面被润滑油分开而不发生直接接触,还可以大大减小摩擦损失和表面磨损,油膜还具有一定的吸振能力。滑动轴承应用场合一般为低速重载工况条件下,或者是维护保养及加注润滑油困难的运转部位。

(a) 整体式　　　　　　　　　　　(b) 剖分式

图 3-28　滑动轴承

滚动轴承常用类型有深沟球轴承、推力球轴承、圆柱滚子轴承、角接触球轴承、调心球轴承和圆锥滚子轴承,如图3-29所示。

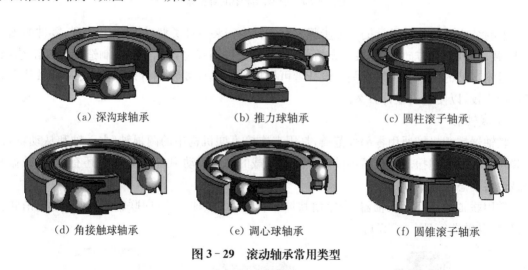

(a) 深沟球轴承　　　　　　(b) 推力球轴承　　　　　　(c) 圆柱滚子轴承

(d) 角接触球轴承　　　　　(e) 调心球轴承　　　　　　(f) 圆锥滚子轴承

图 3-29　滚动轴承常用类型

3.2.2.5　专用功能部件设计

基于上述各种机械零件的工作原理和特点,可设计出具有某种特定功能,如完成某种运动或实现动力传输的部件或装置,例如开停装置、制动装置、换向装置、变速装置等。由此,虽然各种机械设备其结构、特点各不相同,但通过上述专用功能部件的不同组合及搭配,就可以使各种机械设备实现不同的功能。

1)制动装置

各种高速运动的机械常设计制动装置,以缩短停机时间并保证运转的稳定性。常用的制动器主要是利用摩擦力制动,可分为机械摩擦片式制动器、液压制动器和电气制动器等。

一般情况下,制动器装在转速最高的轴上时,可使摩擦力矩最小;装在最靠近执行件处,可使制动平稳。若制动时间短,则冲击大、磨损大;若制动时间长则非机动时间长,效率低。制动器的结构设计,还需要考虑与启停装置的联动互锁关系,即在制动时必须同时切断动力源,而在启动动力源时,制动器必须松开。

常见的制动器有闸带式、闸瓦式和片式制动器3种。图3-30a为闸带式制动器的工作原理简图,为节省制动力,闸带式制动器的操纵杠杆应作用于闸带的松边,该种制动器的优点是结构简单、轴向尺寸小、操纵方便;缺点是制动时有较大的单向压力。图3-30b、c分别为闸瓦式和片式制动器的结构装配图。其中,图(b)所示闸瓦式制动器的优点是结构较简单,操纵较方便,制动时间短;主要缺点是制动时有较大的单向压力,若为双向结构则可以避免。图(c)所示片式制动器有单片式和多片式结构,该图为单片式制动器的结构图。该种制动器的优点是没有单向压力,但缺点是结构较复杂,轴向尺寸较大。

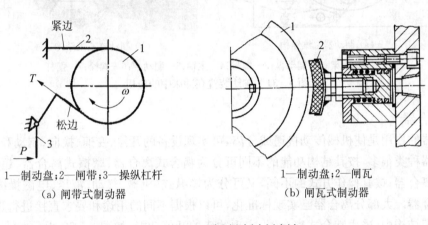

1—制动盘;2—闸带;3—操纵杠杆　　　　　1—制动盘;2—闸瓦
　　(a) 闸带式制动器　　　　　　　　　　　(b) 闸瓦式制动器

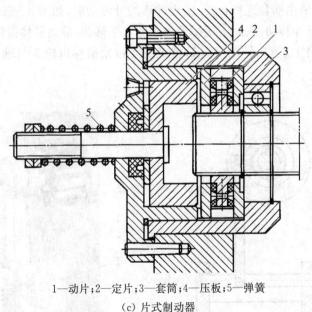

1—动片;2—定片;3—套筒;4—压板;5—弹簧
(c) 片式制动器

图3-30　制动器工作原理

在冲床结构中,为缩短制动时间而设计了闸带式制动装置,以实现冲床的急停制动功能,如图3-31所示。制动盘2通过螺母3以及键与主轴4相连,螺栓6与冲床机架1固连,制动带5的一端与螺栓6固定,另一端与摆杆7左端的短轴固连,摆杆7可绕中间部位的螺栓摆动,其右端的孔与链条连接。向上拉动链条,摆杆7顺时针转动,制动带5张紧,实现制动功能。

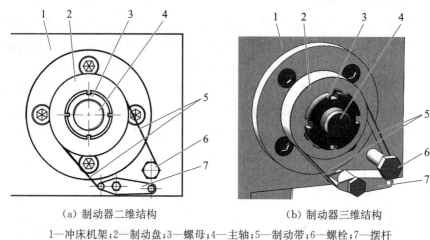

(a)制动器二维结构 (b)制动器三维结构

1—冲床机架;2—制动盘;3—螺母;4—主轴;5—制动带;6—螺栓;7—摆杆

图 3 - 31 制动装置在冲床中的应用

2)离合器

离合器的作用是使机械传动接通或分离,可实现设备的开停、变速、换向、制动和过载保护等。离合器种类很多,按其结构功能的不同可分为啮合式离合器、摩擦式离合器、超越式离合器和安全离合器;按其操作方式的不同,又可分为操纵式(机械、气动、液压、电磁操纵)离合器和自动离合器。大部分离合器已实现标准化,可以根据不同的用途和要求直接进行选择。

在冲床结构中,采用啮合式离合器,实现冲床的开停功能,如图 3 - 32 所示。转动手柄1,使转轴2带动拨叉杆3转动,从而实现拨叉头4的水平移动,带动滑移齿轮5与轴上传动齿轮6啮合,冲床开始工作;反方向转动手柄1,拨叉头4带动滑移齿轮5与轴上传动齿轮6分离,冲床停止工作。

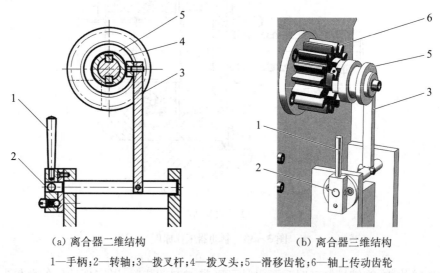

(a)离合器二维结构 (b)离合器三维结构

1—手柄;2—转轴;3—拨叉杆;4—拨叉头;5—滑移齿轮;6—轴上传动齿轮

图 3 - 32 离合器在冲床中的应用

3.2.3 精度设计与公差检测

3.2.3.1 精度设计

1）精度设计的意义

机械工业生产中，经常要求产品的零部件具有互换性。例如图 3-33 所示的小型冲床曲轴装配图，是由曲轴、法兰盘、圆柱头螺钉、轴承、键、螺母、离合器、齿轮、轴套和垫片、端盖等许多零部件组成。各零部件由不同车间、工厂加工，装配时，在制成的同一规格零部件中任取一件，就可以与其他零部件安装在一起，组成一台小型冲床。零部件的互换性就是指同一规格零部件按规定的技术要求制造，能够彼此相互替换使用而效果相同的性能。

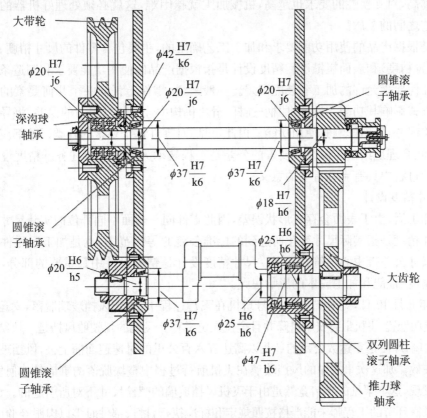

图 3-33 小型冲床曲轴装配图

在零件加工的过程中，由于种种因素的影响，零件各部分的尺寸、形状、方向和位置以及表面粗糙度等几何量难以达到理想状态，总是会有或大或小的误差。从零件的互换性功能看，不必要求零件几何量制造得绝对准确，只要求零件几何量在某一规定范围内变动，保证同一规格零件彼此充分近似。这个允许变动的范围被称为公差。

设计时要规定公差，加工时会产生误差，因此要使零件具有互换性，就应把零件的误差控制在规定的公差范围内。设计者的任务就是正确地确定公差，并在工程图上明确表示出来。互换性要用公差来保证，在满足功能要求的前提下，公差应尽量规定得大些，以获得最大的技术经济效益。

在机械和仪器制造业中，机器的质量和成本很大程度上取决于机械零部件的公差与配合。结构、材料相同的同类、同规格产品，质量和价格可有很大差别，其原因就在于公差与配合的差别。机器可拆,运动尺寸、结构尺寸可测,材料亦可分析探测,但公差与配合不易测出。因此,公差与配合是绝对的技术秘密。正确、合理地设计公差与配合,是获得最佳技术经济效益、增强市场竞争能力的关键所在。

加工精度和加工误差都是从不同的角度来描述误差,但是加工误差的大小由零件的实际测量的偏离量来衡量,而加工精度的高低由公差等级或者公差值来衡量,并由加工误差的大小来控制。一般来说,只有加工误差小于公差时才能保证加工精度。

设计一台机器,除了进行运动分析、结构设计、强度和刚度计算外,还要进行精度设计。这是因为机器的精度直接影响机器的工作性能、振动、噪声和寿命等,而且科技越发达,对机械精度的要求越高,对互换性的要求也越高,机械加工就越困难,这就必须处理好机器的使用要求与制造工艺之间的矛盾。

精度是根据产品的使用功能要求和加工工艺确定的,主要包含零件的尺寸精度、几何精度(形状和位置精度)和表面粗糙度。精度设计是指根据产品的使用功能要求和制造条件确定机械零部件几何要素允许的加工和装配误差。一般来说,零件上任何一个几何要素的误差都会以不同的方式影响其功能。例如,曲柄-连杆-滑块机构中连杆长度尺寸的误差,将导致滑块的位置和位移误差,从而影响其使用功能。由此可见,对零件每个要素的各类误差都应给出精度要求。正确、合理地给出零件几何要素的公差是工程技术人员的重要任务。精度设计在机械产品的设计过程中具有十分重要的意义。

2) 尺寸精度设计

零件加工后,由于表面会存在形状误差,因此零件同一表面不同部位的实际尺寸往往是不同的。尺寸精度是指实际尺寸变化所达到的标准公差的等级范围,也是加工后零件的实际尺寸与零件尺寸公差带中心的符合程度。尺寸精度设计是精度设计中最重要的部分,对机械产品的使用精度、性能和加工成本的影响很大。

1990 年 6 月 10 日,英国航空 5390 号班机在飞行过程中,整块风挡玻璃脱落,幸运的是由于飞行员的成功处置,飞机最终安全备降并且全机人员幸存。飞机的驾驶舱风挡是一块结构极其复杂的特质玻璃,即便是重达数公斤的鸟儿以高达五六百公里的时速迎面撞上去,风挡玻璃也不会发生结构失效。那这次事故中的风挡玻璃在飞机航行过程中整块脱落的事情是如何发生的呢?通过调查发现,这个罕见的事情竟然是由于飞机风挡玻璃的螺栓尺寸不对所引起的。详细来说,当时英国维修环节的工程师未能严格按照规定和标准执行,挑选部件时多以肉眼经验的"尽量相似"为准则,从而导致安装在风挡玻璃上的 90 颗螺栓中,其中有 84 颗螺栓的直径为 0.026 英寸(1 英寸=25.4 mm),要比标准的螺栓直径小 1/200 英寸,未达到使用要求,最终导致事故发生。

2020 年"天问一号"火星探测器和"嫦娥五号"月球探测器(图 3 - 34)陆续成功发射,搭载它们的"长征五号"火箭多次顺利完成任务,其中的惯性导航组合是确定火箭飞行轨迹的重要部件之一,而惯性导航组合中的加速度计,又是重中之重。加工中每减小 $1 \mu m$ 的偏差就能减少火箭在太空中几公里的轨道误差,产品尺寸精度设计的公差为 $5 \mu m$。但铣削工人精益求精,多年来潜心钻研,利用高倍显微镜对数控机床刀具进行微观检测和不断的修磨矫正,加工出的零件逼近零公差,从而保证了火箭的精确运行轨迹。

尺寸精度设计包含三部分内容:选择配合制、公差等级和配合种类。其中,配合的选择原则为:优先选择基孔制,有明显经济效益时选择基轴制;根据标准件选择基准制;特殊情况下可以采用混合制。公差等级的选择原则为:在满足使用要求的前提下,尽量选取低的公差等级。

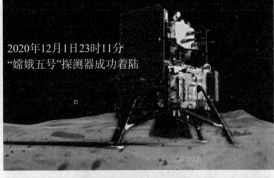

2020年12月1日23时11分
"嫦娥五号"探测器成功着陆

图 3-34 航天器加速度计的高尺寸精度设计

配合种类的选择原则为：①按相对运动的不同情况选间隙配合的基本偏差后，再根据不同的具体工作情况对所选的间隙配合进行修正；②根据传递扭矩的大小、是否加紧固件与拆卸困难度等综合因素选择过盈配合，再根据不同的具体工作情况对所选的过盈配合进行修正；③根据定心要求与拆卸情况选择过渡配合。

3）几何精度设计

机械零件的几何精度（几何要素的形状、方向和位置精度）是该零件的一项主要质量指标，在很大程度上影响着该零件的质量和互换性，因而也影响整个机械产品的质量。为了保证机械产品的质量，保证机械零件的互换性，就应该在零件图上给出几何公差（以往曾称形位公差），规定零件加工时产生的几何公差的允许变动范围，并且按照零件图上给出的几何公差来检测加工后零件的几何误差是否符合设计要求。

"振华30"是世界上最大的、中国自主建造的单臂全回转起重船，如图 3-35 所示。它的体量超过了全世界所有的现役航空航母，然而，这个庞然大物的吊装精度却非常高。它完成了一项举世瞩目的超级工程——港珠澳大桥最终接头的安装。这是一个巨大钢筋混凝土结构，重 6 000 t，"振华30"要将它插入 30 m 深的海底，并做到准确无误，实现港珠澳大桥海底隧道贯通。其不仅要完成双侧对接，而且水下安装余量仅有十几厘米，该安装的位置度误差只允许在 1.5 cm 以内，这在世界交通范畴是史无前例的，无异于"海底穿针"。由于吊装精度需求，必须要求"振华30"具有极高的定位精度。"振华30"采用了多点锚泊系统，主要依靠船底 12 套螺旋桨推进器和 2 套首位侧推，通过调整控制参数，螺旋桨从各个方向发力与水中的力保持平衡，形成相对静止的状态，以达到平衡的目的，进行牵拉作业，不断调整各锚机的拉力，来确保船舶的相对位置，能够长时间保持精确定位，在航行中保持安全。

图3-35 "振华30"全自动起重船完成港珠澳大桥高位置精度吊装

几何精度设计包含零部件的形状精度、方向精度和位置精度的设计,通常在设计机器零件及规定零件几何精度时,应注意将形状误差控制在方向公差内,方向误差控制在位置公差内,位置误差又应小于尺寸公差。即精密零件或零件重要表面,其形状精度要求应高于方向精度要求,方向精度要求应高于位置精度要求,位置精度要求应高于尺寸精度要求。

4)表面粗糙度

表面粗糙度是指加工表面具有的较小间距和微小峰谷的不平度。其两波峰或两波谷之间的距离(波距)很小(在1 mm以下),属于微观几何形状误差。表面粗糙度越小,则表面越光滑。表面粗糙度一般是由所采用的加工方法和其他因素所形成的,例如加工过程中刀具与零件表面间的摩擦、切屑分离时表面层金属的塑性变形以及工艺系统中的高频振动等。由于加工方法和工件材料的不同,被加工表面留下痕迹的深浅、疏密、形状和纹理都有差别。表面粗糙度与机械零件的配合性质、耐磨性、疲劳强度、接触刚度、振动和噪声等有密切关系,对机械产品的使用寿命和可靠性有重要影响。

图3-36 载人潜水器"蛟龙号"

中国首个大深度载人潜水器"蛟龙号"(图3-36),有十几万个零部件,组装起来最大的难度就是密封性,精密度要求达到了"丝"级(1丝=0.01 mm)。这样才能确保潜水器在深海里既不漏水,又能缓冲巨大的水压。"蛟龙号"的载人球是在俄罗斯定制的,其安装的难度在于球体跟玻璃的接触面。该接触面的表面粗糙度要控制在0.2丝以下。0.2丝,只有一根头发丝的1/50。用精密仪器来控制这么小的间隔或许不难,可难就难在载人舱观察窗的玻璃异常"娇气",不能与任何金属仪器接触。因为一旦摩擦出一个小小的划痕,在深海几百个大气压的水压下,玻璃窗就可能漏水,甚至破碎,从而危及下潜人员的生命。因此,安装载人舱玻璃,也是组装载人潜水器中最精细的环节。据报道,在整个试验和装配过程中,首席装配钳工技师顾秋亮每天都要工作到凌晨。除了依靠精密仪器,顾秋亮更多的是依靠自己的经验判断,靠眼睛看、用手反复摸,最终使球体跟玻璃的接触面达到 70% 以上,达到了密封性要求。

表面粗糙度轮廓参数的数值已经标准化,设计时参数的极限值应在国标规定的参数值序列中选取。一般来说,零件表面粗糙度轮廓幅度参数值越小,它的工作性能就越好,使用寿命也越长。但不能不顾及加工成本来追求过小的幅度参数值。因此,在满足零件功能要求的前提下,应尽量选用较大的幅度参数值,以获得最佳的技术经济效益。此外,零件运动表面过于光滑,不利于在该表面上储存润滑油,容易使运动表面间形成半干摩擦或干摩擦,从而加剧该表面磨损。

5) 曲轴零件的精度设计

轴类零件是机械结构中的一类常用零件,一般都是回转体,因此尺寸精度设计主要是指直径尺寸和轴向长度尺寸的精度设计。标注直径尺寸时,应特别注意有配合关系的部位。当各轴段直径有几段相同时,都应逐一标注,不得省略。即圆角和倒角等细部结构尺寸也应标注,或者在技术要求中说明。标注长度尺寸时,既要照零件尺寸的精度要求,又要符合机械加工的工艺过程,不致给机械加工造成困难或给操作者带来不便。因此需要考虑基准面和尺寸链问题。轴类零件的表面加工主要在车床上进行,轴向尺寸的标注形式和选定的定位基准面也必须与车削加工过程相适应。因此,为了使轴的轴向长度尺寸标注比较合理,设计者应对轴的车削过程有所了解。图 3-37 为小型冲床用曲轴零件图的精度设计,为了保证指定的配合性质,

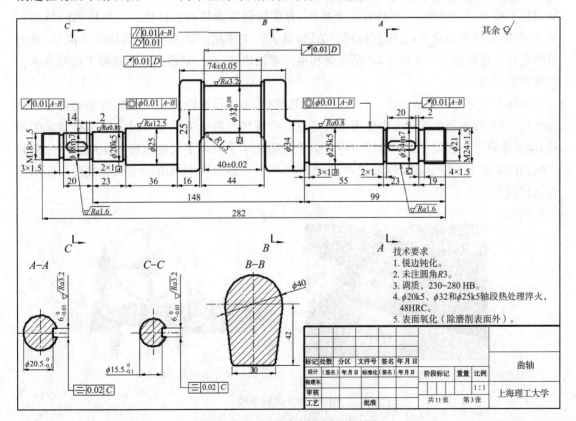

图 3-37　小型冲床用曲轴零件图

对两个轴颈和轴头均给出直径和轴向长度尺寸公差,在它们的尺寸公差带代号后面标注符号。$\phi 20k5$ 和 $\phi 25k5$ 轴颈分别与滚动轴承内圈配合,并且这两个轴颈是齿轮轴在箱体上的安装基准。$\phi 18m7$ 轴头与带轮或其他传动件的孔配合,$\phi 24m7$ 轴头与联轴器或其他传动件的孔配合。

在几何精度设计方面,为了保证齿轮轴的使用性能,两个轴颈和轴头应同轴线,因此确定了两个轴颈分别对它们的公共基准轴线 $A-B$ 的同轴度公差;用类比法确定轴头对公共基准轴线 $A-B$ 的径向圆跳动公差。此外,还应规定曲轴轴线对公共基准轴线 $A-B$ 的平行度公差和曲轴两个端面分别相对于曲轴轴线 $A-B$ 的端面圆跳动公差。键槽的形位精度是以其形位公差为基本依据的,主要通过对键槽中心轴线的偏心距与平行度的误差控制,也即对称度控制来保证高精度。齿轮轴上其余要素的几何精度皆按未注几何公差处理。

在表面粗糙度精度设计方面,配合性质要求高的结合表面,配合间隙小的配合表面以及要求连接可靠、受重载的过盈配合表面等,都应取较小的粗糙度,例如轴颈的表面粗糙度。与齿轮等传动零件及联轴器等轮毂相配合的表面粗糙度 Ra,根据结构的公差等级和选取的加工工艺,一般取 $0.4 \sim 3.2\,\mu m$。键槽宽度两侧面的表面粗糙度轮廓幅度参数 Ra 的上限值一般取为 $1.6 \sim 3.2\,\mu m$,键槽底面 Ra 的上限值取为 $6.3 \sim 12.5\,\mu m$。

3.2.3.2 公差检测

如果制定了先进的公差标准,即对机械产品各零部件的几何量分别规定了合理的公差,但是不采取适当的检测措施,那么规定的公差形同虚设,不能实现零部件的互换性。检测是检验和测量的统称,测量的结果能获得具体的数值,而检测的结果能判定合格与否。因此,应按标准或技术要求进行检测,不合格者不予接收,方能保证零部件的互换性。公差检测的目的在于:①判断工件是否合格;②根据检测的结果,分析产生废品的原因,以便设法减少废品,进而消除废品。在机械工业生产中,产品质量和生产率的提高,在一定程度上还有赖于检测准确度和效率的提高。

游标卡尺是一种测量长度、内外径、深度的器具,由主尺和附在主尺上能滑动的游标两部分构成,在现代各种加工行业中使用十分普遍。传统观念都认为游标卡尺是欧美科学家的发明,但是珍藏于中国历史博物馆的一件青铜卡尺则证实了游标卡尺的出现和应用应该追溯到中国西汉末年王莽建立的新朝时代,如图 3-38 所示。这表明中国游标卡尺的发明和使用至少是比西方早了 1 700 年。

(a) 西汉末年的青铜卡尺　　　　　　(b) 现代的游标卡尺

图 3-38　游标卡尺

3.2.3.3 公差设计和检测的标准化

为了使分散的、局部的生产部门和生产环节保持必要的技术统一,必须制定标准并加以实施,进行公差设计和检测的标准化活动。标准化是互换性生产的基础。标准化的主题是标准,标准就是对重复性事物和概念所做的统一规定。例如,为了使两个生产厂家生产的产品能够实现自由装配,这些产品必须按相同的标准制造。自行车的损坏零件能够及时替换,就是因为它们是按照相同的标准制造的。

标准化早在人类开始创造工具时代就已出现,它是社会生产劳动的产物。在近代工业兴起和发展的过程中,标准化日益重要起来。在 19 世纪,标准化的应用就非常广泛,特别在国防、造船、铁路运输行业中的应用更为突出。20 世纪初期,一些资本主义国家相继成立全国性的标准化组织机构,推进了本国的标准化事业。以后,随着生产的发展,国际交流越来越频繁,出现了地区性和国际性的标准化组织。1926 年成立了国际标准化组织(ISO)。现在,这个世界上最大的标准化组织已成为联合国甲级咨询机构。据统计,ISO 制定了约 8 000 多个国际标准。

中国的标准化工作从 1949 年后也被重视起来,从 1958 年发布第一批 120 个国家标准起,至今已制定了 20 000 多个国家标准。现在正以国际标准为基础制定出许多新的国家标准,向 ISO 靠拢。中国在 1978 年恢复为 ISO 成员国,1982 年、1985 年两届当选为 ISO 理事国,已开始承担 ISO 技术委员会秘书处工作和国际标准起草工作。

3.2.4 计算机辅助设计

3.2.4.1 计算机辅助设计简介

计算机辅助设计是指在整个产品设计过程中,用计算机软、硬件辅助设计人员进行产品设计的一种技术,涵盖了产品设计、工程分析与文档制作等主要技术活动。因此,现代 CAD 的含义为 computer aided design,是计算机技术和现代设计方法的紧密结合。CAD 技术以计算机为工具,充分利用计算机技术的优势,如快速准确的计算功能、高效率的图形处理能力以及强大的信息存储能力等,对于提高产品设计质量、缩短设计周期以及减少设计成本具有重要的作用。

1) CAD 系统组成

CAD 系统由硬件设备和软件组成,根据系统功能要求、集成水平、网络环境以及成本限制,CAD 系统应进行硬件和软件的不同配置。CAD 系统的硬件是 CAD 系统的物质基础,由主机、输入输出设备、存储设备和网络设备等组成。CAD 系统软件分为系统软件、支撑软件和应用软件三个层次,其配置水平决定系统的性能优劣,是 CAD 系统的核心。系统软件是计算机的公共性底层管理软件,主要包括操作系统和编译系统。支撑软件运行在系统软件之上,提供 CAD 用户一些通用性功能。CAD 支撑软件主要包括图形处理软件、工程分析及计算软件、数据库管理系统、计算机网络工程软件以及文档制作软件等。任何一个通用的 CAD 支撑软件都不可能解决产品设计过程中的全部问题。应用软件则是根据用户的特殊要求,基于现有的 CAD 支撑软件进行二次开发形成的程序,如典型零件(齿轮、轴以及凸轮等)的参数化设计和分析软件。CAD 支撑软件一般都提供多种二次开发工具,方便用户开发各种功能的专用 CAD 系统,如 Unigraphics 软件提供了二次开发语言 UG/Open GRIP 和 UG/Open API 等,AutoCAD 软件提供了二次开发工具 Visual Lisp 和 VBA 等。

2) 常用 CAD 系统

目前,商用 CAD 软件品种繁多,这里介绍部分常用的 CAD 软件。

AutoCAD 软件是由美国 Autodesk 公司开发的一款 CAD 软件,用于二维和三维绘图,是目前工程设计领域应用最为广泛的 CAD 软件之一。AutoCAD 软件二维绘图功能强大,其二维绘图基本功能包括:绘制点、线、圆等图形元素;对图形元素进行缩放、移动和旋转等图形变换;图形元素编辑修改;尺寸标注;文字编辑;图形的输入输出以及绘制剖面线等。

CAXA 软件是由中国数码大方公司自主开发的 CAD/CAM 软件,功能模块包括 CAXA CAD 电子图版、CAXA 3D 实体设计、CAXA 工艺图表、CAXA 制造工程师等。CAXA CAD 电子图板是一个开放的二维 CAD 软件,支持最新制图标准,提供全面的最新图库,高设计效率工作,广泛应用于航空航天、装备制造、汽车及零部件以及教育等行业。

Pro/Engineer 软件是由美国 PTC 公司推出的 CAD/CAE/CAM 集成软件,是参数化设计的最早应用者。Pro/Engineer 软件通过参数化设计、基于特征方式以及单一全相关数据库等技术,将设计至生产全过程集成到一起,实现了并行工程设计。该软件功能非常强大,可实现零件设计、装配设计、有限元分析、机构分析、数控加工、模具设计、逆向设计以及优化设计等功能,在机械行业得到广泛应用。

CATIA 软件是由法国 Dassault 公司开发的一个 CAD/CAE/CAM 集成化系统,CATIA 软件拥有强大的曲线和曲面设计模块,提供了曲线曲面造型、曲面编辑、曲面光顺、曲面重构以及曲面缝补等功能,在航空、汽车、造船等设计领域有广泛应用。

SolidWorks 软件是由美国 SolidWorks 公司推出的一套基于 Windows 的桌面机械 CAD 软件,软件功能强大,操作简单、易学易用,应用广泛。该软件不仅可实现机械产品的三维建模、工程图绘制以及装配设计,而且在设计过程中可进行有限元分析以及运动学分析等,满足机械设计的需要。

3) CAD 技术主要内容

CAD 技术集成了计算机图形学、网络技术、软件工程技术和人机工程等多项技术,是一项多学科的综合性应用技术,涉及以下主要内容。

(1) CAD 建模技术。该技术把产品的物理模型转化为计算机内部的数字化模型,为 CAD 系统提供产品的信息描述和表达方法,是实现 CAD 的核心内容。CAD 建模技术按其发展历史,大致可分为几何建模、产品建模和产品结构建模三个阶段。几何建模分为线框建模、曲面建模和实体建模;产品建模主要有特征建模和参数化建模等;产品结构建模主要有装配建模技术。

几何建模主要处理几何形体的几何信息和拓扑信息,不足以驱动产品生命周期全过程,例如产品制造不仅需要产品的几何信息,还需要相应的工艺信息。在此背景下,设计人员提出了特征建模的思想,特征建模是以几何模型为基础并包括零件设计、分析和制造过程所需要的各种信息的一种产品模型方案。此外,在设计过程中,产品的形状和尺寸需要不断修改,并且很多产品在定型之后,根据需要也会形成不同规格的系列化产品,这都需要参数化建模。参数化建模使用约束来定义和修改几何模型,定义一组参数来控制设计结果,当输入一组新参数值时,在原有的约束关系下修改几何模型。

(2) CAD 接口技术及图形标准。CAD 接口技术及图形标准规范了 CAD 技术的应用和发展。计算机图形接口 CGI 和计算机图形元文件 CGM 是面向图形设备的接口标准,实现了图形程序与设备的无关性和可移植性。计算机图形软件标准是指对有关图形处理功能、图形描述定义以及接口格式等做出标准化规定,国际上通常的图形软件标准有图形核心系统 GKS 和程序员层次交互式图形系统 OpenGL 等。产品数据交换标准用以实现不同 CAD 软件间的数据交换以及 CAD 系统的集成,常用的数据交换标准有图形交换文件 DXF、初始图形交换规范 IGES 和产品模型数据转换标准 STEP 等。

(3) CAD 软件工程技术。软件工程是指运用工程化的思想进行软件开发。无论是通用 CAD 软件还是基于 CAD 支撑软件二次开发的 CAD 应用软件,其开发过程都应遵循软件工程的原理和方法,以保证高效、高质量地完成软件开发。根据《信息技术 软件生存周期过程》(GB/T 8566—2007),CAD 软件的开发也应经过以下阶段:可行性研究与项目开发计划、软件需求分析、软件设计、代码实现、软件测试、运行与维护。

(4) 工程数据的计算机处理。机械设计所需的数表、图表和线图等设计资料一般记录在各种设计手册上,在传统的设计过程中,通常由设计人员人工查询手册获取信息。在 CAD 中,为了提高设计效率,需要对这些工程数据进行计算机处理。工程数据的计算机处理方法主要有两种:一是程序化,二是建立数据文件或数据库。程序化方法是把工程数据按照一定的结构直接编入应用程序中,在应用程序内部对数据通过查表、插值或拟合的方法得到所需信息。建立数据文件或数据库则是把数据和应用程序分离开来,按照规定的方式将数据存储在独立于应用程序外的数据文件或数据库文件中,需要时则读取数据文件的数据进行相关操作。

以平键设计为例,平键为标准件,设计时须根据轴的直径从《平键 键槽的剖面尺寸》(GB/T 1095—2003)中确定键宽 b 和键高 h。图 3-39 所示平键设计程序中,预先将标准规定的普通平键的端面尺寸以数组的形式存入程序内部,用户输入参数(轴径),通过查表的方法快速检索出键的公称尺寸。

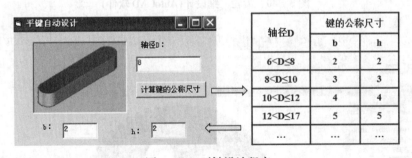

轴径D	键的公称尺寸	
	b	h
6<D≤8	2	2
8<D≤10	3	3
10<D≤12	4	4
12<D≤17	5	5
…	…	…

图 3-39 平键设计程序

3.2.4.2 计算机辅助绘图

计算机辅助绘图用以建立产品设计中重要的设计文档(二维工程图和装配图、三维零件模型和装配体模型等),是 CAD 技术最基础和最广泛的一种应用方式。

图 3-40 所示为由 AutoCAD 软件创建的小型冲床的齿轮零件的二维工程图模型。图 3-41 为由 SolidWorks 软件三维建模模块创建的小型冲床的齿轮零件的三维模型。SolidWorks 软件采用了基于特征的参数化实体建模方法,将特征建模和参数化建模方法有机结合起来,软件提供了参数化的特征工具,用以实现三维实体建模。SolidWorks 软件特征主要包括草图特征(拉伸凸台/基体、旋转凸台/基体等)和应用特征(倒角、圆角和筋等)等。

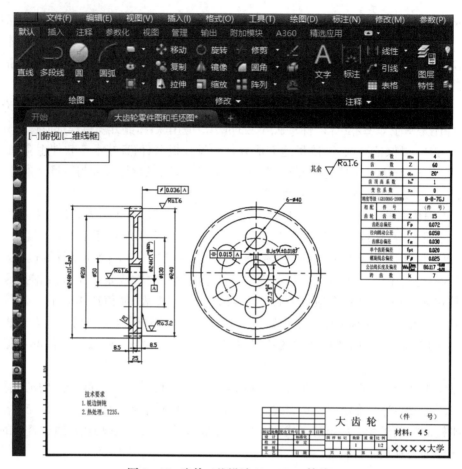

图 3-40 齿轮二维设计(AutoCAD 软件)

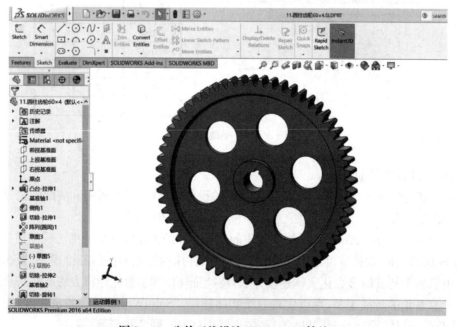

图 3-41 齿轮三维设计(SolidWorks 软件)

图 3 - 42 所示为由 SolidWorks 软件装配模块创建的小型冲床装配设计,绘图窗口为小型冲床三维装配体模型,窗口左侧的 Feature Manager 设计树提供装配体的大纲视图,显示了装配体组成、零件和子装配体的配合关系等。设计人员可以方便地修改零件几何模型以及零部件的配合关系,还可以基于装配体模型建立爆炸视图、生成材料清单、进行干涉检查和运动分析等。

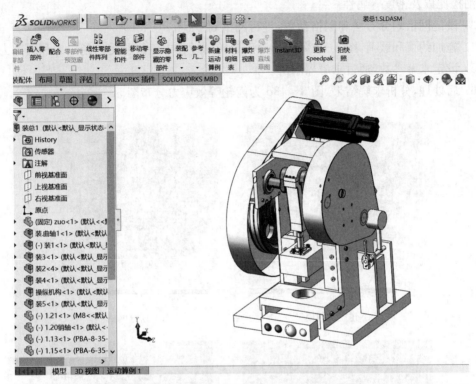

图 3 - 42 小型冲床装配设计(SolidWorks 软件)

3.2.4.3 计算机辅助工程分析

计算机辅助工程(computer aided engineering, CAE)是指在产品生产前借助计算机对产品进行精确的仿真、分析和评价,目的是在产品设计阶段就可以预测其性能,及早发现设计中存在的问题,减少物理样机制造及试验工作,这样既可以降低成本、缩短产品的设计和试制周期,又可以从多个方案中选择最佳方案或者直接进行优化设计。CAE 核心技术为有限元分析和运动学及动力学仿真分析。在机械工程领域,通过有限元分析可以对产品进行结构分析、热分析、电磁分析以及耦合场分析等;利用运动学及动力学仿真分析,可计算产品零部件的位移、速度、加速度以及力等,对机构进行运动模拟和机构参数优化。

静力结构分析是有限元分析中最基础的内容,通过静力分析研究结构的刚度和强度等性能,目的是找到结构危险部位,分析原因并提出改进方案;或是当原方案满足性能要求时,对原方案进行优化,得到最佳性能和更为经济的设计方案。目前,CAE 技术在工程中应用广泛,很多 CAE 软件已经相当成熟并商品化。ANSYS 软件是由美国 ANSYS 公司研发的大型通用有限元分析软件,软件提供的分析类型主要包括结构静力分析、结构动力分析、结构非线性分析、流体动力学分析、热分析、电磁场分析以及压电分析等,在工程领域应用广泛。

如图 3 - 43 所示为通过 ANSYS 软件对小型冲床的关键零件(齿轮)进行结构静力学分析

的主要步骤,叙述如下:

(1) 构建齿轮零件几何模型,设计人员可以直接采用 ANSYS Workbench 自带的几何建模模块建立几何模型,也可以通过接口导入其他 CAD 软件建立的几何模型(图 3-43a)。

(2) 设置材料属性,小型冲床齿轮材料为 40Cr。结构静力学分析时,需要设置材料的杨氏模量、泊松比以及密度等属性。

(3) 设定网格划分方法和网格参数,进行网格划分(图 3-43b)。

(4) 施加约束和载荷,图 3-43c 所示为齿轮转动过程中轮齿所受的径向力和圆周力。

(5) 设定求解参数,通过求解器求解。

(6) 后处理,分析求解结果,图 3-43d 为齿轮等效应力分布图。

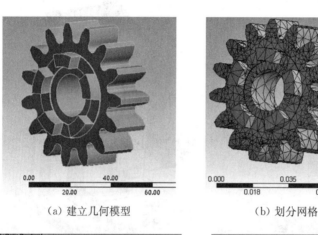

（a）建立几何模型　　　　　　　　　（b）划分网格

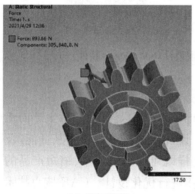　

（c）施加载荷　　　　　　　　　（d）等效应力结果

图 3-43　齿轮结构静力学分析(ANSYS 软件)

3.3　现代设计方法

3.3.1　创新设计

3.3.1.1　创新设计简介

创新设计是指充分发挥设计者的创造力,利用人类已有的相关科技成果进行创新构思,设计出具有科学性、创造性、新颖性及实用成果性的一种实践活动。作为创新设计的一部分,机械创新设计有别于改良设计,创新往往意味着打破共性,改善或创造产品。

机械创新设计(mechanical creative design, MCD)是指设计人员充分发挥创造力和智慧,应用人类现有的科学原理和技术方法,进行创新构思,设计出具有新颖性、创造性和实用性的机构或机械产品的实践活动。MCD 包括两部分:一个是改进和完善生活或生产中已有产品的技术性能、经济性能、可靠性及适用性等,即改进型创新设计;另一个是创造设计出新产品、新机器,以满足生活或生产的新需要,即全新型创新设计。改进型创新设计是企业需要经常做的日常设计活动,也是目前 MCD 的研究重点。

虽然机械创新设计和传统设计有部分相同的设计过程,但 MCD 不只是简单的重复和模仿,更多的是要求设计人员在新成果的基础上,敢于怀疑和思考,充分发挥个人的智慧和创造力,充分利用现有的科学原理和技法进行重新构思,追寻新颖、独特和非重复的创新成果。

3.3.1.2　创新设计关键技术

MCD 是一门有待开创发展的新的设计技术和方法,它和机械系统设计、计算机辅助设计、优化设计、可靠性设计、摩擦学设计、有限元设计等一起构成现代机械设计方法学库,并吸收邻近学科有益的设计思想与方法。人们对后面 6 种设计理论和方法的研究较为深入且都已有专著问世,但随着认识科学、思维科学、人工智能、专家系统及人脑研究的发展,其正在受到专家学者的日益重视。一方面,认识科学、思维科学、人工智能、设计方法学等已为 MCD 提供了一定的理论基础及方法;另一方面,MCD 的深入研究及发展有助于揭示人类的思维过程、创造机理等前沿课题,反过来促进上述科学的发展,实现真正的机械专家系统及智能工程。因此,MCD 是上述学科深入研究发展进程中必须解决的一个分支,它要求能真正为发明创造新机械和改进现有机械性能提供正确有效的理论和方法。综上所述可知,机械创新设计是建立在现有机械设计学理论基础上,吸收科技哲学、认识科学、思维科学、设计方法学、发明学、创造学等相关学科的有益成分,经过综合交叉而成的一种设计技术和方法。

3.3.1.3　创新设计应用实例

为实现一车两用,兼顾自行车的灵活骑行功能和三轮车的载货载人功能,同时应简单快速地实现自行车与三轮车之间的变形,上海理工大学学生设计了一款多用途可变人力车。如图 3-44 所示,该车功能丰富、一车两用,既能实现自行车的灵活骑行功能,又能满足三轮车安

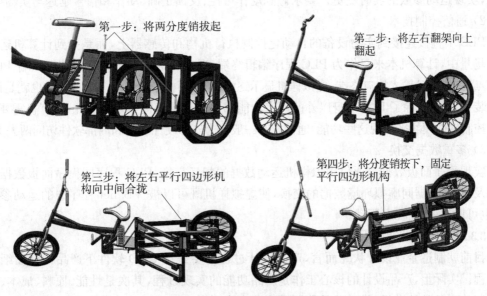

图 3-44　多用途可变人力车

全载货载人的功能;还可用于儿童学车;同时具有变形简单的优点。多用途可变人力车通过独创的机构,实现了三轮车和自行车之间的快速转换,操作简便;采用了带万向节的可伸缩轴传动系统,变形时不用拆装传动系统,让变形更加简单方便。

3.3.2 虚拟设计

3.3.2.1 虚拟设计简介

虚拟设计是在生产和售后服务经验数据支撑下,采用虚拟仿真方式设计完成满足用户使用需求和环境、能有效投入批量生产的数字化虚拟产品,其本质是使用计算机模拟技术将市场应用、实物生产和经验信息融入设计中,使设计的每一步都能得到实物应用验证,从而加快设计进程,使设计工作变得高效和可靠。

虚拟设计的原始需求是虚拟样机(virtual prototype)技术。当 CAD 技术发展到一定水平后,制图和零部件模型问题已经解决,设计人员希望用计算机来制作虚拟产品取代实物样机的检验测试功能,使设计的产品在实物生产之前即可知道其状态和性能。就产品设计本身而言,新产品的设计大多是在已有产品图纸上进行部分修改而形成的改形设计,一个产品的大多数零部件都是全新设计的情况也会有,但通常比较少。无论哪种情况,使用尺寸驱动的三维模型进行零件设计和装配设计,要比使用二维设计来得方便,且出错概率低,这就是可视化设计的技术进步和优势所在。如何让 CAD 软件更多地把企业产品的设计思想、设计准则、目标要求、经验知识、正确性检查、产品的工艺性、产品完成后的性能预测等功能融合进去,以帮助设计人员更好地完成设计任务,是虚拟设计的任务。

3.3.2.2 虚拟设计关键技术

1) 虚拟运动的实时驱动技术

为了实时反映控制系统中可编程控制器(programmable logic controller, PLC)运行程序对设备动作的控制和反馈的正确性,需要虚拟设备根据接收的指令参数进行实时运动变化,这需要外部控制点与虚拟场景中运动节点间建立确切映射关系和动作响应机制,而虚拟设备中模仿实物设备的各类传感器,须根据虚拟构件的运动检测并反馈 PLC,实现 PLC 的反馈信号输入,实现运动参数的实时变更。要求做到动作可控、反馈正确、动作和信号延迟与实物接近。

2) 通信控制技术

PLC 不直接连接到实物设备的自动化控制执行机构和传感器上,而是接到计算机运行的虚拟场景中,计算机本来只作为 PLC 程序编辑终端,现在需要实现 PLC 程序编辑终端、PLC 输出节点终端、PLC 输入接口终端、虚拟样机显示终端、控制面板模拟终端 5 个功能。也就是说,在实物装备系统中,除了 PLC 本身以外的所有功能都要这台计算机实现。因此,计算机需要开发通信控制软件模块来实现这些功能,通信控制一般分为外部硬件访问和内部软件访问两大类。

3) 多重数据交换

实现程序面板数据与通信虚拟样机运动数据的相互交换、PLC 程序同程序面板数据的交换以及 PLC 数据同虚拟环境数据的交换,使虚拟样机既可以被 VB. net 程序中的运动参数驱动,也可以被 PLC 程序驱动。

3.3.2.3 虚拟设计应用实例

目前就制造企业设计状况而言,产品设计过程主要是在 CAD 软件下产品设计图纸的实现过程。实际上,产品设计的核心工作是产品功能的实现过程,其次是性能、原料、成本、工艺等限制约束条件的满足,最后才是绘制模型并生成图纸。

就大装备的机械结构本身而言,通常是分部件逐步加工完成的,完成的部分用实物,未完成的部分用虚拟方式,实电、实机和虚机共同构成测试系统,逐步过渡到全部实物的完工,虚拟样机伴随着设计和制造的整个过程。不论产品设计何时完成,都可随时使用虚拟样机进行性能分析,从而在设计过程中了解可能的结果,这将对设计成功率的提高和缩短设计时间起到良好的帮助作用。

3.3.3 快速设计

3.3.3.1 快速设计简介

快速设计也称快速响应设计、敏捷设计,是在保证产品设计质量的基础上以缩短产品开发周期为目的的设计方法与技术,其主要目的是通过运用科学的设计方法实现产品的快速设计。快速设计技术是在面向产品多样化、需求快速化、竞争激烈化等的市场环境下提出并发展起来的,它是市场经济发展的必然要求。当前国际市场需求快速变化的特点和21世纪更加个性化的市场趋势,使产品投放市场的时间日益成为决定产品竞争力的重要因素,从而促进了快速设计技术的发展。快速设计技术是先进制造技术发展的产物,是计算机辅助设计和机械制造技术的发展和延伸,它涵盖了网络技术、生产工程技术、集成建模技术、数据管理技术以及优化设计技术等多项技术。

由于中国机械制造业起步较晚、发展较为缓慢,面对日益增强的国际竞争压力,落后的机械制造业已经跟不上市场产品的更新换代和客户的需求,制约了中国整体经济实力和科技水平的提高。快速设计方法在国外机械产业中应用较多,如美国 Chrysler 公司开发的 Neno 小型汽车,减少了60%的工程技术人员,缩短了28%的开发时间;DEC 公司使产品开发时间缩短了60%;通用发动机厂使设计修改量减少了75%等。由此可见,快速设计技术可大幅缩短产品的开发时间、减小生产成本,提高机械行业适应市场的能力,从而提高企业自身的竞争优势。

3.3.3.2 快速设计关键技术

快速设计的理论和方法主要有数字化设计、网络化协同设计、模块化设计、智能化设计和绿色设计等。目前,国际上在针对快速设计的并行设计技术、快速原型技术、系列化模块化技术和虚拟制造技术等领域的发展均较为迅速。

1) 模块化设计技术

模块化设计技术是将产品结构划分成各个模块,并通过模块的排列来完成新产品设计的方法,其可以在保证批量生产的前提下增加产品的个性化,从而提升产品适应市场的能力。模块化设计技术是简化设计、节省成本、缩短生产时间的有效手段之一。

2) CAX 技术

CAX 技术是以计算机辅助为手段的产品设计、分析、制造、创新技术的统称,也被称为计算机辅助机械工程技术。CAX 技术涉及的内容非常广泛,主要包括计算机辅助设计(CAD)、计算机辅助制造(CAM)、计算机辅助工程(CAE)、计算机辅助工艺计划(CAPP)以及计算机辅助创新(CAI)等。

3) KBE 技术

KBE(knowledge based engineering)技术是一种融合了面向对象编程技术、人工智能技术和计算机辅助技术的工程设计方法,它将人工智能(知识库、知识规则、逻辑推理)与 CAX 有机结合,使应用对象从几何造型、分析及制造等扩展到工程设计领域。KBE 技术的出现,是使人工智能从学科研究走向实际应用的重大突破。

3.3.3.3 快速设计应用实例

北京航空航天大学罗明强团队研究了民用飞机机身结构的快速设计技术,借助 Open

CADS 系统,开发了民用飞机机身结构的快速设计和建模环境,实现了民用飞机机身结构的快速设计与建模。此外,机身结构的快速设计和建模环境还可实现机身结构体积、重量、重心、惯性矩等数据的自动获取,以及机身结构模型的自动化调整和体积、重量等数据的自动更新,为总体设计阶段进行飞机重量、气动和结构的多学科设计优化奠定了基础。

3.3.4 优化设计

3.3.4.1 优化设计简介

随着计算力学和计算机技术的发展,结构仿真技术得到了越来越多的应用,以结构仿真为基础的结构优化设计技术在结构设计中扮演着越来越重要的角色,已在机械、土木、汽车、航空航天、电子、能源工业、水利、铁路、轻工纺织以及军事工业等诸多领域实现了应用。

优化的本质是指在给定约束条件下,求解目标函数的最值。结构优化简单来说,就是在满足一定的设计约束下,通过改变结构的设计参数,以达到节约原材料或提高结构性能的目的。结构优化设计根据设计变量选取的不同,可以分为尺寸优化、形状优化、拓扑优化三个层次:

(1)尺寸优化。指选取结构元件的几何尺寸作为设计变量,例如杆元截面积、板元的厚度等,如图3-45a所示。

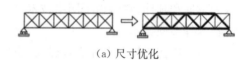
(a) 尺寸优化

(2)形状优化。指在保持结构拓扑连接关系不变的前提条件下,将构件的截面形状、节点的空间位置或者连续体的形状等作为设计变量,即通过修改模型的形状与边界,来改变整体结构的几何特征,如图3-45b所示。

(b) 形状优化

(3)拓扑优化。指在某种给定的目标和约束条件下,在模型需要优化的区域即设计域内确定材料的分布,如图3-45c所示。

(c) 拓扑优化

图3-45 尺寸优化、形状优化和
拓扑优化的对比

3.3.4.2 优化设计关键技术

结构优化设计需要把设计要求和设计目标,如结构体积、质量、位移、应力、应变、内力、频率、振型、频响函数等,以数学公式的形式表达出来,并对与这些结构性能相关的结构参数进行筛选,即对优化设计问题进行数学建模。结构优化设计通过将结构设计所应满足的各种要求和目标转化为数学模型,然后采用寻优方法找到最优解。

1) 优化数学模型及其三要素

通用的优化数学模型可表示为

$$\text{find } \mathbf{X} = [x_1, x_2, \cdots, x_n]^T$$
$$\min f(\mathbf{X})$$
$$\text{s. t.} \quad g_j(\mathbf{X}) \leqslant 0 \quad (j = 1, 2, \cdots, m)$$

式中,向量 $\mathbf{X}$ 为设计变量;$f(\mathbf{X})$ 为目标函数;$g_j(\mathbf{X})$ 为约束条件;n 为设计变量的个数;m 为约束条件的个数。其含义是找到一组参数(设计变量),在满足一系列对参数(设计变量)选择的限制条件(约束条件)下,使设计指标(目标函数)达到最佳值。

2) 优化问题的求解

在确定了优化数学模型后,接下来的关键问题就是如何进行求解。求解结构优化问题有各种方法,其中最主要的是数学规划法(mathematical programming,MP)、优化准则法(optimality criteria,OC)及两者的组合。

优化准则法是从力学原理出发,建立一些最优准则,从而寻求用解析形式表达的结构设计参数,或者通过直观的迭代运算决定结构各单元的截面参数,但是缺乏严格的数学基础。准则设计法的主要特点是收敛快,重分析次数少,且与设计变量数目无直接关系,计算工作量不算大,但依赖具体的问题。数学规划法是从解极值问题的数学原理出发,运用数学规划中的各种方法,求得一系列设计参数的最优解,但是其计算效率相对较低。

3.3.4.3 优化设计应用实例

采用上海理工大学丁晓红团队提出的结构优化方法"自适应生长方法",对主轴箱、立柱、床身等部件进行结构优化设计,优化设计结果如图 3-46 所示,优化后的主轴箱最大位移减小了 33.4%,一阶固有频率提高了 29.8%,主轴箱的动、静态性能得到显著提升。优化后立柱的

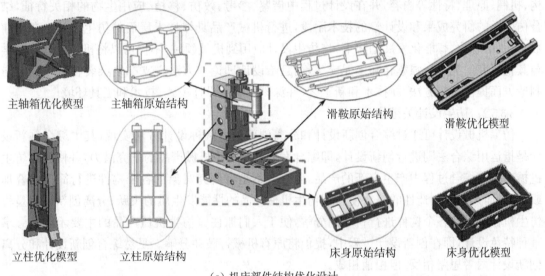

(a) 机床部件结构优化设计

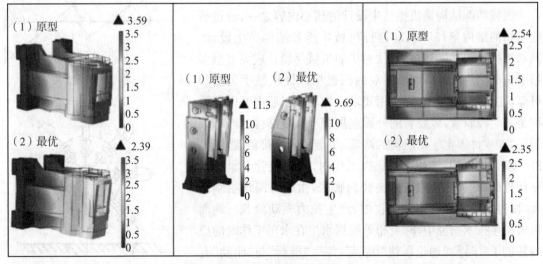

(b) 优化前后机床部件位移云图

图 3-46 采用"自适应生长方法"的机床结构优化设计

最大位移降低了 14.3%，一阶固有频率提高了 12.3%，表明立柱的性能得到了有效提高。床身最大位移降低了 7.5%，一阶固有频率提升了 5.9%。基于物理样机实验，优化后机床的前三阶固有频率分别提高了 22.5%、14.6% 和 57.2%，且频响振幅明显降低。仿真与测试结果表明，优化后机床结构的动力学性能得到显著提升。

3.3.5 仿生设计

3.3.5.1 仿生设计简介

仿生机械（bio-simulation machinery）是指人们模仿生物的形态、结构、材料、运动机制和控制原理，设计制造出的功能更强、效率更高并具有生物特征的机械。自然界的生物经过亿万年的繁衍更迭、优胜劣汰，已进化出优异的功能特性，包括结构、形态、运动、动力、控制、信息传递和材料组成等，这为人们发展现代文明和新科学技术提供了无穷的设计思想和灵感源泉。仿生设计学以仿生学和设计学的相关理论为基础，通过研究自然界广大生物的功能、形态、结构、机制、原理、特性等内容，并在设计过程中借鉴、参考、效仿、移植、应用生物的相关特征，结合仿生学的研究成果和设计学的技术手段，进行机械产品具体技术层面的仿生设计。在当前数字化、信息化、智能化发展趋势下，将仿生设计应用到机械领域，不仅可以将机械设计方法学与其他研究门类进行强耦合和多元交叉，而且给设计理论与方法在支撑复杂装备自主设计与制造方面提供了新方法、新技术和新工艺，并深刻影响了设计模式、技术和工具环境。

3.3.5.2 仿生设计关键技术

仿生机械设计可通过综合创新设计和分离创新设计两种设计方法实现，其中综合创新设计是指运用综合法则进行创新设计，即综合发掘已有仿生机械产品的研究潜力，并使已有仿生机械产品在综合过程中产生出新的产品，而综合不是将研究对象的各个构件进行简单的叠加或组合，而是通过创造性的综合使新型仿生机械产品的性能发生质的飞跃；分离创新设计是将仿生机械产品的各个构件进行科学的分解，便于人们抓住原仿生机械产品的主要矛盾或寻求某种特色设计，即在创新设计过程中，提倡将原有机械打破并分解。虽然综合创新设计和分离创新设计两者思路相反，但相辅相成。

3.3.5.3 仿生设计应用实例

机械功能结构是机械仿生设计的核心内容之一，通过研究生物的结构奥秘和机理进行机械功能和结构仿生设计。例如根据手的功能，将杯装饮料机的机械手设计成关节型多指手机构（图 3-47a），采用双曲柄机构保证机械手灵活和可靠，在性能上满足实际应用要求。气动人工肌肉的内部结构是一个橡胶管，橡胶管的外面包裹着双螺旋结构的纤维编织层，连接件固定气动肌肉的两端，一端用于连接负载，而另外一端是进气端，气动人工肌肉工作时，内橡胶管会紧密地贴住外编织层，并且橡胶管会径向膨胀，由于外编织层刚性大，使得气动肌肉产生轴向收缩，产生拉力驱动负载。地面机械仿生技术研究中，陈秉聪等根据水牛在水田工作时的原理独创了"半浮式理论"，使"沉"与"浮"、"滑行"与"驱动"有机结合起来，改变传统车辆驱动装置既承重又驱动的情况，设计出适于水田或松软土壤的仿生半步行轮机构（图 3-47b），

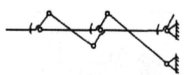

（a）仿生机械手关节

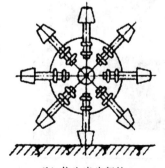

（b）仿生半步行轮

图 3-47　机械功能和结构仿生设计

并从这一仿生理论出发设计和创造出了许多滚动阻力小、驱动力大的优良机构。

3.3.6　绿色产品设计

3.3.6.1　绿色设计简介

绿色产品设计思想最早是在 20 世纪 60 年代提出的,美国设计理论家威克多·巴巴纳克(Victor Papanek)在他出版的 *Design for the Real World*(《为真实世界而设计》)中强调,设计应该认真考虑有限地球资源的使用,为保护地球环境而服务。20 世纪 80 年代末,"绿色消费"浪潮首先在美国掀起,继而席卷了全世界,绿色冰箱、环保彩电、绿色电脑等绿色产品不断涌现。在 20 世纪 90 年代,绿色产品设计成为现代设计技术研究的热点问题。

绿色产品(green product,GP)是相对于传统产品而言的,可以描述为:在全寿命周期内,符合特定的环境保护要求,对生态环境无害或危害极少,资源利用率最高,能源消耗最低的产品。

绿色产品设计是以环境资源保护为核心概念的设计过程,要求在产品的整个寿命周期内把产品的基本属性和环境属性紧密结合起来,在进行设计决策时,除满足产品的物理目标外,还须满足环境目标,以达到优化设计要求。

3.3.6.2　绿色产品设计的方法

1) 系统论设计

其核心是把绿色产品设计对象以及有关的设计问题,如设计过程与管理、设计信息资料的分类整理、设计目标的确定、人-机-环境的协调等视为系统,然后用系统分析方法处理和解决。系统的绿色产品设计要求产品的设计、生产、管理、经济性、维护性、包装运输、回收处理、安全性等方面均从系统的高度加以具体分析,在有序和协调的状态下,使产品达到整体"绿色化"。

2) 模块化设计

模块化设计是产品结构设计的一种有效方法,也是绿色设计中确定产品结构方案的常用方法。模块化设计是在对一定范围内不同功能或相同功能不同性能、不同规格的产品进行功能分析的基础上,划分并设计出一系列功能模块,通过模块的选择和组合可以构成不同的产品,以满足市场的不同需求。

3) 长寿命设计

长寿命设计的目的是确保产品能够长期安全地使用,关键是要使工作应力小于零件的疲劳强度极限,一般方法是先用静强度设计出零件的尺寸,然后再进行疲劳强度校核。只要校核通过,则可认为零件具有长寿命。如果疲劳校核通不过,则应重新确定零件的形状和尺寸。

3.3.6.3　绿色产品设计案例

当前,世界各国各行业都愈发重视绿色产品设计,并大量投资绿色产品研发,绿色产品设计在人们的生活中也随处可见。

1) 汽车的绿色设计

吉利推出一款健康汽车,用高效复合空调滤芯,可以保证车内空气清新纯净,为驾乘人员带来健康保护;其使用的材质健康环保,例如车身上使用的胶水是环保工艺胶,无有害气味,有效减少醛类物质挥发;采用的 BSG 高性能动力系统,可以大大降低油耗,减少尾气排放。

2) 电器的绿色设计

格力电器推出的新品集成式智能热氟融霜制冷机组采用核心科技实现空调的绿色设计。该制冷机组采用热氟融霜技术,改善了常规电加热化霜机组化霜时间长、耗电量高以及库温波动大的弊端,让冷库的运行和制冷更加高效;同时设备采用智能化霜,真正实现有霜化霜、无霜不化,大大降低了空调能耗。

3.3.7 全寿命周期设计

3.3.7.1 全寿命周期设计简介

产品设计不仅是设计产品的功能和结构,而且要设计产品的规划、设计、生产、经销、运行、使用、维修保养直到回收再利用的全寿命周期过程。也就是说,在产品设计阶段就要考虑到产品寿命历程的所有环节,以求产品全寿命周期所有相关因素在产品设计阶段就能预先得到综合策划和优化。

全寿命周期设计始终是面向环境资源(包括制造资源、使用环境等)的,它的一切活动都是为了使制造出来的产品不仅能够满足使用性能,并且在当地的资源环境下达到最优。其关键问题在于建立面向产品全寿命周期的统一的、具有可扩充性的能表达不完整信息的产品模型,该产品模型能随着产品开发进程自动扩张,并从设计模型自动映射为不同目的的模型,如可制造性评价模型、成本估算模型、可装配性模型、可维护性模型等,同时产品模型应能全面表达和评价与产品全寿命周期相关的性能指标、面向用户的全寿命周期的产品智能建模策略等。

全寿命周期设计的基本内容就是面向制造及其维护和回用处理的设计,实现产品全寿命周期的最优化,所借助的手段是并行设计,而要顺利完成设计任务的基础是设计过程和数据的管理。

3.3.7.2 全寿命周期设计关键技术

全寿命周期设计是跨世纪的现代企业特征,它强调技术、组织和人员素质的集成,采用并行的、小组化的工作方式,不断提高产品质量,降低成本,以增强企业的应变的竞争能力。

现代设计方法要求在初始设计阶段就将产品的功能需求转化为设计概念、初步设计参数,再将这些参数往下传递,以约束后续的进一步详细设计。全寿命周期设计要求在设计过程中尽早考虑后续阶段对设计施加的设计约束,以达到"一次成功",从而减少在设计后期发现错误而导致的返工。当前社会已经进入计算机时代,通过计算机辅助设计,可以非常逼真地模仿设计的各个过程,降低成本。

在产品的全寿命周期设计中,目前行业中体现出如下关键技术:

1) 并行工程技术

并行工程支持全寿命周期所有相关信息的产品多重表达模型,建立一个统一的产品模型以支持产品的全寿命周期,实现多侧面模型的自动映射;实现处理各个任务间的解耦、耦合及协调策略和方法,计算机辅助解耦及协调方法和系统的研究。

2) 面向制造的设计技术

全寿命周期设计,需要系统总结面向制造的机械零部件结构设计知识,并在此基础上建立面向制造的机械零部件结构设计的专家系统,以及面向制造的机械零部件结构信息特征模型、制造机械部件和整机装配设计的专家系统及支持虚拟现实环境装配模型。同时,需要建立面向制造机械部件结构的并行设计支持系统,包括企业制造资源库、标准件和外购件库、原材料加工和装配成本库、多计算机并行设计协调系统的评价和决策支持系统等。

3) 数据管理技术

在全寿命周期设计过程中,为了协调各小组之间的信息交流,需要建立支持跨平台数据集成与共享的产品数据管理(product data management,PDM)系统,实现网络上不同平台和系统的真正一体化,并实现支持全寿命周期动态模型的数据库和设计过程管理,以及异地流动计算的自治体表达模型及其代理策略。

3.3.7.3 全寿命周期设计应用案例

面对日新月异的新能源汽车行业的发展,上海理工大学机械工程学院优化设计团队根据结构轻量化工程原理,应用全寿命周期设计准则开发出了电池和底盘结构一体式架构(图3-48)。在进行设计过程中,底盘结构方案设计和刚强度仿真验证协同并行,并且考虑整体架构以高强钢和高强铝材料为主材料,应用先进钢铝连接制造技术,实现底盘结构轻量化、底盘电池包一体化、电池系统方案平台化。

图3-48 电池和底盘结构一体式架构

参考文献

[1] Wang Xinhua, Li Tianjian. Mechanical engineering innovation and entrepreneurship education practice and innovation effectiveness analysis [J]. Advances in Educational Technology and Psychology, 2020,4(1):129-135.

[2] 王新华,陈彩凤.机械创新设计实践课程的教与学[J].教育现代化,2015(12):181-183.

[3] 李天箭,丁晓红.创新创业教育在机械设计课程设计环节中的探索实践[J].实验技术与管理,2016,33(4):22-24.

[4] 张永亮,潘健健,洪明,等.磁流变减振车刀模态仿真与实验研究[J].中国机械工程,2015,26(7):898-902.

[5] 吴恩启,王睿,闵锐,等.盾构机关键部件快速设计技术研究[J].中国机械工程,2012,23(20):2410-2413.

[6] Liu F, Gong J G, Gao F, et al. A creep buckling design method of elliptical heads based on the external pressure chart [J]. Journal of Pressure Vessel Technology, 2019,141(3):031203.

[7] 胡光忠,柳忠彬,肖守讷.机械产品快速设计理论与方法研究现状[J].现代制造工程,2014(12):8.

[8] 齐尔麦.机械产品快速设计原理、方法、关键技术和软件工具研究[D].天津:天津大学,2003.

[9] 陈稗,罗明强,武哲.民用飞机机身结构快速设计及自动化调整[J].北京航空航天大学学

报,2014(6):6.

[10] 赵丽红,郭鹏飞,孙洪军,等.结构拓扑优化设计的发展、现状及展望[J].辽宁工业大学学报(自然科学版),2004,24(1):46-49.

[11] 郭中泽,张卫红,陈裕泽.结构拓扑优化设计综述[J].机械设计,2007(8):1-6.

[12] Shen L, Ding X, Li T, et al. Structural dynamic design optimization and experimental verification of a machine tool [J]. The International Journal of Advanced Manufacturing Technology, 2019,104(9):3773-3786.

[13] Hu T, Ding X, Shen L, et al. Improved adaptive growth method of stiffeners for three-dimensional box structures with respect to natural frequencies [J]. Computers and Structures,2020(239):106330.

[14] 熊敏,丁晓红,季懿栋,等.树状分支传热结构层次生长优化设计技术[J].中国机械工程,2019.30(22):2668-2674.

[15] 刘纯琨,丁晓红,倪维宇,等.仿真与实测多信息融合的机械结构外载荷反演技术[J].中国机械工程,2022,33(6):639-646.

[16] 程阳,丁晓红.复合材料机载天线罩多学科优化设计[J].复合材料科学与工程,2020(6):84-88.

[17] 申琼,何勇.仿生机械手结构设计与分析[J].东华大学学报,2002,28(1):37-40.

[18] 周彬滨,邹任玲.气动人工肌肉在康复器械中的应用现状[J].中国康复理论与实践,2020,26(4):463-466.

[19] 陈秉聪.车辆行走机构形态学及仿生减粘脱土理论[M].北京:机械工业出版社,2001.

[20] 张伟.格力新品亮相第32届中国制冷展,核心科技赋能绿色未来[J].制冷技术,2021,41(2):23.

[21] 李冀,李宪,蒲婷婷.产品全寿命周期管理模块化研究[J].机械工业标准化与质量,2020(8):27-31.

[22] 卢山,佘洪雨,胡波,等.EWIS全寿命周期设计及管理技术[J].飞机设计,2018,38(6):5-11.

第4章

机 械 制 造

4.1 概述

4.1.1 机械制造的定义

机械设计完成了能实现某种特定功能的装备,所设计的装备是由许多的零部件组成,那么机械制造的任务就是要把这些具有特定形状、性能和精度要求的零件制造出来并进行装配,从而把装备由设计的蓝图变为实际机器。因此,把零件由原材料变为符合图纸要求并进行装配的生产过程称为机械制造。机械制造业包括从事各种动力机械、起重运输机械、化工机械、纺织机械、机床、工具、仪器、仪表及其他机械设备等生产的工业部门,机械制造业为整个国民经济提供技术装备。

按照机械制造过程中材料的变化情况,制造过程可以分为三类:减材、增材和等材。某个零件的制造过程可以单一采用材料去除、堆积或转移的制造方法,也可以是多种制造方法的复合。

4.1.2 机械制造的内涵

1) 机械制造装备

机械制造装备是指机械制造过程中使用到的各种设备、机床以及工装、夹具、刀具等工艺装备的总称,要了解各种设备的加工特点、使用方法、注意事项以及加工范围,以便在实际生产中编制合理的工艺路线和设计专用的工装。加工方式决定了其使用的机械制造装备,加工方式不同,则机械制造的装备也不同。对于切削加工件,各种切削机床、刀具和夹具等就是其机械制造装备;对于 3D 打印类零件,3D 打印机就是其机械制造装备;对于塑性成型类零件,压力机和磨具就是其机械制造装备。

2) 机械制造工艺

机械制造工艺是指利用机械制造装备制造零件,使之达到所要求的形状尺寸、表面粗糙度和力学物理性能,成为合格零件的生产过程。机械制造工艺包括零件加工和装配两方面,在保证质量的前提下尽可能高效且经济地组织和安排整个制造过程。良好的机械制造工艺不仅可以保证产品质量,并且可以节约成本。对于切削加工过程,就是要根据生产纲领,合理安排工序组织生产,保证产品质量和生产安全,降低生产成本。

3) 机械制造质量控制

机械制造质量是指产品符合设计的程度,包含加工质量和装配质量。产品质量是产品的核心竞争力,因此需要对机械制造质量进行管理和控制。在整个机械制造的过程中,会有各种因素对产品的质量造成影响。内部因素有加工精度和工艺系统误差等,外部因素主要考虑机械制造过程中所受的力和温度对产品质量的影响。合理选择机械加工装备,加强加工过程检查,实时变更设计信息和监控整体性能等,都可以提高机械制造质量。

4.1.3 机械制造需要解决的问题

1)实现性

机械设计和机械制造的关系密切,两者相辅相成。机械设计要设计出能够加工出来的装备,机械制造要生产出符合设计要求的零部件。因此,机械制造把机械设计的产品变为实际的产品、实现设计的功能是其需要解决的首要问题。随着机械制造技术的发展,各种难加工件得以实现,也推动机械设计尤其是优化设计的发展。

2)经济性

降低产品的生产成本,就可以降低产品的价格,提升产品在市场上的竞争力。产品的生产成本由原材料、加工成本、装配成本和运输成本等构成,而其中的很多环节都跟机械制造有关。因此,经济性就成为机械制造需要解决的问题之一。在机械制造领域,采取企业资源管理、优化生产流程和工艺等措施,都可以降低生产成本,提高机械制造的经济性。

3)精密性

精密性,也就是机械制造精度,是指工件在经机械制造后的实际参数与零件图纸所规定的理想值相符合的程度。机械产品在使用过程中出现卡死、故障、噪声等影响产品性能的现象一般都是因为机械制造精度低造成的,机械零件的制造精度越高,所生产机械设备的质量和性能会越好。因此,不断提高机械制造的精度是机械制造需要解决的问题之一,同时机械制造精度的提高也可以把人类探索世界的范围向更深更广推进。

4.2 专业核心知识点和要求的能力

4.2.1 成型原理

机器或设备中的零件必须具备一定的形状,才能够完成一定的功能,这些形状可以基于不同的成型原理来实现,采用不同的成型工艺方法。成型原理主要内容包括金属成型过程的基本原理和基础知识,以及常用刀具、材料、金属切削过程及其物理现象。

4.2.1.1 零件的成型原理

零件的成型原理按照零件制造过程中质量 m 的变化,可分为 $\Delta m < 0$、$\Delta m = 0$、$\Delta m > 0$ 三种情况。

(1)$\Delta m < 0$,材料去除原理,减材制造技术,如传统的切削加工方法,包括磨料磨削、特种加工等,在制造过程中通过逐渐去除材料而获得需要的几何形状,如图 4-1 所示零件。

| (a) 数控车削加工 | (b) 数控铣削加工 |

图 4-1 减材加工

（2）$\Delta m = 0$，材料基本不变原理，等材制造技术，如铸造、锻造及模具成型（注塑、冲压等）工艺，在成型前后，材料主要是发生形状变化，而质量基本不变，如图 4-2 所示。

图 4-2　玻璃模具及产品

（3）$\Delta m > 0$，材料累加成型原理，如 20 世纪 80 年代出现的快速原形（rapid prototyping）技术，在成型过程中通过材料累加获得所需形状，如图 4-3 所示。

图 4-3　3D 打印及产品

4.2.1.2　机械加工方法

机械加工通常是指基于机床平台，采用刀具将毛坯上多余的材料切除，以获得零件的形状。根据机床运动的不同、刀具的不同，可分为不同的加工方法，主要有车削、铣削、刨削、磨削、钻削、镗削等。

1）车削

车削方法的特点是工件旋转，形成主切削运动，因此车削加工后形成的面主要是回转表面，也可加工工件的端面、螺纹面、偏心轴和特定的旋转曲面等。车削加工的刀具简单，切削过程较平稳，生产效率较高，如图 4-4 所示为车床加工的典型工序。

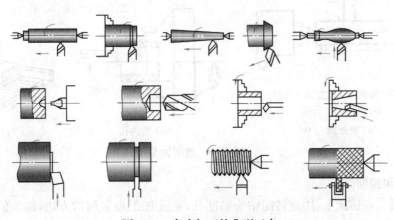

图 4-4　车床加工的典型工序

2）铣削

铣削的主切削运动是刀具的旋转运动，工件通过装夹在机床的工作台上完成进给运动（图4-5）。按照铣刀完成切削的切削刃不同，可以分为卧铣和立铣。按照铣削时主运动速度方向与工件进给方向的相同或相反，又分为顺铣和逆铣（图4-6）；顺铣和逆铣各有特点，应根据加工的具体条件合理选择。铣削加工主要用于各种面和沟槽的粗加工和半精加工，其特点是切削过程易产生振动、生产效率高和刀齿的散热条件较好等。

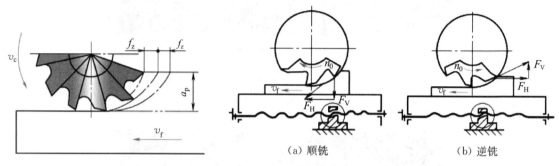

图4-5 铣削加工   图4-6 顺铣和逆铣

（a）顺铣   （b）逆铣

3）刨削

刨削时，刀具的往复直线运动为切削主运动，如图4-7所示。因此，刨削速度不可能太高，生产率较低。刨削比铣削平稳，切削速度和切削热较低，常用于粗加工和半精加工。

4）磨削

磨削时，用砂轮或其他磨具对工件进行加工，如图4-8所示。其主运动是砂轮的旋转运动。砂轮上的每

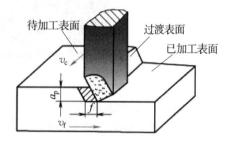

图4-7 刨削加工

个磨粒都可以看成一个微小刀齿，砂轮的磨削过程，实际上是磨粒对工件表面的切削、刻削和滑擦三种作用的综合效应。由于磨削时刀刃很多，所以加工过程平稳、精度高，表面粗糙度值小。

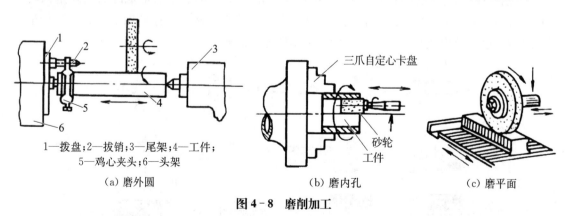

1—拨盘；2—拨销；3—尾架；4—工件；
5—鸡心夹头；6—头架

（a）磨外圆   （b）磨内孔   （c）磨平面

图4-8 磨削加工

5）钻削和镗削

（1）钻削。在钻床上，用旋转的钻头钻削孔，是孔加工最常用的方法，钻头的旋转运动为主切削运动，钻头的轴向运动是进给运动，如图4-9所示。钻削的加工精度较低；精度高、表

面质量要求高的小孔,在钻削后常常采用扩孔和铰孔来进行半精加工和精加工。

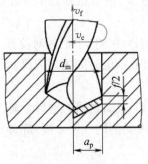

图 4 - 9　钻削加工

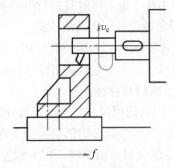

图 4 - 10　镗削加工

（2）镗削。在镗床上镗孔时,镗刀与车刀基本相同,不同之处是镗刀随镗杆一起转动,形成主切削运动,而工件不动（图 4 - 10）。镗孔和钻-扩-铰工艺相比,孔径尺寸不受刀具尺寸的限制,且镗孔具有较强的误差修正能力。

6）齿面加工

齿轮齿面的加工运动较复杂,根据形成齿面的方法不同,可分为两大类:成型法和展成法。成型法加工齿面所使用的机床一般为普通铣床,刀具为成型铣刀。展成法加工齿面的常用机床有滚齿机（如 Y3150E 型滚齿机,图 4 - 11）、插齿机等。

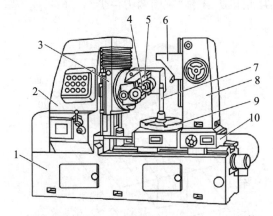

1—床身;2—立柱;3—刀架溜板;4—刀杆;5—刀架体;
6—支架;7—心轴;8—后立柱;9—工作台;10—床鞍

图 4 - 11　Y3150E 型滚齿机

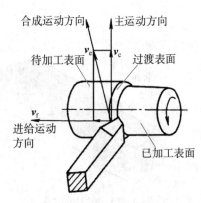

图 4 - 12　切削运动与切削表面

4.2.1.3　切削原理与刀具

金属切削过程是刀具与工件的相互作用过程。在此过程中,为了能去除工件上的多余材料,对刀具结构及其材料须提出相应的要求。理解切削运动、刀具结构、材料、切削用量和切削层参数等的定义,以及切削过程的物理现象,是掌握切削原理的基本前提。

1）切削运动与要素

（1）切削运动。刀具与工件之间的相对运动即切削运动,也称表面成型运动。切削运动可分解为主运动和进给运动。主运动是切下切屑所需的最基本运动,主运动的速度最高,消耗功率最大,且主运动只有一个。进给运动是多余材料不断被投入切削,从而加工出完整表面所需的运动。如图 4 - 12 所示,切削运动及其方向用切削运动的速度矢量表示为:$v_e = v_c + v_f$。

（2）切削要素。切削要素包括切削用量和切削层几何参数。

① 切削用量。指切削时各参数的合称，包括切削速度、进给量和切削深度（背吃刀量）三个要素，它们是设计机床运动的依据：

a. 切削速度 v_c。指在单位时间内，刀具和工件在主运动方向上的相对位移。

b. 进给量 f。指在主运动每转一转或每一行程时（或单位时间内），刀具和工件之间在进给运动方向上的相对位移。

c. 背吃刀量（切削深度）a_p。指待加工表面与已加工表面之间的垂直距离。

② 切削层几何参数。切削层是指工件上正被切削刃切削的一层金属，亦即相邻两个加工表面之间的一层金属。切削层几何参数包括：

a. 切削宽度 a_w。指沿主切削刃方向量的切削层尺寸。

b. 切削厚度 a_c。指两相邻加工表面间的垂直距离。

c. 切削面积 A_c。指切削层垂直于切削速度截面内的面积。

2）刀具结构与材料

（1）刀具结构。

① 刀具切削部分的组成。切削刀具种类繁多，结构也多种多样，按加工方式和具体用途分为车刀、孔加工刀具、铣刀、拉刀、螺纹刀具、齿轮刀具、自动线及数控机床刀具和磨具等几大类型。外圆车刀是最基本、最典型的切削刀具，如图 4-13 所示。其切削部分（又称刀头）由前面、主后面、副后面、主切削刃、副切削刃和刀尖所组成，统称"三面两刃一尖"。

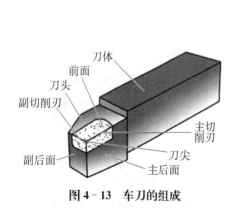

图 4-13　车刀的组成

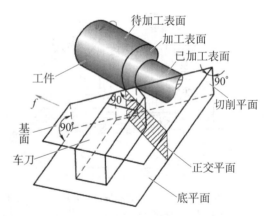

图 4-14　确定车刀角度的参考平面

② 刀具角度的参考平面。要确定和测量刀具角度，必须引入三个相互垂直的参考平面，如图 4-14 所示：

a. 切削平面。指通过主切削刃上某一点并与工件加工表面相切的平面。

b. 基面。指通过主切削刃上某一点并与该点切削速度方向相垂直的平面。

c. 正交平面。指通过主切削刃上某一点并与主切削刃在基面上的投影相垂直的平面。

③ 刀具的标注角度。指制造和刃磨刀具所必需的，并在刀具设计图上予以标注的角度。车刀的标注角度主要包括以下 5 个：

a. 前角 γ_0。指在正交平面内测量的前面与基面之间的夹角。

b. 后角 α_0。指在正交平面内测量的主后面与切削平面之间的夹角。

c. 主偏角 κ_r。 指在基面内测量的主切削刃在基面上的投影与进给运动方向的夹角。

d. 副偏角 κ_r'。 指在基面内测量的副切削刃在基面上的投影与进给运动反方向的夹角。

e. 刃倾角 λ_s。 指在切削平面内测量的主切削刃与基面之间的夹角。

（2）刀具材料。应满足以下基本要求：高的硬度、高的耐磨性、高的耐热性、足够的强度和韧性、良好的工艺性和良好的热物理性能和耐热冲击性能。在切削加工中常用的刀具材料有碳素工具钢、合金工具钢、高速钢、硬质合金等。

4.2.1.4 金属切削过程及其物理现象

金属切削过程中产生了一系列现象，如切削变形、切削力、切削热与切削温度、刀具磨损等。

1）切屑形成过程

对塑性金属进行切削时，切屑的形成过程就是切削层金属的变形过程，这个过程的实质是一种剪切-滑移-断裂过程。如图 4-15 所示，当工件受到刀具挤压以后，切削层金属在始滑移面 OA 以左发生弹性变形；随着刀具移动，始滑移面上的金属不断向刀具靠拢，应力和变形也逐渐加大；在终滑移面 OE 上，应力和变形达到最大值；越过 OE 面切削层金属脱离工件，沿着前面流出形成切屑。

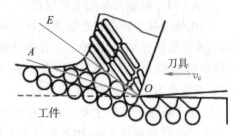

图 4-15 切削过程晶粒变形情况

2）切削过程中的积屑瘤现象

在切削速度不高而又能形成连续切屑的情况下，加工一般钢料或其他塑性材料时，常常在前面处粘着一块剖面有时呈三角状的硬块，这块冷焊在前面上的金属称为积屑瘤，如图 4-16 所示。

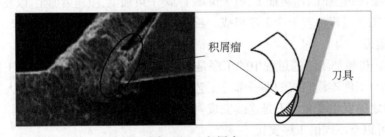

图 4-16 积屑瘤

3）切削力

金属切削时，刀具切入工件，使被加工材料发生变形并成为切屑所需的力，称为切削力。切削力来源于三个方面（图 4-17）：

（1）克服被加工材料弹性变形的抗力。

（2）克服被加工材料塑性变形的抗力。

（3）克服切屑与刀具前面的摩擦力和刀具后面与过渡表面、已加工表面之间的摩擦力。

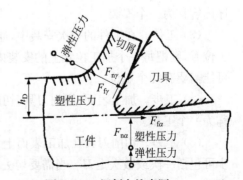

图 4-17 切削力的来源

4）切削热的产生和传导

被切削的金属在刀具的作用下，发生弹性和塑性变形而耗功，这是切削热的一个重要来源，如图 4-18 所示。此外，切屑与刀具前面、工件与刀具后面之间的摩擦也要耗功，也会产生大量的热量。切削区域的热量被切屑、工件、刀具和周围介质传出。工件材料的导热性能是影响热量传导的重要因素。

图 4-18 切削热的产生与传导

4.2.2 制造工艺设计

制造工艺设计是产品生产过程的一般指导原则和方法，包括加工工艺规划、工艺装备选择、工艺文件编制等一系列工作。

4.2.2.1 机械产品的生产过程

机械产品生产过程是指从原材料开始到成品出厂的全部劳动过程，它不仅包括毛坯的制造，零件的机械加工、特种加工和热处理，机器的装配、检验、测试和涂装等主要劳动过程，还包括专用工具、夹具、量具和辅具的制造，机器的包装，工件和成品的储存和运输，加工设备的维修，以及动力供应等辅助劳动过程。

由于机械产品的主要劳动过程都使被加工对象的尺寸、形状和性能产生了一定的变化，即与生产过程有直接关系，因此称之为直接生产过程，亦称为工艺过程。而机械产品的辅助劳动过程虽然未使加工对象产生直接变化，但也是非常必要的，因此称之为辅助生产过程。所以，机械产品的生产过程由直接生产过程和辅助生产过程组成。随着机械产品复杂程度的不同，其生产过程可以由一个车间或一个工厂完成，也可以由多个车间或工厂协作完成。

机械加工工艺过程是机械产品生产过程中的一部分，是直接生产过程，其原意是指采用金属切削刀具或磨具来加工工件，使之达到所要求的形状、尺寸、表面粗糙度和力学物理性能，成为合格零件的生产过程。由于制造技术的不断发展，现在所说的加工方法除切削和磨削外，还包括其他加工方法，如电加工、超声加工、电子束加工、离子束加工、激光束加工，以及化学加工等。

机械加工工艺过程由若干个工序组成。机械加工中的每一个工序又可依次细分为安装、工位、工步和走刀。

（1）工序。机械加工工艺过程中的工序是指一个（或一组）工人在同一个工作地点对一个（或同时对几个）工件连续完成的那一部分工艺过程。根据这一定义，只要工人、工作地点、工作对象（工件）之一发生变化或不是连续完成，则应称为另一个工序。因此，同一个零件、同样的加工内容，可以有不同的工序安排。

（2）安装。如果在一个工序中需要对工件进行几次装夹，则每次装夹下完成的那部分工序内容称为一个安装。

（3）工位。在工件的一次安装中，通过分度（或移位）装置，使工件相对于机床床身变换加工位置，则把每一个加工位置上的安装内容称为工位。在一个安装中，可能只有一个工位，也可能需要有几个工位。

（4）工步。加工表面、切削刀具、切削速度和进给量都不变的情况下所完成的工位内容，称为一个工步。

（5）走刀。切削刀具在加工表面上切削一次所完成的工步内容，称为一次走刀。一个工步可包括一次或数次走刀。当需要切去的金属层很厚，不可能在一次走刀下切完，则须分几次走刀。走刀次数又称行程次数。

4.2.2.2　机械加工工艺规程的设计

机械加工工艺规程是规定产品或零部件机械加工工艺过程和操作方法等的工艺文件,是一切有关生产人员都应严格执行、认真贯彻的纪律性文件。生产规模的大小、工艺水平的高低以及解决各种工艺问题的方法和手段,都要通过机械加工工艺规程来体现。因此,机械加工工艺规程设计是一项重要而又严肃的工作。它要求设计者必须具备丰富的生产实践经验和广博的机械制造工艺基础理论知识。经过审批确定下来的机械加工工艺规程不得随意变更,若要修改与补充,必须经过认真讨论和重新审批。

1) 设计机械加工工艺规程应遵循原则

(1) 可靠地保证零件图上所有技术要求的实现。在设计机械加工工艺规程时,如果发现图样上某一技术要求规定得不恰当,只能向有关部门提出建议,不得擅自修改图样,或不按图样上的要求去做。

(2) 必须能满足生产纲领的要求。

(3) 在满足技术要求和生产纲领要求的前提下,一般要求工艺成本最低。

(4) 尽量减轻工人的劳动强度,确保生产安全。

2) 机械加工工艺规程的设计步骤和包括内容

(1) 阅读装配图和零件图:了解产品的用途、性能和工作条件,熟悉零件在产品中的地位和作用。

(2) 工艺审查:图样上的尺寸、视图和技术要求是否完整、正确和统一;找出主要技术要求和分析关键的技术问题;审查零件的结构工艺性。

所谓零件的结构工艺性是指在满足使用要求的前提下,制造该零件的可行性和经济性。功能相同的零件,其结构工艺性可以有很大差异。所谓结构工艺性好,是指在一定的工艺条件下,既能方便制造,又有较低的制造成本。

(3) 熟悉或确定毛坯:确定毛坯的主要依据是零件在产品中的作用和生产纲领以及零件本身的结构。常用毛坯的种类有铸件、锻件、型材、焊接件和冲压件等。毛坯的选择通常由产品设计者来完成,工艺人员在设计机械加工工艺规程之前,首先要熟悉毛坯的特点。例如,对于铸件,应了解其分型面、浇口和铸钢件冒口的位置,以及铸件公差和起模斜度等。这些都是设计机械加工工艺规程时不可缺少的原始资料。毛坯的种类和质量与机械加工关系密切。例如,精密铸件、压铸件、精密锻件等,毛坯质量好,精度高,它们对保证加工质量、提高劳动生产率和降低机械加工工艺成本有重要作用。当然,这里所说的降低机械加工工艺成本是以提高毛坯制作成本为代价的。因此,在选择毛坯的时候,除了要考虑零件的作用、生产纲领和零件的结构以外,还必须综合考虑产品的制作成本和市场需求。

(4) 拟定机械加工工艺路线:这是制定机械加工工艺规程的核心。其主要内容有选择定位基准,确定加工方法,安排加工顺序,安排热处理、检验和其他工序等。

机械加工工艺路线的最终确定,一般要通过一定范围的论证,即通过对几条工艺路线的分析与比较,从中选出一条适合本厂条件的,确保加工质量、高效和低成本的最佳工艺路线。

(5) 确定满足各工序要求的工艺装备(包括机床、夹具、刀具和量具等):对需要改装或重新设计的专用工艺装备应提出具体设计任务书。

(6) 确定各主要工序的技术要求和检验方法。

(7) 确定各工序的加工余量,计算工序尺寸和公差。

(8) 确定切削用量。

(9) 确定时间定额。

(10) 填写工艺文件。

4.2.2.3 工艺路线的制定

1) 定位基准的选择

零件在加工前为毛坯,所有的面均为毛面,开始加工时只能选用毛面为基准,称之为粗基准。以后选已加工面为定位基准,称之为精基准。

(1) 粗基准的选择。其对零件的加工会产生重要的影响。在选择粗基准时,一般应遵循的原则为:

① 保证相互位置要求。如果必须保证工件上加工面与不加工面的相互位置要求,则应以不加工面作为粗基准。

② 保证加工面加工余量合理分配。如果必须首先保证工件某重要加工面的余量均匀,则应选择该加工面的毛坯面为粗基准。

③ 便于工件装夹。选择粗基准时,必须考虑定位准确、夹紧可靠以及夹具结构简单、操作方便等问题。为了保证定位准确、夹紧可靠,要求选用的粗基准尽可能平整、光洁,有足够大的尺寸,不允许有锻造飞边,铸造浇、冒口或其他缺陷。

④ 粗基准一般不得重复使用。如果能使用精基准定位,则粗基准一般不应被重复使用。这是因为,若毛坯的定位面很粗糙,在两次装夹中重复使用同一粗基准,就会造成相当大的定位误差(有时可达几毫米)。

在上述四条原则中,每一原则都只说明一个方面的问题。在实际应用中,划线找正装夹可以兼顾这四条原则,夹具装夹则不能同时兼顾。这就要根据具体情况,抓住主要矛盾,解决主要问题。

(2) 精基准的选择。选择精基准时要考虑的主要问题是如何保证设计技术要求的实现以及装夹准确、可靠和方便。为此,一般应遵循的五条原则为:

① 基准重合原则。应尽可能选择被加工面的设计基准为精基准,称为基准重合原则。在对加工面位置尺寸有决定作用的工序中,特别是当位置公差的值要求很小时,一般不应违反这一原则。否则就必然会产生基准不重合误差,增大加工难度。

② 统一基准原则。当工件以某一精基准定位时,可以比较方便地加工大多数(或所有)其他加工面,应尽早地把这个基准面加工出来,并达到一定精度,以后工序均以它为精基准加工其他加工面,称为统一基准原则。

③ 互为基准原则。某些位置度要求很高的表面,常采用互为基准反复加工的办法来达到位置度要求,称为互为基准原则。

④ 自为基准原则。旨在减小表面粗糙度值、减小加工余量和保证加工余量均匀的工序,常以加工面本身为基准进行加工,称为自为基准原则。

⑤ 便于装夹原则。所选择的精基准,应能保证定位准确、可靠,夹紧机构简单,操作方便,称为便于装夹原则。

在上述五条原则中,前四条都有它们各自的应用条件,唯有最后一条即便于装夹原则是始终不能违反的,在考虑工件如何定位的同时必须认真分析如何夹紧工件,遵循夹紧机构的设计原则。

2) 加工经济精度与加工方法的选择

（1）加工经济精度。各种加工方法（车、铣、刨、磨、钻、镗、铰等）所能达到的加工精度和表面粗糙度，都是有一定范围的。任何一种加工方法，只要精心操作、细心调整、选择合适的切削用量，其加工精度就可以得到提高，加工表面粗糙度值就可以减小。但是，随着加工精度的提高和表面粗糙度值的减小，所耗费的时间与成本也会随之增加。例如，在表面粗糙度 Ra 值小于 $0.4\,\mu m$ 的外圆加工中，通常用磨削加工方法而不用车削加工方法；对于表面粗糙度 Ra 值为 $1.6\sim25\,\mu m$ 的外圆加工，则多用车削加工方法而不用磨削加工方法，因为这时车削加工方法是比较经济的（图4-19）。实际上，每种加工方法都有一个加工经济精度的问题。

（a）车削加工　　　　　　　　　（b）磨削加工　　　　　　　　　（c）粗糙度对比样块

图4-19　车削加工与磨削加工及不同加工方式粗糙度对比

所谓加工经济精度是指在正常加工条件下（采用符合质量标准的设备、工艺装备和标准技术等级的工人，不延长加工时间）所能保证的加工精度和表面粗糙度。

（2）加工方法的选择。根据零件加工面（平面、外圆、孔、复杂曲面等）、零件材料和加工精度以及生产率要求，考虑工厂（或车间）现有工艺条件，考虑加工经济等因素，选择加工方法。如图4-20所示：①对于 $\phi50\,mm$ 的外圆零件，材料为45钢，尺寸公差等级是 IT6，表面粗糙度 Ra 值为 $0.8\,\mu m$，其终加工工序应选择磨削；②非铁金属材料宜选择切削，不宜选择磨削，因为非铁金属易堵塞砂轮工作面；③为了满足大批大量生产的需要，齿轮内孔通常多采用拉削方法加工。

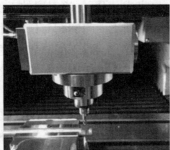

（a）轴类零件外圆磨削　　　　　（b）铝合金铣削加工　　　　　（c）内孔拉削加工

图4-20　不同加工方法

（3）机床的选择。一般来说，产品变换周期短，普通机床加工有困难或无法加工的复杂曲线、曲面，应选数控机床；产品基本不变的大批大量生产，宜选专用组合机床。由于数控机床特别是加工中心价格昂贵，因此在新购置设备时，还必须考虑企业的经济实力和投资的回收期限。无论是普通机床还是数控机床，它们的精度都有高、低之分。高精度机床与普通精度机床的价格相差很大,因此,应根据零件的精度要求,选择精度适中的机床。选择时,可查阅产品目录或有关手册来了解各种机床的精度。

对那些有特殊要求的加工面,例如,相对于工厂工艺条件来说,尺寸特别大或尺寸特别小、技术要求高、加工有困难,就需要考虑是否需要外协加工,或者增加投资、增添设备、开展必要的工艺研究,以扩大工艺能力、满足加工要求。

3)加工工艺顺序的安排

零件上的全部加工面应安排在一个合理的加工顺序中加工,这对保证零件质量、提高生产率、降低加工成本都至关重要。工艺顺序的安排原则为:

(1)先加工基准面,再加工其他表面。这条原则的两个含义为:①工艺路线开始安排的加工面应该是选作定位基准的精基准面,然后再以精基准定位,加工其他表面;②为了保证一定的定位精度,当加工面的精度要求很高时,精加工前一般应先精修一下精基准。

(2)一般情况下,先加工平面,后加工孔。这条原则的两个含义为:①当零件上有较大的平面可做定位基准时,可先加工出来做定位面,以面定位,加工孔。这样可以保证定位稳定、准确,装夹工件往往也比较方便。②在毛坯面上钻孔,容易使钻头引偏,若该平面需要加工,则应在钻孔之前先加工平面。

(3)先加工主要表面,后加工次要表面。这里所说的主要表面是指设计基准面和主要工作面,而次要表面是指键槽、螺纹孔等其他表面。次要表面和主要表面之间往往有相互位置要求。因此,一般要在主要表面达到一定的精度之后,再以主要表面定位加工次要表面。要注意的是,这里"后加工"的含义并不一定是整个工艺过程的最后。

(4)先安排粗加工工序,后安排精加工工序。对于精度和表面粗糙度要求较高的零件,其粗、精加工应该分开。

4)工序的集中与分散

同一个工件,同样的加工内容,可以安排两种不同形式的工艺规程:一种是工序集中,另一种是工序分散。所谓工序集中,是使每个工序中包括尽可能多的工步内容,因而使总的工序数目减少,夹具的数目和工件的安装次数也相应减少。所谓工序分散,是将工艺路线中的工步内容分散在更多的工序中去完成,因而每道工序的工步少,工艺路线长。

工序集中有利于保证各加工面间的相互位置精度要求,有利于采用高生产率机床,节省装夹工件的时间,减少工件的搬动次数;工序分散可使每个工序使用的设备和夹具比较简单,调整、对刀也比较容易,对操作工人的技术水平要求较低。由于工序集中和工序分散各有特点,所以在生产上都有应用。

传统的流水线、自动线生产多采用工序分散的组织形式(个别工序也有相对集中的形式,如对箱体类零件采用专用组合机床加工孔系)。这种组织形式可以实现高生产率生产,但是适应性较差,特别是那些工序相对集中、专用组合机床较多的生产线,转产比较困难。

采用数控机床(包括加工中心、柔性制造系统)以工序集中的形式组织生产,除了具有上述优点以外,生产适应性强,转产容易,特别适合于多品种、小批量生产的成组加工。

当对零件的加工精度要求比较高时,常需要把工艺过程划分为不同的加工阶段,在这种情况下,工序必然相对比较分散。

4.2.2.4 机械加工精度

机械加工精度是指零件加工后的实际几何参数(尺寸、形状和表面间的相互位置)与理想几何参数的符合程度。符合程度越高,加工精度就越高。在机械加工过程中,由于各种因素的影响,使得加工出的零件不可能与理想的要求完全符合。

加工误差是指加工后零件的实际几何参数(尺寸、形状和表面间的相互位置)对理想几何参数的偏离程度。从保证产品的使用性能分析,没有必要把每个零件都加工得绝对精确,可以允许有一定的加工误差。

加工精度和加工误差是从两个不同的角度来评定加工零件的几何参数,加工精度的低和高就是通过加工误差的大和小来表示的。所谓保证和提高加工精度,实际上就是限制和降低加工误差。

零件的加工精度包含三个方面:尺寸精度、形状精度和位置精度。这三者之间是有联系的。通常形状公差应限制在位置公差之内,而位置公差一般应限制在尺寸公差之内。当尺寸精度要求高时,相应的位置精度和形状精度也要求高。但形状精度要求高时,相应的位置精度和尺寸精度有时不一定要求高,这要根据零件的功能要求来决定。一般情况下,零件的加工精度越高则加工成本相对越高,生产效率则相对越低。因此,设计人员应根据零件的使用要求,合理规定零件的加工精度。工艺人员则应根据设计要求、生产条件等采取适当的工艺方法,以保证加工误差不超过允许范围,并在此前提下尽量提高生产效率和降低成本。

研究加工精度的目的,就是要弄清各种原始误差的物理、力学本质,以及它们对加工精度影响的规律,掌握控制加工误差的方法,以期获得预期的加工精度,并在需要时能找出进一步提高加工精度的途径。

4.2.3 工装原理与设计

工装,也称夹具或者工装夹具,是机械加工过程中用来固定和定位要加工的零件或毛坯件的装置。在机械加工中,不管工件采用何种制造方法,如增材制造、等材制造或减材制造,为了获得形状正确、精度符合要求的工件,都必须采用合适的、正确的工装,即工件相对机械加工设备必须具有准确的相对位置,并且在加工过程中不变形、不移位。

4.2.3.1 概述

机床夹具是机械加工工艺系统的一个重要组成部分,直接影响机械加工的质量、生产率和生产成本以及工人的劳动强度等。因此,机床夹具设计是机械加工工艺准备中的一项重要工作。

为保证工件某工序的加工要求,必须使工件在机床上相对刀具的切削或成型运动处于准确的相对位置。当用夹具装夹加工一批工件时,是通过夹具来实现这一要求的。而要实现这一要求,必须满足三个条件:①一批工件在夹具中占有正确的加工位置;②夹具在机床上占有准确位置;③刀具相对夹具占有准确位置。

工件定位以后必须通过一定的装置产生夹紧力把工件固定,使工件保持在准确定位的位置上,这种产生夹紧力的装置便是夹紧装置。

在机床上进行加工时,必须先把工件安装在准确的加工位置上,并将其可靠地固定,以确保工件在加工过程中不发生位置变化,这样才能保证加工出的表面达到规定的加工要求(尺寸、形状和位置精度),这个过程称作装夹。简而言之,确定工件在机床上或夹具中占有准确加工位置的过程称作定位;在工件定位后用外力将其固定,使其在加工过程中保持定位位置不变的操作称作夹紧。装夹就是定位和夹紧过程的总和。

4.2.3.2 工件定位的方法

工件在机床上的装夹方法主要有两种:用找正法装夹和用夹具装夹。

（1）用找正法装夹工件。指把工件直接放在机床工作台上、单动卡盘或机用虎钳等机床附件中，以工件的一个或几个表面为基准，用划针或指示表找正工件位置后再对其进行夹紧。或按加工要求进行加工面位置的划线工序，再按划出的线痕进行找正来实现装夹。这类装夹方法的劳动强度大、生产率低、对工人技术水平的要求高，定位精度较低，由于增加了划线工序，所以增加了生产成本。但由于只需使用通用性很好的机床附件和工具，该装夹方法适用于不同零件各种表面的装夹，特别适用于单件、小批量生产。

（2）用夹具装夹工件。指将工件安装在夹具中，直接得到准确加工位置的装夹方式。如图 4 - 21a 所示的一批工件，除键槽外其余各表面均已加工合格，现要求在立式铣床上铣出满

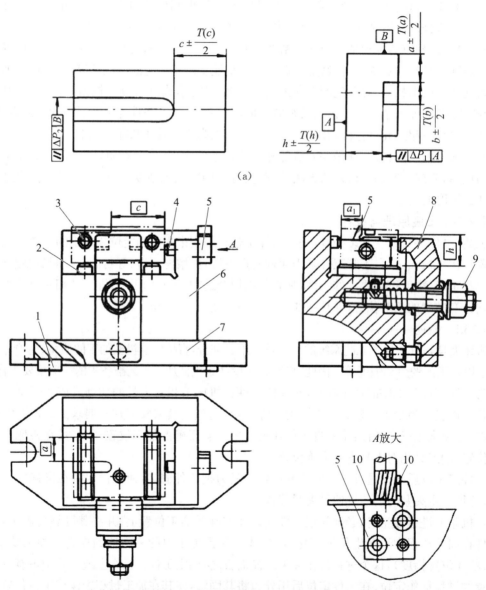

（a）

1—定位键；2—支撑板；3—齿纹顶支撑钉；4—平头支撑钉；5—侧装对刀块；
6—夹具底座；7—底板；8—螺旋压板；9—夹紧螺母；10—对刀塞尺

（b）

图 4 - 21　铣槽工序用的铣床夹具

足图示加工要求的键槽。采用图 4－21b 所示的夹具装夹，把工件直接放入夹具中去。工件的 A 面支撑在两支撑板 2 上；B 面支撑在两齿纹顶支撑钉 3 上，端面靠在平头支撑钉 4 上，这样就确定了工件在夹具中的位置，然后旋紧夹紧螺母 9 通过螺旋压板 8 把工件夹紧，即完成了工件的装夹过程。下一个工件进行加工时，夹具在机床上的位置不动，只需松开夹紧螺母 9 装卸工件即可。

4.2.3.3 夹具的基本组成与作用

1）夹具的组成

机床夹具一般由以下几部分组成：

（1）定位元件。用于确定工件在夹具中的位置，如图 4－21 中的支撑板 2、平头支撑钉 4 和齿纹顶支撑钉 3。

（2）夹紧装置。用于夹紧工件，如图中螺旋压板 8 和夹紧螺母 9 等组成的夹紧装置，将外力施加到工件上来克服切削力等外力作用，使工件保持在正确定位位置上不动。

（3）对刀元件和导引元件。用于确定刀具相对于夹具定位元件的位置，防止刀具在加工过程中产生偏斜，如图中的侧装对刀块 5。

（4）连接元件。用于确定夹具本身在工作台或机床主轴上的位置，如图中的定位键 1。

（5）其他装置或元件。如用于分度的分度元件、用于自动上下料的上下料装置等。

（6）夹具体。用于将夹具上的各种元件和装置连接成一个有机的整体，如图中的夹具底座 6。夹具体是夹具的基座和骨架。

定位元件、夹紧装置和夹具体是夹具的基本组成部分。

2）夹具的作用

夹具是机械加工中不可缺少的一种工艺装备，应用十分广泛。它能起到以下作用：

（1）保证稳定可靠地达到各项加工精度要求。

（2）缩短加工工时，提高劳动生产率。

（3）降低生产成本。

（4）减轻工人劳动强度。

（5）可由较低技术等级的工人进行加工。

（6）能扩大机床工艺范围。

4.2.3.4 夹具的分类

第一类夹具由机床附件厂或专门的工具制造厂制造，如三爪卡盘、四爪卡盘、顶尖、平口钳、分度头等。对它们只需要稍加调整或更换少量零件就可以用于装夹不同的工件，称之为通用夹具。可以用于大批量流水生产或单件小批生产，是使用最广泛的一类夹具。

第二类夹具是指为某工件的某工序专门设计和制造的夹具；或在小批生产及新产品试制时可由一套预先制造好的标准元件，根据被加工工件的需要组装成的组合夹具；或用于多品种小批量生产上，夹具零件可以更换的通用调整夹具或成组专用夹具，称之为专用夹具。

专门为某工件的某工序设计和制造的专用夹具，结构要比同样性能的通用夹具简单、紧凑且操作迅速方便，通常由使用厂自行设计和制造，设计和制造的周期较长，又因制造批量极少，所以有时成本较高。当产品变更时，往往又因无法使用而报废，因此这类专用夹具适用于产品固定的成批或大批流水生产中心。

4.2.3.5 夹具的定位

1）六点定位原理

一个没有受到任何约束的物体在空间中有六个自由度：沿 x、y、z 方向移动的三个自由度以及绕 3 个坐标轴转动的三个自由度。约束了物体的全部自由度，意味着它在空间中的位置就完全确定了。工人在装夹工件的时候，若工件在某一方向的位置具有确定性，则称工件在此方向的自由度被限制了；否则，就称工件在此方向具有自由度。

如图 4-22 所示，用六个定位支撑点与工件接触，并保证支撑点合理分布，每个定位支撑点限制工件的一个自由度，将工件六个自由度完全限制，工件在空间的位置也被唯一地确定。因此，要使工件完全定位，就必须限制工件在空间的六个自由度，即工件的"六点定位原理"。

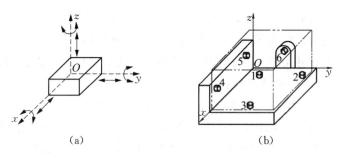

(a)　　　　　　　　　　　(b)

图 4-22　工件在空间的自由度

2）定位类型

（1）完全定位与不完全定位。工件定位时若六个自由度完全被限制，则称为完全定位。工件定位时，若六个自由度中有一个或几个自由度未被（也不需要）限制，则称为不完全定位。

工件定位时需要限制哪几个自由度，与工序的加工内容及要求、定位基面的形状有关。图 4-23a 所示在长方体工件上铣削上平面的工序，要求保证 z 方向上的高度尺寸以及上平面与底面的平行度，只需限制 x、y、z 三个转动自由度即可。而图 4-23b 所示为铣削一通槽，需限制除了 x 移动自由度外的其他五个自由度。图 4-23c 所示为在同样的长方体工件上铣削一个一定长度的键槽，在三个坐标轴的移动和转动方向上均有尺寸及相互位置的要求，因此，这种情况必须限制全部的六个自由度，即完全定位。

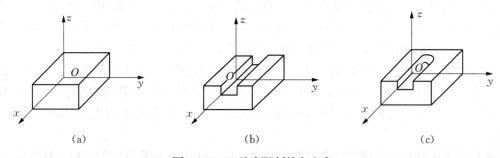

(a)　　　　　　　　　　(b)　　　　　　　　　　(c)

图 4-23　工件应限制的自由度

（2）欠定位与过定位。按照工艺要求应该限制自由度但未被限制的定位，称为欠定位。此时，工件的定位支撑点数少于应限制的自由度数。欠定位不能保证工件的正确安装位置，因此是不允许的。

如果工件的某一个自由度被定位元件重复限制,则称为过定位。过定位是否允许,要视具体情况而定。通常,如果工件的定位面经过机械加工,且形状、尺寸、位置精度均较高,则过定位是允许的。有时过定位不但是允许的,而且是必要的,因为合理的过定位不仅不会影响加工精度,还会起到加强工艺系统刚度和增加定位稳定性的作用。反之,如果工件的定位面是毛坯面,或虽经过机械加工,但加工精度不高,这时过定位一般是不允许的,因为它可能造成定位不准确或定位不稳定,或发生定位干涉等情况。

3) 常见的定位方式和定位元件

工件的定位表面有各种形式,如平面、外圆、内孔等,对于这些表面,总是采用一定结构的定位元件,以保证定位元件的定位面和工件定位基准面相接触或配合,实现工件的定位。

在切削加工中,利用工件上的一个或几个平面作为定位基面来定位工件的方式,称为平面定位。如箱体、机座、支架、板盘类零件等,多以平面为定位基准。所用的定位元件称为基本支承,包括固定支承、可调支承和自位支承。有些工件如套筒、法兰盘、拨叉等以孔作为定位基准,此时采用的定位元件有定位销、圆锥销、定位心轴等。工件以外圆柱面定位在生产中是常见的,如轴套类零件等,常用的定位元件有 V 形块、定位套、半圆定位座等。实际生产中工件的形状千变万化各不相同,往往要用几个定位元件组合起来同时定位工件的几个定位面,因此一个工件在夹具中的定位,实质上就是把各种定位元件做不同组合来定位工件相应的几个定位面,以达到工件在夹具中的定位要求,称之为组合定位。

4) 定位误差

按照定位基本原理进行夹具定位分析,重点是解决单个工件在夹具中占有准确加工位置的问题。但要使一批工件在夹具中占有准确加工位置,还必须对一批工件在夹具中定位时会不会产生误差进行分析计算,即做定位误差的分析与计算,计算的目的是依据所产生误差的大小,判断该定位方案能否保证加工要求,从而证明该定位方案的可行性。

夹具在设计、制造与使用中引起的各项有关误差称为夹具误差,它是工序加工误差的一个组成部分,对保证加工精度起着重要作用。而定位误差又是夹具误差的一个重要组成部分。因此,定位误差的大小往往成为评价一个夹具设计质量的重要指标。它也是合理选择定位方案的一个主要依据。根据定位误差分析计算的结果,便可看出影响定位误差的因素,从而找到减少定位误差和提高夹具工作精度的途径。

4.2.3.6　工件在夹具中的夹紧

工件的夹紧是指工件定位以后(或同时),需采用一定的装置把工件压紧、夹牢在定位元件上,使工件在加工过程中不会由于切削力、重力或惯性力等的作用而发生位置变化,以保证加工质量和生产安全。能完成夹紧功能的装置就是夹紧装置,通过夹紧机构将原始力转化为夹紧力。常见的夹紧机构有斜楔夹紧、螺旋夹紧、偏心夹紧等。

在考虑夹紧方案时,首先要确定的就是夹紧力的三要素,即夹紧力的方向、作用点和大小,然后再选择适当的传递方式及夹紧机构。

1) 夹紧装置的组成

(1) 动力装置(产生夹紧力)。机械加工过程中,要保证工件不离开定位时所占据的正确位置,就必须有足够的夹紧力来平衡切削力、惯性力、离心力及重力对工件的影响。夹紧力的来源有二:一是人力,二是某种动力装置。常用的动力装置有液压装置、气压装置、电磁装置、电动装置、气-液联动装置和真空装置等。

（2）夹紧机构（传递夹紧力）。要使动力装置所产生的力或人力正确地作用到工件上,需要有适当的传递机构。在工件夹紧过程中起力的传递作用的机构,称为夹紧机构。夹紧机构在传递力的过程中,能根据需要改变力的大小、方向和作用点。手动夹具的夹紧机构还应具有良好的自锁性能,以保证人力的作用停止后,仍能可靠地夹紧工件。

如图 4-24 所示是液压夹紧铣床夹具,其中液压缸 4、活塞 5、铰链臂 2 和压板 1 等组成铰链压板夹紧机构。

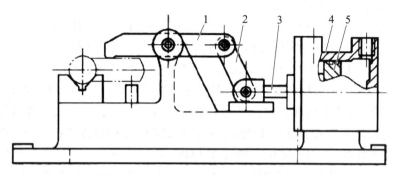

1—压板;2—铰链臂;3—活塞杆;4—液压缸;5—活塞
图 4-24　液压夹紧铣床夹具

2）对夹紧装置的基本要求

（1）夹紧过程中,夹紧装置不改变工件定位后所占据的正确位置。

（2）夹紧力的大小适当。同一批工件的夹紧力要稳定不变,既要保证工件在整个加工过程中的位置稳定不变、振动小,又要使工件不产生过大的夹紧变形。夹紧力稳定可减小夹紧误差。

（3）夹紧可靠,手动夹紧要能保证自锁。

（4）夹紧装置的复杂程度应与工件的生产纲领相适应。工件生产批量越大,允许设计越复杂、效率越高的夹紧装置。

（5）工艺性好,使用性好。其结构应力求简单,便于制造和维修。夹紧装置的操作应当方便、安全、省力。

4.2.3.7　夹具设计的基本步骤

机床夹具作为机床的辅助装置,其设计质量的好坏对零件的加工质量、效率、成本以及工人的劳动强度均有直接的影响,因此在进行机床夹具设计时,必须使加工质量、生产率、劳动条件和经济性等方面达到统一,其中保证加工质量是最基本的要求,应在满足加工要求的前提下,根据具体情况处理好生产率与劳动条件、生产率与经济性的关系。

为能设计出质量高、使用方便的夹具,在夹具设计时必须深入生产实际进行调查研究,掌握现场第一手资料,广泛征求操作者的意见,吸收国内外有关的先进经验,在此基础上拟出初步设计方案,经过充分论证,然后定出合理的方案进行具体设计。夹具设计的基本步骤可以概述如下：

1）研究原始资料,明确设计任务

为了明确设计任务,首先应分析研究工件的结构特点、材料、生产规模和本工序加工的技术要求以及前后工序的联系;然后了解加工所用设备、辅助工具中与设计夹具有关的技术性能和规格;了解工具车间的技术水平等。必要时还要了解同类工件的加工方法和所使用夹具的情况,作为设计的参考。

2) 确定夹具的结构方案,绘制结构草图

确定夹具的结构方案,主要考虑以下问题:

(1) 根据六点定位原理确定工件的定位方式,并设计相应的定位装置。

(2) 确定刀具的导引方法,并设计引导元件和对刀装置。

(3) 确定工件的夹紧方案并设计夹紧装置。

(4) 确定其他元件或装置的结构形式,如定向键、分度装置等。

(5) 考虑各种装置、元件的布局,确定夹具的总体结构。

(6) 对夹具的总体结构,最好考虑几个方案,然后经过分析比较,从中选取较合理的方案。

3) 绘制夹具总图

夹具总图应遵循国标绘制,图形大小的比例尽量取 1:1,使所绘制的夹具总图直观性好。总图中的视图应尽量少,但必须能清楚地反映出夹具的工作原理和结构,以及各种装置和元件的位置关系等。主视图应取操作者实际工作时的位置,以作为装配夹具时的依据并供使用时参考。

绘制总装图的顺序是:先用双点画线绘出工件的轮廓外形,示意出定位基准面和加工面的位置,然后把工件视为透明体,按照工件的形状和位置依次绘出定位、夹紧、导向及其他元件和装置的具体结构;最后绘制夹具体,形成一个夹具整体。

4) 确定并标注有关尺寸和夹具技术要求

在夹具总图上应标注:外形尺寸,必要的装配、检验尺寸及其公差,制定主要元件、装置之间的相互位置精度要求、装配调整的要求等。

5) 绘制夹具零件图

夹具中的非标准零件都必须绘制零件图。在确定这些零件的尺寸、公差和技术条件时,应注意使其满足夹具的总图要求。在夹具设计图样全部绘制完毕后,设计工作并不就此结束,因为所设计的夹具还有待于实践的验证,在试用后有时可能要把设计做必要的修改。因此设计人员应关心夹具的制造和装配过程,参与鉴定工作,并了解使用过程,以便发现问题及时改进,使之达到正确设计的要求,只有夹具经过使用验证合格后,才能算完成设计任务。

4.2.4 制造过程质量管理

产品质量是企业的生命,在现代社会中,质量已成为越来越重大的战略问题。在产品的生产制造过程中,只有不断改进质量,降低成本,提高效率,快速、低成本地生产出优质产品,并提供优质服务,才能使顾客满意、赢得信任,扩大市场份额,企业才能更好地生存和发展。因此,提高质量的意义重大,过程质量管理必然成为制造企业管理的重要环节。

4.2.4.1 质量管理的发展历程

在过去的一个世纪里,质量管理发展经历了质量检验阶段、统计质量控制阶段、全面质量管理阶段这三大阶段,人们对质量的认识也不断变化和发展。

1) 质量检验阶段

20 世纪初,美国出现了以泰勒为代表的"科学管理"运动。科学管理提出在人员中进行科学分工,并将计划职能与执行职能分开,中间再加一个检验环节,以监督、检查对计划、设计、产品标准等项目的贯彻执行。这样,质量检验机构就独立出来。后来,这一职能又由工长转移到专职检验人员,由专职检验部门实施质量检验,称为"检验员的质量管理"。

质量检验是在成品中挑出废品,以保证出厂商品质量。但这种事后检验把关,无法在生产过程中起到预防、控制的作用。废品已成事实,很难补救,且百分之百的检验增加了检验费用。生产规模进一步扩大,在大批量生产的情况下,其弊端就凸显出来。

质量检验阶段从操作者质量管理发展到检验员质量管理,对提高产品质量有很大的促进作用。但随着社会科技、文化和生产力的发展,显露出质量检验阶段存在的许多不足,如事后检验、全数检验、破坏性检验等。

2) 统计质量控制阶段

质量检验阶段存在的不足引起了人们的关注,一些质量管理专家、数学家开始注意质量检验中的缺点,并设法运用数理统计原理解决这些问题。

20 世纪 20 年代,美国电报电话公司贝尔实验室成立了两个研究组:一个是工序控制组,该组提出"事先控制,预防废品"的观念,发明具有可操作性的质量控制图,出版了《加工产品品质的经济控制》(*Economic Control of Quality of Manufactured Products*)一书。另一个是产品控制组,该组提出产品检查容许不合格品率的概念及抽样方案,后又提出平均检出质量极限的概念及其抽样方案。1944 年,道其-罗米格抽样方案(Dodge-Roming Sampling Plans)正式公布,道奇(H. F. Dodge)和罗米格(H. G. Romig)两人提出抽样的概念和抽样方法,并设计抽样检验表,用于解决全数检验和破坏性检验带来的问题。

20 世纪 40 年代,美国制定了三个战时质量控制标准:AWSZ1. 1—1941 质量控制指南、AWSZ1. 2—19421 数据分析用控制图法、AWSZ1. 3—1942 工序控制图法。20 世纪 40 年代起,戴明博士把统计质量控制方法传播到日本企业,对日本的质量管理者做出了巨大贡献。

从质量检验阶段发展到统计质量控制阶段,质量管理理论和实践都发生了飞跃,从事后把关变为预先控制,并很好地解决了全数检验和破坏性检验带来的问题。被人们称为"统计质量控制之父"的沃特·阿曼德·休哈特(Walter A. Shewhart)认为,产品质量不是检验出来的,而是生产出来的,这说明了过程质量控制的重要性。但是由于过多强调统计方法的作用,忽视了其他方法和组织管理对质量的影响,被人们误认为质量管理就是统计方法,而且这种方法又高深莫测,让人们望而生畏,质量管理成了统计学家的事情,这限制了统计方法的推广发展,也限制了质量管理的范畴(将质量的控制和管理局限在制造和检验部门)。

3) 全面质量管理阶段

全面质量管理(total quality control,TQC)是指导和控制组织与质量有关的彼此协调的活动。全面质量管理的一个重要特点就是管理的全面性,即它是全面质量的管理、全过程的质量管理、全员性的质量管理、综合性的质量管理。

20 世纪 50 年代以来,生产力迅速发展,科学技术日新月异。质量管理专家发现,仅依靠质量检验和运用统计方法难以保证和提高商品质量,这促使全面质量管理理论逐步形成。最早提出全面质量管理概念的是美国通用电气公司质量经理菲根鲍姆(Feigenbaum)。1961 年,他出版了《全面质量管理》(*Total Quality Control*)一书,该书指出全面质量管理是,为能在最经济的水平上并考虑充分满足用户需求的条件下进行的市场研究、设计、生产和服务,把各企业各部门的研制质量、维持质量和提高质量的活动构成一体的有效体系。

同一时期,约瑟夫·M.朱兰(Joseph M. Juran,简称"朱兰")提出全面质量管理有三个环节:质量策划、质量控制和质量改进。朱兰被誉为质量领域的"首席建筑师",在 70 多年的质量管理生涯中,他从企业主管、政府官员、大学教授、公司董事、管理咨询师等诸多角色中积累了丰富的经验,对战后的经济复兴和质量革命的推动起到巨大的促进作用,同时也为世界质量管理的理念拓展和方法论做出巨大贡献。朱兰关于质量方面的著作已被翻译成 20 多种文字,为全球数以百万计的人员所传阅。

20 世纪 60 年代以来,菲根鲍姆和朱兰的全面质量管理概念逐步被世界各国接受。其中,日本在推进全面质量管理过程中做出了创新探索,提出开展质量控制(quality control,QC)小组活动,使质量管理工作扎根于员工之中,使其具有广泛的群众基础,并且提出质量改进七种工具。这些方法对质量管理的发展做出了卓越贡献,在世界各国得到广泛推广。下面介绍全面质量管理的理念与特点。

4.2.4.2 全面质量管理

全面质量管理是工业企业发动全体职工,运用各种管理技术、专业技术以及各种计算手段与方法,通过生产全过程、全因素的控制,保证用最经济方法生产出用户满意的优质品的一套科学管理技术,也是工业企业为保证与提高产品质量的管理活动体系。

1) 全面质量管理的特点

全面质量管理的定义是:一个组织以质量为中心,以全员参与为基础,目的在于通过让顾客满意和本组织所有成员及社会受益而达到长期成功的管理途径。根据中国质量管理协会的定义,工业企业全面质量管理的实质是指"企业全体职工及有关部门同心协力,综合运用管理技术、专业技术和科学方法,经济地开发、研制、生产和销售用户满意产品的管理活动"过程的总称。全面质量管理的特点包括以下 4 个方面:

(1) 全面质量管理内容的全面性。主要表现在不仅要管好产品质量,还要管好产品质量赖以形成的工程质量、工作质量。

(2) 全面质量管理范围的全面性。主要表现在包括产品研究、开发、设计、制造、辅助生产、供应、销售服务等全过程的质量管理。它指明了质量管理的宗旨是经济地开发、研制、生产和销售用户满意的产品。

(3) 全面质量管理参加管理人员的全面性。主要表现在这项管理是要由企业全体人员参与的全员质量管理。它阐明了质量管理的基础是由企业全体员工牢固树立的质量意识、责任感、积极性构成的。

(4) 全面质量管理方法的全面性。主要表现在根据不同情况和影响因素,采取多种多样的管理技术和方法,包括科学的组织工作、数理统计方法的应用、先进的科学技术手段和技术措施等。它强调全面质量管理的手段是综合运用管理技术、专业技术和科学方法,而不是单纯只靠检测技术或统计技术。

全面质量管理是从质量管理的共性出发,对质量管理工作的实质内容进行科学的分析、综合、抽象和概括,从中探索质量管理的客观规律性,以指导人们在开展质量管理工作时按客观规律办事。它是现代企业管理的中心环节,是进行质量管理的有效方法。

2) "三全一多样"管理理念

传统质量管理认为,质量管理是企业生产部门和质量检验部门的工作,重点应放在生产过程的管理,特别是工艺管理以及产品质量检验上,把质量管理委托给质量经理去管理。全面质量管理就是要在"全"字上做文章,要树立"三全一多样"管理的理念。

(1) 全面的质量管理。既然质量管理的目标是满足用户要求,用户不但要求物美,而且要求价廉、按期交货和服务及时周到等。"质量"的概念突破了原先只局限于产品质量的框框,提出了全方位质量的概念,所以全面质量管理的"质量",是一个广义的质量概念。它不仅包括一般的质量特性,而且包括工作质量和服务质量;不仅包括产品质量,而且包括企业的服务质量。所以,全面质量管理就是对产品质量、工程质量、工作质量和服务质量的管理。要保证产品质量、工程质量、服务质量,则必须保证工作质量,以达到预防和减少不合格品、不合格工程及提高服务水平的目的,即做到价格便宜、供货及时、服务优良等,以满足用户各方面的合理要求。

(2) 全过程的质量管理。全过程主要是指产品的设计过程、制造过程、辅助过程和使用过程。全过程的质量管理,就是指对上述各个过程的有关质量进行管理。设计过程中的质量管理,包括从市场调查开始,经过研制、设计、试制,一直到正式投入生产时为止这一段时间内有关质量的所有管理工作。这一过程对于产品质量具有方针性、决定性和先天性的重要意义。

(3) 全员参与的质量管理。产品质量是工作质量的反映,企业中的每一个部门、每一个生产车间以及每一位员工的工作质量都必然直接或间接地影响到产品的质量,而且现代企业的生产过程十分复杂,前后工序、车间之间相互影响和制约,仅靠少数人设关卡保质量是不能真正解决问题的。所以,全面质量管理的另一个重要特点是,要求企业全体人员都必须为提高产品质量尽职尽责。只有这样,生产优质产品才有可靠的保证。因此,全员性、群众性是科学质量管理的客观要求。

(4) 多种多样方法的质量管理。质量管理采用的方法是全面而多种多样的,它是由多种管理技术与科学方法所组成的。科学技术的发展对质量管理提出了更高的要求,进而推动质量管理向科学化、现代化发展。在质量管理过程中应自觉地利用先进的科学技术和管理方法,应用排列图、因果图、直方图、控制图、数理统计、正交试验等技术来分析各部门的工作质量,找出产品质量存在的问题及其关键的影响因素,从而有效地控制生产过程的质量,达到提高产品质量的目的。

从统计质量控制阶段发展到全面质量管理阶段,是质量管理工作的一个新的飞跃。全面质量管理活动的兴起标志着质量管理进入了一个新的阶段,它使质量管理更加完善,成为一种新的科学化管理技术。随着对全面质量管理认识的不断深化,人们认识到全面质量管理实际上是一种以质量为核心的经营管理,可以称之为质量经营。

4.2.4.3 企业资源管理

制造业中存在着一些难解而又必须解决的问题,被称为制造业悖论。通常人们认为,低成本和高质量是不可兼得的。高质量产品的获得,必然伴随着高成本的付出。如何在保障高质量的同时实现低成本,成为困扰制造业管理者的一个难题。类似的问题还有很多,例如市场需求是多变的,但是人们总希望生产计划和活动是稳定的。生产计划已经安排好,但是突然接到了紧急订单,对客户订单的承诺也往往难以兑现。那么,能够做到以相对稳定的生产计划和活动来应对多变的市场需求吗?

很多企业中,一方面仓库里积压着价值几千万元的库存,而另一方面在生产过程中却又经常面临物料短缺。那么,能够做到既没有库存积压又不会发生物料短缺吗?

企业为了实现经营目标,通常会设立许多不同的职能部门,然而它们之间又往往存在着相互矛盾的问题。例如,企业可能拥有卓越的销售人员销售产品,但是生产线上的工人却没有办法如期交货;车间管理人员抱怨说采购部分没有及时供应他们所需的原料,但实际上采购部分效率过高,仓库里囤积的某些物料数年都用不完,并且因此导致仓库库位饱和、资金周转较慢;许多公司要用 6~13 周的时间,才能计算出所需的物料数量,因此订货周期只能为 6~

13 周;订货单、采购单上的日期和缺料单上的日期都不相同,没有一个是确定的;财务部门不相信仓库部门的数据,不以它来计算制造成本……那么,能够使企业各个职能部门以统一的观点和信息标准来考虑和处理问题吗?

如何消除以上问题呢? 一个以计算机为工具的有效的计划与控制系统是绝对必要的,企业资源计划/管理(Enterprise Resources Planning, ERP)就是这样的计划与控制系统。ERP是由美国 Gartner Group 于 1990 年提出来的一种管理理念。它是以不断发展的信息技术条件下的企业管理方式 MRP Ⅱ 为基础的。ERP 是为了适应当前知识经济时代的特征——顾客(customer)、竞争(competition)、变化(change),整合了企业内部和外部的所有资源,使用信息技术,建立起来的面向供应链的管理工具。

ERP 对企业的业务流程进行了重新定义,用新经济时代的"流程制"取代了旧经济时代的"科层制"管理模式,建立了以顾客和员工为核心的管理理念。其借助信息技术,使企业的大量基础数据共享,以信息代替库存,最大限度地降低库存成本和风险,并借助计算机,对这些基础数据进行查询和统计分析,提高决策的速度和准确率,体现了事先预测与计划、事中控制、事后统计与分析的管理思想。因此,通常从管理思想、管理软件和管理系统三个层面对 ERP 给出定义:

(1) ERP 是一种管理思想,它是由 Gartner Group 提出了一整套企业管理系统体系标准,其实质是在 MRP Ⅱ 的基础上进一步发展而成的面向供应链(supply chain)的管理思想。

(2) ERP 也是管理软件,是综合应用了 client/server 体系、关系数据库结构、面向对象技术、图形用户界面、第四代语言、网络通信等信息产业成果,以 ERP 管理思想为灵魂的软件产品。

(3) ERP 同时是一种管理系统,是整合了企业管理理念、业务流程、基础数据、人力和物力、计算机硬件和软件于一体的企业资源管理系统。

概括地说,ERP 是建立在信息技术基础上,利用现代企业的先进管理思想,全面集成了企业所有资源信息,为企业提供决策、计划、控制与经营业绩评估的全方位和系统化的管理平台。

4.3　前沿技术与发展趋势

4.3.1　柔性智能制造

随着社会的进步和生活水平的提高,社会对产品多样化、满足更多个性化生产需求日趋迫切,传统的制造技术已不能满足市场对多品种小批量、更具特色符合顾客个人要求样式和功能的产品的需求。由于市场差异化的要求,对生产线的要求越来越高。工业化流程讲究的是效率和批量化,但要满足个性化需要,就要靠柔性生产线。2019 年 9 月,工业和信息化部出台的《关于促进制造业产品和服务质量提升的实施意见》指出,鼓励企业技术创新,开展个性化定制、柔性生产,丰富产品种类,满足差异化消费需求。2019 年 11 月,国家发展改革委等 15 部门联合印发《关于推动先进制造业和现代服务业深度融合发展的实施意见》,其中要求推广柔性化定制。通过体验互动、在线设计等方式,增强定制设计能力,加强零件标准化、配件精细化、部件模块化管理,实现以用户为中心的定制和按需灵活生产。

事实上,消费需求的变化正在倒逼生产商和服务商改变传统模式,逐渐走向以消费者为导向的创新型道路,柔性、快速反应的供应链正在成为企业竞争力之一。

4.3.1.1　智能制造柔性的内涵

精益生产能够让资产、设备、投资发挥最大的作用。柔性化则是将专用资产更加通用化,进一步将产品的粗略折旧变成生命周期的精准折旧计算。在智能化发展的拐点，以非标准化（即非标准化设备/工艺/流程/产线等的标准化成果）作为底层支持，进一步优化质量、生产效率。数字化，能够大幅缩短产品交付周期，使新产品质量提前得到验证，稳定快速上市，使投资迅速产出价值。

4.3.1.2 智能制造柔性的划分

柔性制造技术是对各种不同形状加工对象实现程序化柔性制造加工的各种技术的总和。柔性制造技术是技术密集型的技术群，本书作者认为凡是侧重于柔性，适应于多品种、中小批量（包括单件产品）的加工技术都属于柔性制造技术。目前按规模大小对柔性制造划分如下：

1）柔性制造系统

关于柔性制造系统（flexible manufacturing system，FMS）的定义很多，权威性的定义有如下几种：

美国国家标准局把 FMS 定义为："由一个传输系统联系起来的一些设备，传输装置把工件放在其他联结装置上送到各加工设备，使工件加工准确、迅速和自动化。中央计算机控制机床和传输系统，柔性制造系统有时可同时加工几种不同的零件。"

国际生产工程研究协会指出："柔性制造系统是一个自动化的生产制造系统，在最少人的干预下，能够生产任何范围的产品族，系统的柔性通常受到系统设计时所考虑产品族的限制。"

中国国家军用标准则定义为："柔性制造系统是由数控加工设备、物料运储装置和计算机控制系统组成的自动化制造系统，它包括多个柔性制造单元，能根据制造任务或生产环境的变化迅速进行调整，适用于多品种、中小批量生产。"

简单地说，FMS 是由若干数控设备、物料储运装置和计算机控制系统组成的，并能根据制造任务和生产品种变化而迅速进行调整的自动化制造系统。常见的组成通常包括 4 台或更多台全自动数控机床（加工中心与车削中心等），由集中的控制系统及物料搬运系统连接起来，可在不停机的情况下实现多品种、中小批量的加工及管理。目前反映工厂整体水平的 FMS 是第一代 FMS，日本从 1991 年开始实施的"智能制造系统"（IMS）国际性开发项目，属于第二代 FMS。

2）柔性制造单元

柔性制造单元（flexible manufacturing cell，FMC）问世并在生产中使用比 FMS 晚 6～8 年，FMC 可视为一个规模最小的 FMS，是 FMS 向廉价化及小型化方向发展的一种产物，它由 1～2 台加工中心、工业机器人、数控机床及物料运送存储设备构成，其特点是实现单机柔性化及自动化，具有适应加工多品种产品的灵活性。目前 FMC 已进入普及应用阶段。

3）柔性加工自动线

柔性加工自动线（flexible machine line，FML）是处于单一或少品种大批量非柔性自动线与中小批量多品种 FMS 之间的生产线。其加工设备可以是通用的加工中心、CNC 机床；亦可采用专用机床或 NC 专用机床，对物料搬运系统柔性的要求低于 FMS，但生产率更高。它是以离散型生产中的柔性制造系统和连续生产过程中的分散型控制系统为代表，其特点是实现生产线柔性化及自动化，其技术已日臻成熟，目前已进入实用化阶段。

4）柔性制造工厂

柔性制造工厂（flexible manufacturing factory，FMF）是将多条 FMS 连接起来，配以自动

化立体仓库,用计算机系统进行联系,采用从订货、设计、加工、装配、检验、运送至发货的完整流程。它包括 CAD/CAM,并使计算机集成制造系统投入生产,实现生产系统柔性化及自动化,进而实现全厂范围的生产管理、产品加工及物料储运进程的全盘化。FMF 是自动化生产的最高水平,反映了世界上最先进的自动化应用技术。它是将制造、产品开发及经营管理的自动化连成一个整体,以信息流控制物质流的智能制造系统为代表,其特点是实现工厂柔性化及自动化。

4.3.1.3 智能制造柔性的关键技术

1)计算机辅助设计

未来 CAD 技术发展将会引入专家系统,使之具有智能化,可处理各种复杂的问题。当前设计技术最新的一个突破是光敏立体成型技术,该项新技术是直接利用 CAD 数据,通过计算机控制的激光扫描系统,将三维数字模型分成若干层二维片状图形,并按二维片状图形对池内的光敏树脂液面进行光学扫描,被扫描到的液面则变成固化塑料,如此循环操作,逐层扫描成型,并自动地将分层成型的各片状固化塑料黏合在一起,仅需确定数据,数小时内便可制出精确的原型。它有助于加快开发新产品和研制新结构的速度。

2)模糊控制技术

模糊数学的实际应用是模糊控制器。最近开发出的高性能模糊控制器具有自学习功能,可在控制过程中不断获取新的信息并自动地对控制量做调整,使系统性能大为改善,其中尤其以基于人工神经网络的自学方法更是引起人们极大的关注。

3)人工智能、专家系统及智能传感器技术

截至目前,柔性制造技术中所采用的人工智能大多是指基于规则的专家系统。专家系统利用专家知识和推理规则进行推理,求解各类问题(如解释、预测、诊断、查找故障、设计、计划、监视、修复、命令及控制等)。由于专家系统能简便地将各种事实及经验验证过的理论与通过经验获得的知识相结合,因而专家系统为柔性制造的诸方面工作增强了柔性。展望未来,以知识密集为特征、以知识处理为手段的人工智能(包括专家系统)技术必将在柔性制造业(尤其智能型)中起到日趋重要的关键性作用。目前用于柔性制造中的各种技术,预计最有发展前途的仍是人工智能。到 21 世纪初,人工智能在柔性制造技术中的应用规模比之前约大 4 倍。智能制造技术旨在将人工智能融入制造过程的各个环节,借助模拟专家的智能活动,取代或延伸制造环境中人的部分脑力劳动。在制造过程中,系统能自动监测其运行状态,在受到外界或内部激励时能自动调节其参数,以达到最佳工作状态,具备自组织能力。故智能制造技术被称为21 世纪的制造技术。对未来智能化柔性制造技术具有重要意义的一个正在急速发展的领域是智能传感器技术。该项技术是伴随计算机应用技术和人工智能而产生的,它使传感器具有内在的"决策"功能。

4)人工神经网络技术

人工神经网络(artificial neural network,ANN)是模拟智能生物的神经网络对信息进行并处理的一种方法。故人工神经网络也就是一种人工智能工具。在自动控制领域,神经网络将并列于专家系统和模糊控制系统,成为现代自动化系统中的一个组成部分。

4.3.1.4 智能制造柔性的应用案例

1)吉利的多个车型共线随机生产

在吉利马来西亚宝腾工厂,广州明珞装备股份有限公司承接的线体中,包括了 70 余台机器人,自动化程度达 80% 以上。在这个项目中,明珞总拼系统可以满足 7 个车型共线随机生产(图 4-25)。经过明珞的柔性总拼系统改造后,多个车型都能从一条生产线下线,而最多的时候,该柔性生产线能满足生产 11 个车型的要求。

明珞依托数字化技术手段和信息化管理体系,所提出的柔性化、智能化的产品和解决方案,从逐步实现小批量低成本柔性智能生产,走向以共性技术、共性管理方式为制造业转型赋能,从汽车装备业的改造迈向更广阔的大装备行业的应用。

图 4-25 吉利多车型共线随机生产

2) 三一重工的个性多元

三一重工为国家首批智能制造试点示范企业之一,其位于湖南省长沙市"18 号工厂"的智能化制造车间,实现了生产中人、设备、物料、工艺等各要素的柔性融合。两条总装配线,可以实现 69 种产品的混装柔性生产;在 10 万 m^2 的车间里,每一条生产线可以同时混装生产 30 多种机械设备,马力全开可支撑 300 亿元的产值(图 4-26)。

图 4-26 三一重工的个性多元生产

按照传统生产模式,一条生产线只能生产一个或几个规格的产品,而在智能生产线上,可根据订单要求的不同,同时上线生产不同的产品。

厂房的整个柔性制造生产系统包含了大量数据信息,包括用户需求、产品信息、设备信息及生产计划,依托工业互联网络将这些大数据联结起来并通过三一的 MOM(制造运营管理)系统处理,制定最合适的生产方案,最优地分配各种制造资源。

采用柔性化布局方式,从机器人采购到后期安装加工,只用了 45 天就完成了生产线的柔性化改造。更重要的是,这仅仅是对生产线进行了柔性化改造,没有增加一条生产线,就实现了产能提高。

3) 行业跨界的转产

2021 年,受新冠肺炎疫情影响,口罩、防护服、护目镜等防护品缺口大,考验着供应链的应变能力,众多工厂借力大数据与物联网,快速完成产线切换,转产口罩和防护服等抗疫物资,柔性制造再次成为行业关注的热点(图 4 - 27)。这些亮眼成绩的背后,除了原有厂家密集排产之外,通过柔性方式实现跨界转产的力量贡献很大。事实上,疫情冲击下能够快速完成产线切换或者快速调整战略的企业,大多拥有先进的自动化、数字化、智能化水平,其背后都蕴藏了“柔性生产”的能力。

图 4 - 27　行业跨界的转产

从广义而论,智能制造是一个大概念,而柔性制造是智能制造的重要内容之一。正如王耀南院士所指出的,智能制造的一大特点是“有柔性”。通过柔性制造在内的智能制造的发展,将给制造业带来革命性的变化,成为制造业未来发展的驱动力。

4.3.2　增减材复合制造

4.3.2.1　增材制造技术及原理

增材制造(additive manufacturing, AM)技术是近年来制造业不可或缺的热门技术,是我国发展强国之路的重要基石。作为新兴制造技术,增材制造技术在全球制造业中具有巨大的发展潜力。它是基于三维 CAD 模型数据,采用材料逐层累加的方法制造实体零件的技术,相比传统的材料去除(subtractive manufacturing, SM)技术,它是一种“自下而上”的材料累加制造方法。增材制造技术突破了传统加工技术的局限性,能够更好地满足制造需求,使设计、制造具有更高的自由度,更好地应用于生产制造中。它实现了从简单零件低效成型到复杂构件高效成型的转变,能够从航空航天、船舶、医疗领域等高精度高标准要求出发,转变传统制造模式,使得构件成型面向制造的设计转变为面向功能的制造设计,这就为各领域提供了更具有创新的设计方向,从而制造出高精度、功能性强的复杂构件,实现制造的高质量、高效率的发展。

增材成型技术作为先进制造工艺,相比传统加工技术,在成型周期、制造成本以及成型质量等多方面有巨大优势,因此在军事、航空航天、生物医疗等领域中应用非常广泛,也是各大高校和科研机构的研究热点。尤其是在航空航天领域,金属部件较为复杂、难加工并且对其成型精度以及质量要求极高,传统的铸造等加工技术难以满足,存在一定的局限性,激光选区熔化(selective laser melting, SLM)成型技术就是最有潜力的金属增材成型技术之一。

SLM 成型技术是一种典型的增材制造技术,其原理如图 4-28 所示。该技术通过激光热源将金属粉末熔融形成熔覆层,并经散热凝固成具有复杂的三维结构的高性能金属部件。它是在传统堆焊技术的基础上发展起来的,利用激光和电子束高能量热源将金属粉末熔化,采用逐层熔覆沉积制造出具有复杂三维结构的高性能金属部件,所得的金属部件具有较低的孔隙率和良好的力学性能。其成型思路赋予增材制造灵活、高效、高材料利用率的特点,可实现复杂结构的直接成型,为难加工材料提供一种新的加工方法。

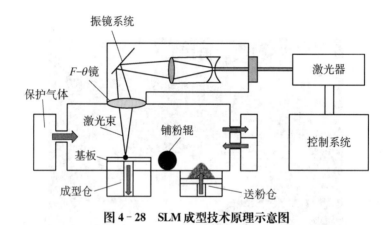

图 4-28　SLM 成型技术原理示意图

4.3.2.2　增材、减材制造技术对比

增材和减材制造都有各自的优势,但也具有各自的缺点,见表 4-1。增减材复合制造通

表 4-1　增材和减材制造优缺点对比

项　目	优　　　点	缺　　　点
增材制造	① 可生产形状结构复杂及功能梯度弥散的零件 ② 设计和制作过程周期较短,生产工序简便 ③ 材料使用率高,材料消耗大幅降低,降低了生产成本 ④ 可以得到力学特性更优良的零部件,零件的力学特性高于传统铸造 ⑤ 可以实现个性化定制性要求,无需磨具,制造周期较短	① 表面质量还有所欠缺,几何精度也不够,往往需要后期加工,可以通过减少或降低在增材加工过程中所形成的残余热应力分析来提高表面质量,并进一步提高几何精度 ② 对于较复杂的内模腔零件加工要求,增材后往往无法及时对内腔进行加工处理,无法满足零件使用要求

（续表）

项目	优 点	缺 点
减材制造	① 适合结构简单的部件,满足批量化生产 ② 粗加工精度较高,后处理选择更便宜 ③ 可选择材质类型较广,成品性能更接近产品级别,如铝合金、PA 塑料、有机玻璃	① 对于复杂度较高、几何精度高的零件仍然是很难加工的 ② 加工时间长且成本高

过发挥两者各自的优势、降低各自的局限性,突破传统加工条件对结构设计的限制,大大缩短了研发周期,保证了零件的质量和精度,在制造领域得到了广泛的关注。这种复合制造技术利用了独立技术的优势,通过数控技术加工实现零件质量,显著降低资源消耗和材料浪费以及对环境的影响。目前许多研究已经成功地将增材和减材相结合,用于制造具有良好精度的复杂零件、工具或重要部件的处理和再制造。

4.3.2.3　增减材复合制造原理

增减材复合制造(additive/subtractive hybrid manufacturing, ASHM)是将增材制造和减材加工集成在一起的新型制造技术。其原理如图 4 - 29 所示,成型材料被激光等高能束熔融沉积一层或多层后(图 4 - 29a),再及时利用传统的 SM 技术(铣削和钻削等)对零件进行加工(图 4 - 29b), AM 和 SM 交替进行(图 4 - 29c、d),最终零件按照设计尺寸被加工完成(图 4 - 29e)。单独 AM 加工的零件因台阶效应的影响表面质量差,尺寸精度低,一般不能直接使用,后续还需要经过 SM 技术来满足设计精度的要求,这也是限制 AM 应用的原因之一。而 ASHM 将两者结合,是一个将计算机控制的材料容积与 SM 加工交替进行的过程,因此可以利用 SM 技术来去除 AM 带来的台阶效应影响,保证零件尺寸精度和表面质量的要求。ASHM 吸取两者的优点,解决了单独增材制造零件的表面质量问题和传统减材加工的复杂结构成型能力问题。

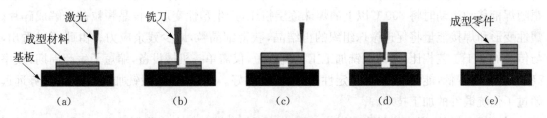

图 4 - 29　增减材复合制造原理示意图

增材制造技术又被称为三维(3D)打印或快速成型,是一种离散加工技术,可以通过数字化手段实现材料的三维堆积,其高柔性的特点非常适合用来制作几何形状复杂的零件;该技术以数字化模型为基础,利用粉体金属、塑料等可黏合的材料,将物体的三维模型切割成多层薄片,通过逐层加工来实现二维到三维的堆叠成型。增材制造技术因基本原理、设备结构和成型材料的不同,成型方法也层出不穷。根据目前的市场需求,广泛应用的增材制造方法主要包括以下几类:选择性激光烧结(selective laser sintering, SLS);熔融沉积制造(fused deposition modeling, FDM);三维印刷(three dimension printing, 3DP);光固化成型(stereo lithography apparatus, SLA);轮廓失效快速成型(profile invalidation rapid prototyping, PIRP)。

4.3.2.4　ASHM关键技术分类

利用 ASHM 技术，网格结构件、内部随形冷却流道等复杂零件都可以被加工出来，还可以减少部件的组装零件数量，将原本由多个零件组成的部件简化为几个甚至一个零件，这样可以减小甚至消除复杂形状部件的装配累积误差。增减材复合制造可以显著减轻结构重量，扩展设计和制造的想象空间，不再拘泥于传统减材加工技术和单纯的增材制造技术，有利于发展全新的设计原理、加工技术、质量与精度控制方法。

在复合制造加工中，增材制造与材料去除工艺（铣削和车削）相结合。增材制造提供了接近净形的零件，而按顺序层间隔的加工提供了更好的表面粗糙度和更好的几何精度。增材制造工艺与机械加工相结合的技术包括选择性激光焊接、MIG 焊接、激光沉积、激光熔覆、等离子沉积和薄板层压。对于金属复合制造来说，主要有三种增材制造工艺类别：定向能量沉积、粉末床融合和薄片层压。定向能量沉积是复合制造中最常运用的增材制造工艺加工，大多数商用复合制造机器都使用定向能量沉积技术。

所有增材制造工艺的基本原理是相同的，尽管它们使用不同类型的材料和结合机制。选择性激光熔化是一种分层增材制造工艺，除了具有所有增材制造技术共同的优点（几乎无限的几何自由度、灵活性、大规模定制等）外，选择性激光熔化的主要优点是它能够加工各种材料，以及具有几乎全密度产生的散装材料性能。选择性激光熔化遇到的主要问题大多是分层制造固有的，零件的尺寸精度和表面质量低于传统的数控铣削加工技术，这是一个重要的限制。为了克服这些限制，通过结合选择性激光熔化和激光重熔，提高了选择性激光熔化零件的外表面质量，同时提高了零件的内密度（每层后重熔）或壳密度（外表面重熔）。选择性激光熔化和选择性激光冲蚀的结合也提高了选择性激光熔化的微加工能力，可以获得尺寸为 $50\sim100\,\mu m$ 范围内的结构特征。

微铸锻铣复合技术是一种典型的金属复合加工技术，首先是熔化金属丝，用电弧焊接金属珠。从焊枪喷射惰性气体，在高能电流下产生焊接电弧，保护焊接熔池。焊接电弧将基板和金属丝熔化，逐层沉积金属。熔池中熔化的金属在凝固过程中的能量快速地通过所建部分向下传导到金属基体。熔化金属的微观结构在这种冷却条件下形成枝晶或柱状晶粒。同时，微辊跟随焊枪移动运动时将 800 ℃ 以上的焊珠逐层挤压，产生塑性变形。枝晶颗粒被分解成碎片。塑性变形和焊接能量将促进微珠组织的再结晶，获得细晶粒，减少残余应力。由此可以看出，与传统的加工工艺相比，微铸锻铣加工工艺流程短，仅需单一机械设备，缩短了生产周期，效率高，原物料耗费低，能量消耗小，稳定性高，成型品质好。显然，微铸锻铣加工技术的优势远远超过了传统锻件的加工技术。

对于复杂零件，激光增材由于激光熔覆头喷嘴与刀轴矢量在熔覆位置不变，层间提升需要不断开关激光切换，同时，熔池受流体重力、气体扰动及表面张力等影响，致使成型件轮廓粗糙、塌边、沉积缺陷。为获得较高的激光熔覆成型精度，增材制造时，对三维模型按径向螺旋进刀铣削方式进行五轴铣削刀具轨迹规划，获得五轴刀具轨迹，对相邻层间轮廓面轴向刀位点坐标连线，使后一层轨迹中轮廓面轴向每个刀位点指向前一层相对应的点，并进行矢量变换，生成五轴机床增材制造激光熔覆头轨迹。增材制造时，激光在熔覆开始时接通，在熔覆结束时断开，熔覆头喷嘴轴向矢量方向始终与包络层切面平行，且随理论模型曲面曲率变化动态变化，有效减少了台阶效应、塌边现象及搭接不良等的产生。

4.3.2.5　ASHM未来发展趋势

增减材复合制造虽然能消除零件因台阶效应引起的表面粗糙度差、尺寸精度低等"外部问题",但在金属增材制造加工中,零件还可能产生"内部问题"。激光等高能束照射在金属粉末或金属丝上时,这些材料吸收能量后会迅速熔化,并在极短的时间内冷却凝固,其间还发生很多其他的物理化学现象,如熔化成液体的材料在熔池内因表面张力引起的流动、材料在凝固后的微观组织演变、部分材料因过热引起的蒸发及与空气中气体的化学反应等,增材制造加工过程与扫描路径、材料及能量源参数、环境的封闭性和温度等很多因素有关,除了因工艺参数不当而产生的可预测缺陷外,在成型过程中还可能产生随机缺陷,如裂纹、气孔、杂质及未熔合的孔洞等,这些缺陷形成的"内部问题"会降低成型件的拉伸强度、疲劳强度等力学性能。单纯的增减材复合制造对增材制造零件的"内部问题"仍无能为力,而缺陷的存在会严重影响零件的机械性能,一旦在加工完成后检测到缺陷,则整个零件报废,极大地浪费了材料。

如果能将无损检测引入增减材复合制造中,在线检测和定位增材制造过程产生的缺陷,并利用增减材复合制造中的减材加工技术将缺陷在线去除,就可以保证增减材复合制造零件的内部质量,避免零件的浪费。但是,有些方法因其固有的缺点并不适用于增减材复合制造中:空间分辨声光谱对于距表面深度超过 $100\ \mu m$ 的内部缺陷很难检测到;射线检测如 X 射线计算机断层扫描技术,虽然能很有效地得到工件内部的缺陷信息,但是该技术的数据处理时间非常长,而且有关设备非常复杂和昂贵,射线辐射也会对人体造成危害,使其难以引入增减材复合制造中;超声波检测也是常用的无损检测技术之一,但是因其需要耦合剂来传递信息,而耦合剂会污染增减材复合制造的试样和粉末,并且在温度超越 227 ℃后,超声波检测的使用会被限制,增减材复合制造加工环境温度的不确定性也使其难以应用在制造中;而作为常用的无损检测技术磁粉检测和渗透检测,都只能检测表面缺陷,且磁粉和渗透剂都需要直接接触工件,易对工件和粉末造成污染,因此也都无法应用于增减材复合制造中。

总而言之,针对增减材制造中增材制造成型精度差、减材制造非线性误差大等现象,通过增减材制造坐标系协同、增材制造熔覆头轴向矢量控制、减材制造刀具非线性误差控制的方法,提高了复杂零件"增材-减材"闭环制造加工精度,并在 SVW80C-3D 增减材复合五轴加工中心上通过叶轮加工进行了验证,可以实现复杂零件低损耗、高精度增减材复合可控制造。

复合制造是增材制造研究和开发的一个新兴领域,学术界和工业界越来越需要更好地理解和探索复合制造所带来的好处。复合制造工艺由于其高精度和高质量的表面、生产力和自动化,可被广泛用于加工先进材料和制造各种机器及工具零件、电子设备及微型机器零件。复合制造工艺正在不断发展,从基础开发到工业实施,最后到技术成熟的水平,迫切需要其进一步发展,以满足工业界生产由先进材料制成的高度复杂的产品特征的要求,同时以更高的生产力、成本效益和能源效率的方式制造零件。在不久的将来,复合制造工艺有望进一步提高制造能力,以实现更广泛的应用。

4.3.3 高能束与多能场制造

20 世纪 50 年代以来,随着科学技术的高速发展和国防尖端技术产品研制需求的增加,使得机械零件材料越来越难加工,结构越来越复杂,加工精度、表面质量和某些特殊要求越来越高,高能束与多能场制造技术逐渐被用于工件的精密加工,从而解决了传统的使用刀具或磨具等直接利用机械能去除材料的加工方法难以甚至无法实现的工艺问题。

高能束与多能场制造技术,属于特种加工技术领域,即"非传统加工"(non-traditional machining,NTM)技术,泛指用电能、热能、光能、电化学能、化学能、声能及特殊机械能等特种能场达到去除或增加材料的加工方法,并且不同类型的能量可以组合形成多能场复合加工形式,加工能量易于控制和转换。加工过程中工具和工件间不产生显著的弹、塑性变形,加工范围不受材料物理、机械性能的限制,能够加工任何硬的、软的、脆的、耐热或高熔点金属以及非金属材料,且特别适合于结构复杂、低刚度零件的加工和微细加工。

4.3.3.1 高能束制造

利用激光、电子、离子或水等某种形式的高能量密度的束流对工件材料进行去除、连接、增长或改性的特种加工技术属于高能束流加工,通常将激光加工、电子束加工和离子束加工称为高能束加工,或称三束加工。

1) 激光加工

激光是一种受激辐射而得到的加强光,除了具有光的一般物性如反射、折射、绕射及干涉等,还具有强度高、亮度大、波长频率确定、单色性好、相干性好、相干长度长以及方向性好等特性。图 4 - 30 所示为激光加工实际案例。

(a) 激光焊接车身   (b) 激光快速成型航空发动机零件

图 4 - 30   激光加工实际案例

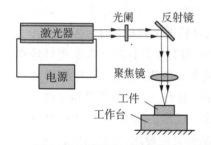

图 4 - 31   激光加工设备组成

根据作用原理的不同,目前激光加工主要分为激光热加工和光化学加工(又称冷加工)。激光加工的基本设备包括激光器、电源、光学系统及机械系统四大部分,如图 4 - 31 所示,其中激光器是激光加工的核心设备。通常使用红外激光进行激光热加工,常用激光器有 CO_2 气体激光器和 Nd：YAG 固体激光器;而激光冷加工是使用紫外激光,常用激光器有准分子激光器和氩离子激光器。如果没有特别说明,一般激光加工指激光的热加工。

(1) 激光热加工与冷加工。激光热加工是指把具有足够能量的激光束聚焦后照射到所加工材料的适当部位,在极短的时间内,光能转变为热能,被照部位迅速升温,材料发生气化、熔化、金相组织变化并产生相当大的热应力,从而实现工件材料的去除、连接、改性或分离等加工。

激光冷加工是指当激光束作用于材料时,高密度能量光子引发或控制光化学反应的加工过程。冷加工激光(紫外)光子能量大于物质化学键的离解能量,因此光子能够打断材料或周围介质内的化学键,使材料发生非热过程破坏。激光冷加工表面具有光滑的边缘和最低限度的炭化,加工范围广;同时由于紫外光波长较短,可以获得尺寸微小的聚焦光斑,具有更强的产生小精细特征的能力,特别适合于微细加工。

(2) 激光加工的特点与应用。

① 加工方法多,适应性强。

② 加工精度高,质量好。

③ 加工效率高,经济效益好。

④ 节约能源与材料,无公害与污染。

⑤ 加工用的是激光束,无"刀具"磨损及切削力影响的问题。

激光加工广泛用于打孔、切割、焊接、快速成型、表面处理及半导体加工等。

2) 电子束加工

电子束加工是利用高能电子束流轰击材料,使其产生热效应或辐照化学和物理效应,以达到预定目标的加工技术。电子束加工根据其所产生的效应可分为电子束热加工和电子束非热加工两类,其原理如图 4-32 所示。

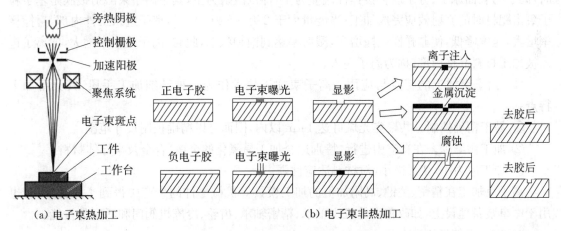

图 4-32　电子束加工原理示意图

(1) 电子束热加工与非热加工。电子束热加工通过加热发射材料产生电子,热发射电子在强电场作用下形成高速电子束流。当电子束流冲击工件表面时,动能瞬间大部分转变为热能。由于光斑直径极小(其直径可达微米级或亚微米级),且电子束能量密度高、作用时间短,所产生的热量来不及传导、扩散就将工件被冲击部分局部熔化、汽化、蒸发成雾状粒子而飞散,从而实现加工。

电子束非热加工是基于电子束的非热效应,利用功率密度比较低的电子束和电子胶(或称电子抗蚀剂,由高分子材料组成)相互作用产生的辐射化学或物理效应。当用电子束流照射高分子材料时,由于入射电子和高分子相碰撞,使电子胶的分子链被切断或重新聚合而引起分子量的变化以实现电子束曝光。该类工艺方法广泛应用于集成电路、微电子器件、集成光学器件、表面声波器件的制作,也适用于某些精密机械零件的制造。

(2) 电子束加工的特点与应用。

① 束径小,能量密度高,能微细聚焦($0.01\,\mu m$),适合于加工深孔、细深孔、窄缝。

② 热影响范围小,特别适用于加工特硬、难熔金属和非金属材料。

③ 加工速度快,效率高。

④ 可用于打孔、切槽、焊接、光刻、表面改性。

⑤ 在真空中加工,无氧化,特别适于加工高纯度半导体材料和易氧化的金属及合金。

⑥ 加工设备较复杂,投资较大,多用于微细加工。

电子束加工按其功率密度和能量注入时间的不同,可用于打孔、焊接、热处理、刻蚀等多方面加工,但是生产中应用较多的是打孔、焊接、曝光和刻蚀等。

3) 离子束加工

离子束加工是指在真空条件下,将离子源产生的离子束经过加速聚焦,使之具有高的动能能量,轰击工件表面,利用离子的微观机械撞击实现对材料的加工。

(1) 离子束的碰撞、溅射和注入效应。离子束加工的物理基础是离子束射到材料表面时所发生的撞击效应、溅射效应和注入效应,其物理过程可以理解为将被加速的离子聚焦成细束,射到被加工表面上,被加工表面受"轰击"后,打出原子或分子,实现分子级去除加工。

当入射离子的能量在 2 万~5 万 eV 时,达到饱和溅射率;当入射能量小于 2 万~5 万 eV 时,离子与表面原子、分子以直接弹性碰撞为主,即以溅射为主,其中离子束溅射镀膜是基于粒子轰击靶材时的溅射效应完成加工;当能量大于 2 万~5 万 eV 时,离子进入工件内部,碰撞概率增大,速度降低,使非弹性碰撞增多,溅射率达到饱和状态,此时,离子注入率增大,即离子进入被加工材料晶格内部,称为离子注入。

(2) 离子束加工的特点与应用。离子束加工技术作为一种微细加工手段,其具备如下特点:

① 易于精确控制。共聚焦光斑可达 $1\,\mu m$ 以内,因而可以精确控制尺寸范围。

② 加工污染少。在真空中进行,特别适合加工易氧化的金属、合金及半导体材料。

③ 加工应力小,变形极小,对材料适应性强。

离子束加工在精密、关键、高附加值的加工模具等机械零件的生产中得到了广泛应用,也用于军事装备建设上,如改善涡轮机主轴承、精密轴承、齿轮、冷冻机阀门和活塞的性能。

4.3.3.2 多能场制造

多能场制造过程往往涉及两种或两种以上能量的复合作用,包括电能和热能复合作用形成的电火花加工、电化学能和机械能复合作用形成的电解磨削加工、声能和磁能复合作用形成的超声振动磁辅助磨抛加工、声能和激光束流共同作用形成的超声辅助激光加工、水射流和激光束流复合形成的微射流水导激光加工等多种技术。

1) 电火花加工

电火花加工又称放电加工,是一种涉及电能、热能复合作用的加工方法。

(1) 电火花加工原理和过程。电火花加工基于电火花腐蚀原理,在工具电极(正、负电极)与工件电极(导体或半导体)相互靠近时,通过电极与工件之间脉冲放电时的电腐蚀现象,在电火花通道中产生瞬时高温,使工件局部熔化,甚至气化,从而有控制地蚀除多余材料,达到对工件尺寸、形状及表面质量的要求。电火花放电必须在有较高绝缘强度的液体介质(如火花油、水溶性工作液或去离子水等)中进行,液体介质可以压缩放电通道,并把加工过程中产生的金属蚀除产物、炭黑等从放电间隙中排出,同时能够较好地冷却电极和工件。

每次电火花放电的微观过程都是电场力、磁力、热力、流体动力、电化学和胶体化学等多场综合作用的过程。这一过程大致可分以下四个连续阶段。

① 电离-放电:极间介质的电离、击穿,形成放电通道。

② 热膨胀-爆炸:介质热分解、电极材料熔化、气化热膨胀。

③ 抛出材料-形成凹坑:电极材料的抛出。

④ 消电离:极间介质的消电离。

(2) 电火花加工的特点与应用。

① 适合难切削材料及特殊与复杂形状零件的加工。

② 易于实现加工过程自动化,并可减少机械加工工序和加工周期。

③ 主要用来加工金属等导电材料,但在一定条件下也可加工半导体和陶瓷等非导体材料。

④ 加工精度容易受到电极损耗的限制且加工获得的最小角部半径有限制。

电火花加工技术已广泛应用于宇航、航空、电子、原子能、计算技术、仪器仪表、电机电器、精密机械、汽车拖拉机、轻工等行业,主要解决难切削加工及复杂形状工件的加工问题,加工范围已达到小至几微米的小轴、孔、缝,大到几米的超大型模具和工件中。

2) 电解磨削加工

电解磨削是由电化学作用(占 95%~98%)和机械磨削作用(占 2%~5%)复合形成的一种多能场制造技术,又称电化学磨削。其中,电化学作用是指通过电化学反应的阳极溶解效应从阳极工件上去除材料的特种加工方法。

(1) 电解磨削加工原理。电解磨削加工工件作为阳极与直流电源的正极相连,导电磨轮作为阴极与直流电源的负极相连,如图 4-33 所示。加工过程中,磨轮不断旋转,磨轮上凸出的磨粒与工件接触,非导电性磨粒使工件表面与磨轮导电基体之间形成一定的电解间隙(0.02~0.05 mm)。电流通过电解液由工件流向磨轮,形成通路,于是工件(阳极)表面材料在电流与电解液的作用下发生电解作用(电化学腐蚀),被氧化成一层极薄的氧化物或氢氧化物薄膜,一般称之为阳极薄膜。磨轮在旋转中,将工件表面由电化学反应生成的阳极薄膜除去,使新的工件表面露出,继续产生电解作用,这样,电解作用和刮除薄膜的切削作用交替进行,使工件连续地被加工,直至达到一定的尺寸精度和表面粗糙度。

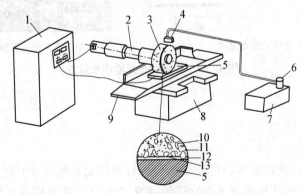

1—直流电源;2—绝缘主轴;3—磨轮;4—电解液喷嘴;5—工件;6—电解液泵;7—电解液箱;
8—机床主体;9—工作台;10—磨料;11—结合剂;12—电解间隙;13—电解液

图 4-33 电解磨削加工原理示意图

(2) 电解磨削的特点与应用。

① 磨削力小,生产率高。

② 加工精度高,表面加工质量好,加工产生的磨削力较小,不会产生毛刺、裂纹等。

③ 设备投资较高,电解磨削机床需加电解液过滤装置、抽风装置、防腐处理设备等。

电解磨削比电解加工的加工精度高,比机械磨削的生产效率高,广泛应用于平面磨削、成型磨削和内外圆磨削,常见的有电解磨削车刀、电解成型磨削等。

3）超声振动磁辅助磨抛加工

在磁辅助抛光中,以磁性流体抛光为例,抛光液由磁性微粒、非磁性磨粒、α纤维素和去离子水混合而成。如图4-34a所示为抛光液中的磁性微粒在加入磁场前后的分布规律变化。在无磁场状态（$H=0$）下,抛光液中的磁性微粒呈无序分布状态;引入磁场后,抛光液中的磁性微粒将在磁场力的作用下沿着闭合的磁力线形成链状结构甚至聚集形成磁性簇,当外部磁场移去后,磁性微粒重新回到无序分布状态。在有磁场的情况下,抛光液中的磁性簇将促进黏稠性的半固态Bingham流体抛光头的形成。因磁悬浮力和重力的双重作用,大量非磁性磨粒将会被挤压到磁场强度较弱的位置,即移动到抛光头下方。在动态磁场作用下,磁性簇做空间回转运动,抛光头下方的磨粒与工件发生接触、相对运动和微切削作用,通过流体动压剪切实现工件表面的材料去除。

超声辅助加工技术是在加工工具与工件相对运动的基础上引入超声振动辅助,以获得更好的加工性能。如图4-34b所示,在抛光工作台上增设超声振动装置,超声对磨料进行水平振动时,能够增加磨粒的动能,并使得磁性簇略微分散。因此,超声磁辅助抛光过程中能够更细致、更均匀地去除材料。

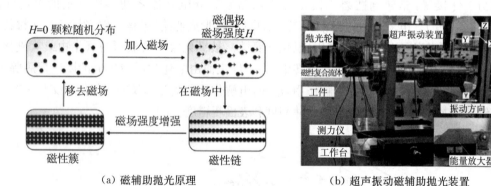

(a) 磁辅助抛光原理　　　　　　　　　(b) 超声振动磁辅助抛光装置

图 4-34　磁辅助抛光原理及设备

参考文献

[1] 卢秉恒.机械制造技术基础[M].4版.北京:机械工业出版社,2018.

[2] 周济.智能制造——"中国制造2025"的主攻方向[J].中国机械工程,2015(17):2273-2284.

[3] 朱从容.机械制造技术基础课程教学改革探索[J].高等农业教育,2012(3):63-64,82.

[4] 王明耀.机械制造技术[M].北京:机械工业出版社,2008.

[5] 于骏一,邹青.机械制造技术基础[M].2版.北京:机械工业出版社,2004.

[6] 包善裴,王龙山,于骏一.机械制造工艺学[M].长春:吉林科学技术出版社,1995.

［7］ 赵思文,覃敏芳,谢评周.我国机械设计制造工艺与精密加工技术的发展现状［J］.科学与信息化,2022(13):109-111.

［8］ 杨叔子,吴波.先进制造技术及其发展趋势［J］.机械工程学报,2003(10):73-78.

［9］ 傅水根.机械制造工艺基础［M］.3 版.北京:清华大学出版社,2010.

［10］ 杨叔子.机械加工工艺师手册［M］.2 版.北京:机械工业出版社,2011.

［11］ 袁巨龙,张飞虎,戴一帆,等.超精密加工领域科学技术发展研究［J］.机械工程学报,2010,46(15):161-177.

［12］ 郭东明,孙玉文,贾振元.高性能精密制造方法及其研究进展［J］.机械工程学报,2014,50(11):119-134.

［13］ 王先逵.机械制造工艺学［M］.4 版.北京:机械工业出版社,2022.

［14］ 朱平.制造工艺基础［M］.北京:机械工业出版社,2018.

［15］ 曾志新,吕明.机械制造技术基础［M］.武汉:武汉理工大学出版社,2001.

［16］ 熊良山,严晓光,张福润.机械制造技术基础［M］.武汉:华中科技大学出版社,2006.

［17］ 陈秀华,刘福尚.汽车制造质量管理［M］.北京:机械工业出版社,2015.

［18］ 王世芳.机械制造企业质量管理［M］.北京:机械工业出版社,1985.

［19］ 宁凌,唐楚生.现代企业管理［M］.北京:机械工业出版社,2011.

［20］ 周玉清,刘伯莹,周强.ERP 原理与应用教程［M］.4 版.北京:清华大学出版社,2021.

［21］ 罗鸿.ERP 原理设计实施［M］.5 版.北京:电子工业出版社,2020.

［22］ 刘业峰,赵元,赵科学,等.数字化柔性智能制造系统在机床加工行业中的应用［J］.制造技术与机床,2018(11):157-162.

［23］ 李培根,高亮.智能制造概论［M］.北京:清华大学出版社,2021.

［24］ 周济,李培根.智能制造导论［M］.北京:高等教育出版社,2021.

［25］ 陶飞,戚庆林.面向服务的智能制造［J］.机械工程学报,2018,54(16):11-23.

［26］ 赵彦军,毛文亮.复杂零件增减材复合制造精度控制研究［J］.机械研究与应用,2022,35(2):21-23.

［27］ 吴晓辉.增减材复合技术的研究［J］.新技术新工艺,2022(4):11-14.

［28］ 王龙群.基于增减材复合制造的内部缺陷涡流检测研究［D］.大连:大连理工大学,2019.

［29］ 孙传圣.覆膜砂增减材复合制造方法及工艺［D］.大连:大连理工大学,2019.

［30］ 王义博.增减材复合制造缺陷涡流检测的研究［D］.大连:大连理工大学,2018.

［31］ 姚荣斌,杨乐新,戴丽莉.增减材制造的复合加工工艺规划研究［J］.机械科学与技术,2018,37(7):1076-1081.

［32］ 姜晨,叶卉.精密加工技术［M］.武汉:华中科技大学出版社,2021.

第 5 章

机械电子与控制

5.1 概述

随着计算机技术、信息技术、自动控制技术在机械行业中的广泛应用,现代机械产品从结构、性能到应用水平都已发生了革命性变化。结构上已出现机械、电子、计算机并存的局面,性能更加优越、可靠,功能更趋完善、实用。而机械制造过程更是向优质、高效、柔性化、灵捷化、智能化及低耗的先进制造系统发展。现代机械技术必须与信息技术、控制技术、微电子技术融合,形成"机电一体化"。机电一体化产品已经广泛应用于航空航天、医疗、汽车、能源和消费及军事各个领域,如图 5 - 1 所示。

"机电一体化"的英文名称是由英文"机械学"(mechanics)的前半部分和电子学(electronics)的后半部分组合在一起而创造出来的一个新的英文名词——mechatronics,又称"机械电子学"。该名词由日本人创造,第一次出现在 1971 年日本《机械设计》杂志副刊上,后来随着机电一体化的发展而被广泛引用,目前已得到世界各国的普遍承认。机电一体化一般有两个含义:一是机械电子制造系统,即所谓"制造自动化";二是机械电子产品系统,可理解为"产品的自动化"。

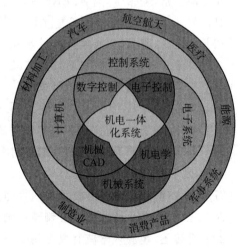

图 5 - 1   机电一体化系统及应用领域

一个较完善的机电一体化系统,应包含以下几个基本要素:机械本体、动力与驱动、执行机构、检测传感、控制及信息处理,如图 5 - 2 所示。这些组成部分内部及其相互之间通过接口耦合、运动传递、物质流动、信息控制和能量转换等有机结合,集成一个一体化系统。

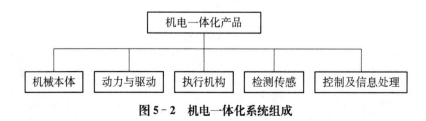

图 5 - 2   机电一体化系统组成

具备机电一体化系统的知识,进行复杂机电系统产品的开发,是"机械设计制造及其自动化"专业学生的重要能力。除了学习必要机械知识的"机类"课程群,信息技术、自动控制技术和计算机技术等"电类"课程群也是该专业的重要组成部分。

(1) 机械控制理论与技术。阐述机械设备与系统的控制规律和控制方式,包括高精度位置控制、速度控制、力控制、自适应控制、自诊断与监控、校正与补偿、控制系统的模拟仿真。

(2) 传感器与信息处理技术。机电一体化产品中,传感器作为感受器官,将各种内、外部信息通过相应的信号检测装置反馈给控制与信息处理系统,由控制系统对运动进行控制,因此,传感器与检测是实现自动控制的关键环节。计算机应用和信息处理技术是推动机电一体化技术和产品发展最关键、最活跃的因素。

(3) 机电传动技术。机电一体化系统中的驱动单元是为系统提供能量和动力、使系统正常运转的装置,由动力源、驱动器和动力机等组成,一般分为电、液、气三类。如何选择合适的机电传动方式,并设计出相应的控制线路或单元,是机电传动技术解决的关键问题。

(4) 机电一体化系统。学习机电一体化系统的设计原理、系统的集成知识,按照系统工程的观点和方法,以整体的概念组织应用各种相关技术,从全局角度和系统目标出发,将系统总体分解成相互有机联系的若干功能单元,并以功能单元为子系统继续分解,直至找到可实现的技术方案,然后再对功能和技术方案组合成的方案进行分析、评价和优选。

5.2　专业核心知识点和要求的能力

5.2.1　机电控制理论与技术

机械控制理论所要研究的问题在机械制造领域中极为广泛。例如,在现代测试技术中,某一仪器调整到什么状态,方能保证在给定的外界条件下获得精确的测量结果。在这里,调整到一定状态的仪器本身是系统,外界条件是输入,测量结果是输出。显然,这里所研究的问题是系统及其输入、输出三者之间的动态关系。

5.2.1.1　机械控制系统基本概念与定义

机械控制理论主要研究机械传动这一工程领域中的广义系统动力学问题,研究机械系统及其输入、输出三者之间的动态关系,如图 5-3 所示。输入信号和输出信号亦分别被称为"激励"和"响应";系统可以是一个机械结构,也可以是一个传动过程。

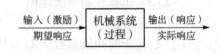

图 5-3　机械控制系统

电梯升降过程就是机械控制系统一个很好的例子。乘客从一楼进电梯,按下要抵达四层的按钮。电梯启动,历经"静止—加速—匀速—减速—停止"各个阶段后,将乘客送达指定楼层。这个过程中首先要考虑的是电梯的上升速度和抵达目的楼层的位置精度,其次还要考虑上升过程中乘客的舒适度体验。这里乘客按下电梯四层的按钮就是一个输入信号,也表达了想要得到的最终输出信号;如图 5-4 所示的输入指令信号,可以表示为一个阶跃函数。图中绘制出电梯

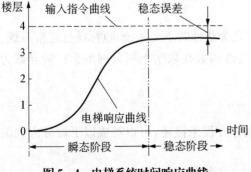

图 5-4　电梯系统时间响应曲线

上升过程中的时间-位置曲线(电梯响应),从中就可以看出电梯的性能优劣。

从图5-4中电梯的时间-位置响应曲线可以看出,电梯上升过程很明显分为两个阶段:瞬态阶段与稳态阶段。图中曲线的形状表达了瞬态过程的品质和稳态误差两个主要的电梯性能指标。显然,乘客的舒适程度和等待电梯的耐心反映在瞬态过程品质中。如果电梯启停上升的速度过快,乘客就会感到很不舒服;但如果电梯响应速度太慢,乘客等待时间过长就会感到不耐烦。图中曲线标注的稳态误差是机械控制系统另一个重要的性能指标。设想若电梯没有把乘客送到四层而是到了其他楼层,那电梯就不能用了。

机械控制系统相关概念的基本定义如下:

(1) 系统。指能够完成一定任务的一些部件的组合。

(2) 机械系统。指能够实现一定的机械运动,输出一定的机械能,以及承受一定的机械载荷的系统。

(3) 控制系统。指能够按照要求由参考输入或控制输入进行调节的系统。

控制系统最经典的例子是储水槽液面自动调节系统。这种系统在古代文明中很早就出现了,直至今日很多抽水马桶还在采用这种原理。如图5-5所示,浮子浮出液面实际高度 h 与储槽内所需液面高度 H_0 之差,推动杠杆控制进水阀放水,一直到 $h=H_0$ 时,杠杆施加作用关闭进水阀。

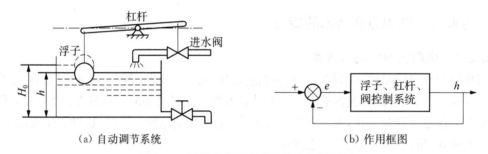

(a) 自动调节系统   (b) 作用框图

图5-5 液面自动调节系统及其作用框图

5.2.1.2 机械控制系统建模

1) 传递函数

定义:对于时间域函数 $f(t)$,其中拉普拉斯(Laplace)积分变换为

$$L[f(t)]=F(s)=\int_0^\infty f(t)\mathrm{e}^{-st}\mathrm{d}t \tag{5-1}$$

式中,$s=\sigma+\mathrm{j}\omega$ 为复数变量。称 $f(t)$ 为原函数,$F(s)$ 为象函数。若已知 $f(t)$ 且形如上式的积分存在,就可以求出象函数 $F(s)$。

机械专业本科阶段所接触的机械系统一般可简化为线性时不变系统,也称线性定常系统。所谓线性,是指量与量之间按比例、成直线的关系,线性函数在数学上可以理解为一阶导数为常数的代数函数:

$$f(x)=kx+b \tag{5-2}$$

机械工程系统的动态特性通常是用时间域的微分方程来描述,可以写成以下微分方程的系统(称为线性时不变系统):

$$a\ddot{y}(t)+b\dot{y}(t)+cy(t)=dx(t) \tag{5-3}$$

对于一个线性定常机械系统,系统的输入、输出分别为 $x(t)$、$y(t)$,该系统的传递函数可以理解为

$$G(s) = \frac{Y(s)}{X(s)} \tag{5-4}$$

式中,$Y(s)$、$X(s)$ 分别为 $x(t)$、$y(t)$ 的拉普拉斯积分变换。

机械控制系统的传递函数能够反映系统的动态特性,建立和求解系统传递函数的过程又称控制系统建模。

2) 机械系统传递函数

单自由度的质量(M)-弹簧(K)-阻尼(f_v)系统模型是机械系统动力学分析中常见的受力单元,其运动简图、受力图、传递函数分别如图 5-6a~c 所示。图中,$f(t)$ 为施加到系统的输入外力,$x(t)$ 则是系统的输出位移。

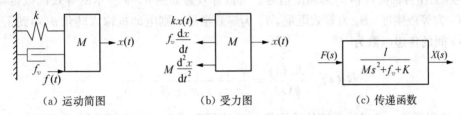

（a）运动简图　　　（b）受力图　　　（c）传递函数

图 5-6　单自由度质量-弹簧-阻尼系统及其传递函数

3) 直流伺服电机进给系统建模

直流伺服电机驱动系统广泛应用于数控机床和关节机器人,图 5-7 为用于半闭环数控机床的直流伺服电机驱动系统简图。图示系统由以下四个模块(子系统)组成。

(1) 驱动模块。由直流电动机驱动,包括放大器、测速计等。驱动模块各元器件构成如图 5-8 所示。

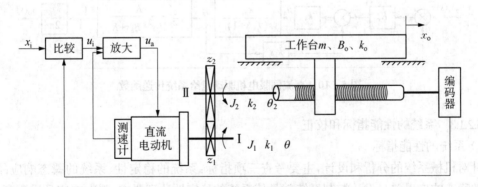

图 5-7　直流伺服电机驱动系统

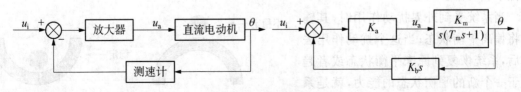

图 5-8　驱动模块

直流电动机简化的传递函数

$$G_m(s) = \frac{\theta(s)}{U_a(s)} = \frac{k_t}{s(Js+fv)(Ls+R)} = \frac{k_m}{s(T_m s+1)} \tag{5-5}$$

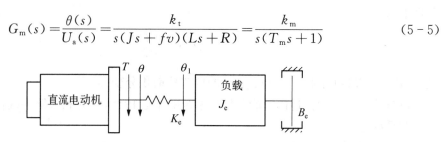

图5-9 等效机械传动模块

（2）机械传动模块。指从电动机轴到工作台这一部分,包括一对减速齿轮、一副滚珠丝杠螺母和工作台。动能传递过程为电动机轴-齿轮组-丝杠螺母组-工作台。设电动机转角 θ 为输入信号,工作台轴向位移 x 为输出信号。可以等效为如图 5-9 所示的等效机械传动模块,其中, K_e 为等效刚度, B_e 为等效阻尼, J_e 为等效惯量。则电动机输入转角 $\theta(s)$ 到工作台位移 $X_o(s)$ 间的传递函数为

$$G_t(s) = \frac{X_o(s)}{\theta(s)} = \frac{l}{2\pi} \frac{z_1}{z_2} \frac{K_e}{J_e s^2 + B_e s + K_e} \tag{5-6}$$

（3）检测模块。此进给系统的检测模块为编码器,测出的丝杠实际角位移量转换成脉冲数直接反馈到输入端,其传递函数为 $K_p = 1$。

（4）计数/比较/转换模块。将指令脉冲和反馈脉冲进行比较,差值通过数模转换变为电压量。该模块为比例环节,传递函数为 K_c。

根据信号在这四个模块之间的传输关系,就可以画出整个进给系统的方框图,如图 5-10 所示。

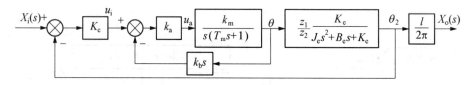

图5-10 直流伺服电机驱动进给系统传递函数

5.2.1.3 系统的性能指标和校正

1）系统的性能指标

针对机械系统的分析和设计,主要考查三项指标:系统的稳定性、系统的瞬态响应品质和系统的稳态响应误差。设计控制系统就是使系统的稳定性达到要求,瞬态响应品质要高,同时降低系统的稳态误差。

当系统受到外界扰动作用时,其输出将偏离平衡状态;当这个扰动作用去除后,系统恢复到原来平衡状态或者趋近于一个新的平衡状态的能力,就是系统的稳定性。如图 5-11 所示,小球置

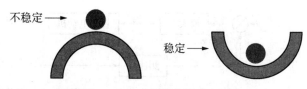

图5-11 系统稳定性示意图

于拱形顶端的稳定性就不如置于凹槽底部。不稳定性表征了系统能否正常工作。由于机械系统存在着惯性和储能元件,当系统各个参数设计分配得不恰当时,将会引起系统的振荡而失去工作能力(失稳)。因此,具有稳定性是控制系统工作的首要条件。

系统的瞬态响应品质体现了系统本身的动态性能,可用时域性能指标来反映。以二阶系统为例,若系统初始条件为 0,在单位阶跃输入下,系统输出的过渡过程可以给出瞬态性能指标,主要包括五个方面,如图 5 - 12 所示:

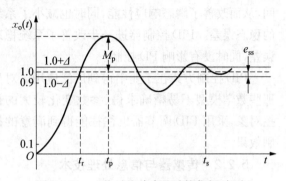

图 5 - 12　二阶系统响应的性能指标(部分)

(1) 延迟时间 t_d。

(2) 上升时间 t_r。

(3) 峰值时间 t_p。

(4) 最大超调量或最大百分比超调量 M_p。

(5) 调整时间(或过渡过程时间)t_s。

此外,根据具体情况有时还对过渡过程提出其他要求,如在 t_s 间隔内的振荡次数,或还要求时间响应为单调无超调等。

系统的瞬态响应结束后就进入稳态响应阶段,此时系统的输出信号应当类似于输入信号。系统的稳态响应与期望的输出量之间的偏差,称为系统的稳态误差,又称系统的静态精度或稳态精度。

2) 系统的校正

所谓校正(compensation),或称补偿,是指在系统中增加新的环节 $G_c(s)$,以改善系统性能的方法。$G_c(s)$ 又称校正器或补偿器,常见有串联校正、顺馈校正等,如图 5 - 13 所示。补偿器不仅可用于改善系统的瞬态响应,也可以用于改善系统的稳态误差特性。

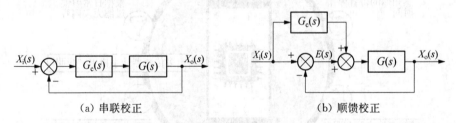

(a) 串联校正　　　　　　　　　　(b) 顺馈校正

图 5 - 13　常见校正

PID 校正器广泛地应用于工程控制系统,属于串联校正,它由于按偏差的比例(proportional)、积分(integral)和微分(derivative)进行控制和调节而得名,是应用最为广泛的一种调节器。PID 调节器已经形成了典型结构,其参数整定方便,结构改变灵活(P、PI、PD、PID 等),在许多工业过程控制中获得了良好的效果,如图 5 - 14 所示。

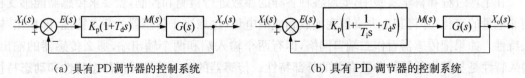

(a) 具有 PD 调节器的控制系统　　　　　　(b) 具有 PID 调节器的控制系统

图 5 - 14　具有 PD、PID 调节器的控制系统

某系统进行 PD 补偿和 PID 补偿与未补偿系统的对比的时间响应曲线效果如图 5-15 所示，从中可以看到 PD 补偿缩短了系统响应的峰值时间，从而改善了瞬态响应性能，同时也减小了系统的稳态误差。PID 控制器进一步改善了系统稳态误差，同时没有影响 PD 控制。

PID 控制方式在工业中得到广泛应用。对于那些数学模型不易精确求得、参数变化较大的被控对象，采用 PID 调节器也往往能得到满意的控制效果。

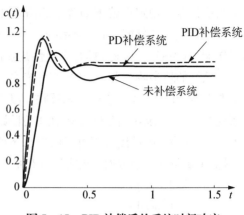

图 5-15　PID 补偿后的系统时间响应曲线对比示意图

5.2.2　传感器与信息处理技术

5.2.2.1　概述

按《传感器通用术语》(GB/T 7665—2005)，传感器定义为"能感受被测量并按照一定规律转换成可用输出信号的器件或装置，通常由敏感元件或转换元件组成"，其组成框图如图 5-16 所示。敏感元件是指能够灵敏地感受被测变量并做出响应的元件，其作用是将压力转换为弹性膜片的变形。转换元件是指传感器中能将敏感元件输出转换为适于传输和测量的电信号(或其他信号)的部分。

例如人们日常生活中使用的手机，就包括图片传感器、指纹识别传感器、光电传感器和加速度传感器。

图 5-16　手机中使用到的传感器

5.2.2.2　性能指标

在生产过程和科学实验中，要对各种各样的参数进行检测和控制，就要求传感器能感受被测非电量的变化，并将其不失真地变换成相应的电量，这取决于传感器的基本特性，即输出/输入特性。如果把传感器看作二端口网络，即有两个输入端和两个输出端，那么传感器的输出/输入特性是与其内部结构参数有关的外部特性。传感器的基本特性可用静态特性和动态特性来描述。

1) 传感器的静态特性

静态量是指输入量不随时间变化而变化的信号或变化很慢的信号。当传感器的输入信号是常量,不随时间变化而变化(或变化极缓慢)时,其输入-输出关系特性称为静态特性。传感器的静态特性表示输入量 x 不随时间变化而变化时,输出量 y 与输入量 x 之间的函数关系。但是实际上,输出量与输入量之间的关系在不考虑迟滞及蠕变效应下,可由以下代数方程式确定:

$$y = a_0 + a_1 x + a_2 x^2 + a_3 x^3 + \cdots + a_n x^n \tag{5-7}$$

式中,y 为输出量;x 为输入量;a_0 为零位(点)输出;a_1 为理论灵敏度;a_2,a_3,$\cdots$,a_n 为非线性项系数。

当 $a_0 = 0$ 时,由以上多项式方程获得的静态特性经过原点,此时,静态特性由线性项($a_1 x$)和非线性项($a_2 x^2$,$a_3 x^3$,$\cdots$,$a_n x^n$)叠加而成。各项系数不同,决定了特性曲线的具体形式:

理想线性型:$y = a_1 x$

具有 x 奇次项的非线性型:$y = a_1 x + a_3 x^3 + a_5 x^5 + \cdots$

具有 x 偶次项的非线性型:$y = a_1 x^2 + a_3 x^4 + a_5 x^6 + \cdots$

具有 x 奇、偶次项的非线性型:$y = a_1 x + a_3 x^2 + a_5 x^3 + \cdots$

传感器的静态指标包括:

(1) 线性度。指系统标准输入-输出特性(标定曲线)与拟合直线的不一致程度,也称非线性误差。也可以说,线性度是指其输出量 y 和输入量 x 之间的关系曲线偏离理想直线的程度。一般传感器的输入-输出特性关系如图 5-17 所示。

(2) 量程。又称满度值,是指系统能够承受的最大输出值与最小输出值之差。传感器所能测量到的最小被测量 $x_{\min}$ 与最大被测量 $x_{\max}$ 之间的范围称为传感器的测量范围,表示为传感器测量范围的上限值与下限值的差,称为量程:

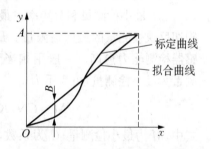

图 5-17 输入-输出特性关系

$$y_{FS} = x_{\max} - x_{\min} \tag{5-8}$$

(3) 灵敏度。传感器输出的变化量 y 与引起该变化量的输入变化量 x 之比即为其静态灵敏度。可见,传感器输出曲线的斜率就是其灵敏度。对具有线性特性的传感器,其特性曲线的斜率处处相同,灵敏度 K 是一个常数,与输入量大小无关。校准曲线斜率即为灵敏度,可用 S 或 K 表示。传感器灵敏度定义如图 5-18 所示,表达式为

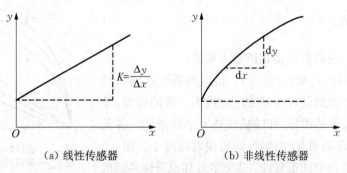

(a) 线性传感器　　　　　　　(b) 非线性传感器

图 5-18 传感器灵敏度的定义

$$K = \frac{\Delta y}{\Delta x} = \frac{输出量的变化量}{输入量的变化量} \qquad (5-9)$$

线性系统的灵敏度为常数,特性曲线是一条直线。非线性系统的特性曲线是一条曲线,其灵敏度随输入量的变化而变化。通常用一条参考直线代替实际特性曲线(拟合直线),拟合直线的斜率作为测试系统的平均灵敏度。

灵敏度的量纲取决于输入/输出量的量纲,当输入与输出的量纲相同时,则灵敏度是一个无量纲的常数,一般称为放大倍数或增益。灵敏度反映了测试系统对输入量变化反应的能力,灵敏度越高,测量范围往往越小,稳定性越差。

(4)精度。即精确度,是指测量结果的可靠程度,它以给定的准确度表示重复某个读数的能力,是测量中各类误差的综合反映,测量误差越小,传感器的精度越高。传感器的精度表示传感器在规定条件下允许的最大绝对误差相对于传感器满量程的输出百分比,其基本误差是传感器在规定的正常工作条件下所具有的测量误差,由系统误差和随机误差两部分组成,可表示为

$$A = \frac{\Delta A}{y_{FS}} \times 100\% \qquad (5-10)$$

式中,A 为传感器的精度;ΔA 为测量范围内允许的最大绝对误差;y_{FS} 为满量程输出。

(5)最小检测量和分辨率。最小检测量是指传感器能确切反映被测量的最低极限量。最小检测量愈小,表示传感器检测能力愈高。一般用相当于噪声电平若干倍的被测量为最小检测量,可表示为

$$M = CN/K \qquad (5-11)$$

式中,M 为最小检测量;C 为系数,$C=1\sim5$;N 为噪声电平;K 为传感器的灵敏度。

(6)迟滞(正反行程差/量程)。指传感器在正行程和反行程期间,输入-输出特性曲线不重合现象。迟滞特性表明传感器在正(输入量增大)、反(输入量减小)行程中输入-输出特性曲线不重合的程度,如图 5-19 所示。迟滞大小一般由实验方法测得。迟滞误差以正、反向输出量的最大偏差与满量程输出之比的百分数表示:

$$\delta_H = \frac{|\Delta H_{max}|}{y_{FS}} \times 100\% \qquad (5-12)$$

式中,ΔH_{max} 为正、反行程间输出的最大偏差值。

(7)重复性(同向行程差/量程)。指检测系统在输入量按同一方向连续多次测量时所得特性曲线不一致的程度,是衡量测量结果分散性的指标,即随机误差大小的指标。各条特性曲线越靠近,说明重复性越好,随机误差就越小。图 5-20 所示为输出特性曲线的重复性。重复的好坏也与许多随机因素有关。它属于随机误差,要用统计规律来确定。

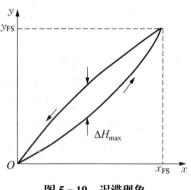

图 5-19 迟滞现象

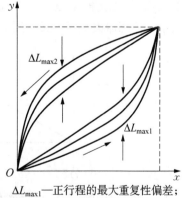

ΔL_{max1}—正行程的最大重复性偏差;
ΔL_{max2}—反行程的最大重复性偏差

图 5-20 重复性

2) 传感器的动态特性

随着科学技术的发展,对随时间快速变化的动态物理量进行测量的机会越来越多。这就要求传感器除了满足静态特性要求外,还要能时刻精确地跟踪输入信号并输出相应信号。在动态的输入信号作用下,输出信号一般来说不会与输入信号具有完全相同的时间函数,这种输出与输入之间的差异就是所谓的动态误差。有的传感器尽管其静态特性非常好,但不能很好地追随输入量的快速变化而导致严重的动态误差。研究传感器的动态特性主要是为了分析测量时产生动态误差的原因,并由此采取措施尽可能减小误差。

传感器的动态特性是其对于随时间变化输入量的响应特性,是传感器的输出量能够真实再现变化着的输入量能力的反映。通常一个动态特性好的传感器,要求其输出量不仅可以精确反映传感器输入信号的幅值大小,而且能反映输入信号随时间变化的规律。

在实际工作中,传感器的动态特性通常是用实验方法得出的。研究动态特性可以从时域和频域两个方面,采用瞬态响应法和频率响应法来进行。

5.2.2.3　典型传感器的工作原理

1) 电阻应变式传感器

电阻应变式传感器是利用电阻应变效应制成的传感器,是将被测量转换为电阻变化的传感器。电阻应变式传感器因其具有体积小、响应速度快和测量精度高等优点已得到广泛应用,可实现力、加速度、力矩和位移等物理量的测量。

电阻应变式传感器通常由电阻应变片和敏感元件组成(图 5 - 21)。当被测量作用于弹性敏感元件时,弹性敏感元件发生形变并引起电阻应变片电阻值的变化,通过转换电路将其转变成电量输出,输出电量大小反映被测物理量的大小。图 5 - 22 给出电阻应变式传感器测量原理框图。

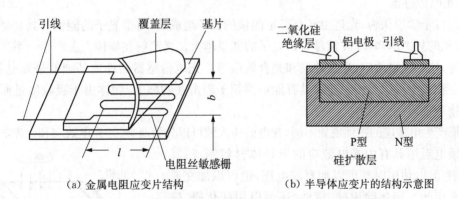

(a) 金属电阻应变片结构　　　　　　(b) 半导体应变片的结构示意图

图 5 - 21　金属电阻应变片和半导体应变片的结构示意图

图 5 - 22　电阻应变式传感器测量原理框图

金属和半导体材料在外力作用下发生机械变形时,其电阻值也随之发生变化,这种现象称为电阻应变效应。

2）压电式传感器

压电式传感器的工作原理是基于某些介质材料的压电效应,其为典型的有源传感器。当某些材料受力作用而变形时,其表面会有电荷产生,从而实现对非电量的测量。压电式传感器具有体积小、重量轻、工作频带宽、灵敏度高、工作可靠和测量范围广等特点,在各种动态力、机械冲击与振动的测量,以及声学、医学、力学和宇航等方面都得到了非常广泛的应用。

某些电解质在某方向受压力或拉力作用产生形变时,表面会产生电荷,当外力撤去后,又回到不带电状态,这种现象称为压电效应。当作用力方向改变时,电荷极性随之改变。这种机械能转化为电能的现象称为"正压电效应";反之,当在电解质极化方向施加电场时,这些电解质会产生几何变形,这种现象称为"逆压电效应"。具有压电效应的物体称为压电材料,如天然的石英晶体(图5-23)、人造压电陶瓷等。

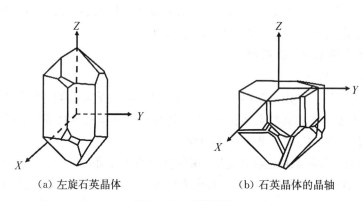

（a）左旋石英晶体　　　　　　（b）石英晶体的晶轴

图 5 - 23　石英晶体

3）光电传感器

光的粒子学说认为,光是由具有一定能量的粒子组成的,每个光子的能量与其频率大小成正比,故光的频率越高(即波长越短),光子的能量越大。光照射在物体上会产生一系列物理或化学效应,比如光电效应、光热效应和光合效应等。光电传感器的理论基础就是光电效应,即光照射在物体上可以看作一连串具有能量的粒子轰击在物体上,物体由于吸收能量而产生电效应的物理现象。

根据产生电效应的物理现象不同,光电效应大致可以分为两类:外光电效应和内光电效应。

光敏电阻用具有内光电效应的半导体材料制成,其为纯电阻元件,使用时既可以加直流电压,也可以加交流电压。常用的半导体除用硅、锗外,还可以用硫化镉、硫化铅、硒化镉、硒化铟等材料。无光照时,光敏电阻(暗电阻)很大,电路中电流(暗电流)很小。在光敏电阻两端的金属电极间加上电压,就有电流通过,光敏电阻受到一定波长范围的光照时,其阻值随光照强度增加而减小,从而实现光电转换。光敏电阻的原理结构图如图5-24所示。

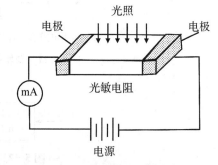

图 5 - 24　光敏电阻的原理结构图

5.2.2.4　压电式超声波传感器的应用

超声波传感器是实现声电装换的装置,能够发射超声波,也可以接收超声回波,并转换成电信号。

当交变信号加在压电陶瓷两端面时,由于压电陶瓷的逆压电效应,陶瓷片会在电极方向产生周期性的伸长和缩短,这种机械振动会在空气中激发出声波。这时的声传感器就是声频信号发生器。

当一定频率的声波信号经过传播到达换能器上时,空气振动换能器上的压电陶瓷片受到外力作用而产生压缩变形,由于压电陶瓷的正压电效应,压电陶瓷上将出现充、放电现象,即将声频信号转换成了交变信号。这时的声传感器就是声频信号接收器。

压电式超声波传感器主要由压电晶片、吸收块(阻尼块)、保护膜等组成,如图 5-25 所示。压电晶片为两面镀银,作导线极板。压电晶片为薄片,超声波频率与薄片的厚度成反比。吸收块吸收声能,降低机械品质。无阻尼时,电脉冲停止,晶片会继续振荡,加长脉冲宽度,会使分辨率变差。

超声波传感器常用于超声波测距、测液位、测液体的流速。

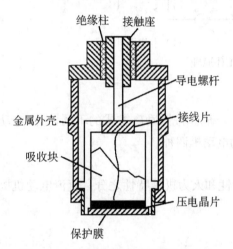

图 5-25　压电式超声波传感器的结构

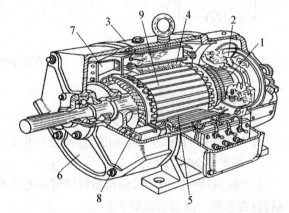

1—换向器;2—电刷装置;3—机座;4—主磁极;5—换向极;
6—端盖;7—风扇;8—电枢绕组;9—电枢铁芯

图 5-26　直流电动机装配结构图

5.2.3　机电传动技术

5.2.3.1　机电传动基本概念

机电传动(又称电力传动或电力拖动)是以电动机为原动机驱动生产机械的系统总称,它的目的是将电能转变为机械能,实现生产机械的启动、停止以及速度调节,完成各种生产工艺过程要求,保证生产过程的正常进行。

5.2.3.2　直流电动机

电动机有直流电动机和交流电动机两大类。

直流电动机包括定子和转子两部分。直流电动机的定子主要由主磁极、换向极、机座和电刷装置等部分组成,其作用是产生主磁场和在机械上支撑电动机。直流电动机的转子主要由电枢铁芯、电枢绕组、换向器、转轴和风扇等部分组成,其作用是产生感应电动势或电磁转矩,实现能量的转换。定子和转子之间由空气隙分开。图 5-26 所示为直流电动机装配结构图。

1) 直流电动机的工作原理

图 5-27 所示为直流电动机工作原理图。电动机具有一对固定的磁极 N 和 S,通常是电

磁铁,在两个磁极 N 和 S 之间,有一个可以转动的圆柱铁芯电枢,在电枢上缠有电枢绕组,为简单起见,假设绕组只有一匝线圈 abcd。线圈两端分别连在相互绝缘的换向片上,换向片组成的圆柱体称为换向器,换向器跟随电枢转动。电刷 A 和 B 固定不动,紧紧压在换向片上,与外部电路相连。

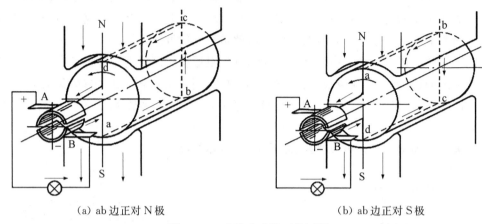

(a) ab 边正对 N 极   (b) ab 边正对 S 极

图 5‑27 直流电动机工作原理

2) 直流电动机的分类

直流电动机的磁极一般由磁极铁芯和励磁绕组所组成。按照励磁方式的不同,直流电动机可分为他励电动机、并励电动机、串励电动机和复励电动机四种。

3) 直流电动机的特性

(1) 机械特性。电动机的机械特性有固有机械特性和人为机械特性之分。直流电动机机械特性方程的一般表达式如下:

$$n = \frac{U}{K_e \Phi} - \frac{U}{K_e K_t \Phi^2} T = n_0 - \Delta n \tag{5-13}$$

式中,U 为电压;Φ 为磁通量;K_e 为直流电动机与电动势相关的结构常数。

固有机械特性又称自然机械特性。在额定条件下转速与输出转矩之间的函数关系为 $n = f(T)$。在式(5‑13)中,人为地改变其中的可变参数,就可以改变电动机的机械特性,这样得到的机械特性称为人为机械特性。

(2) 启动特性。直流电动机从静止状态加速到某一稳定转速的运行过程称为启动过程。在启动时,一般不能将直流电动机直接接入电网并施加额定电压,这是因为若在静止的电枢绕组上直接加上额定电压,其启动电流将很大。为了限制直流电动机的启动电流,同时又满足生产工艺对加速度的要求,直流他励电动机一般采用两种启动方法:降低电枢电压启动和电枢回路串接电阻启动。

(3) 调速特性。电动机调速是生产机械所要求的,不同的生产机械要求传动系统以不同的速度运行。直流他励电动机的调速就是指在一定的负载条件下,人为改变电动机的电路参数,以改变电动机的稳定转速。

(4) 制动特性。就能量转换而言,电动机有两种运行状态,即电动状态和制动状态。电动状态的特点是电动机输出的转矩 T 与转速 n 的方向相同。制动状态的特点是电动机输出的

转矩 T 与转速 n 的方向相反。一般而言,电动机的制动状态有两种:稳定制动状态和过渡制动状态。

5.2.3.3 交流电动机

交流电动机分为异步电动机和同步电动机。三相异步电动机的基本结构均可分为定子和转子两大部分,其定子由定子铁芯、定子绕组与机座三部分组成,而转子则由转子铁芯、转子绕组和转轴三部分组成。

1) 三相异步电动机的工作原理

三相异步电动机是利用磁场与转子导体中的电流相互作用产生电磁力,进而输出电磁转矩的。该磁场是定子绕组内三相电流所产生的合成磁场,且以电动机转轴为中心在空间旋转,称之为旋转磁场。

三相异步电动机定子绕组(图 5-28)中的每一相结构相同,彼此独立。三相绕组的连接可以为三角形或星形。定子绕组中,流过电流的正方向规定为由各相绕组的首端到它的末端,并取电流 i_A 作为参考正弦量,即 i_A 的初相位为零,则各相电流的瞬时值可表示为

$$i_A = I_m \sin \omega t \, ; \; i_B = I_m \sin\left(\omega t - \frac{2\pi}{3}\right) \, ; \; i_C = I_m \sin\left(\omega t - \frac{4\pi}{3}\right) \tag{5-14}$$

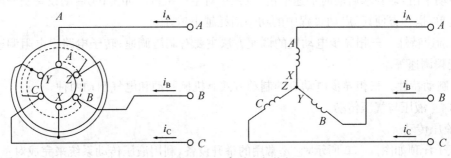

图 5-28 定子三相绕组

当通入 $A-B-C$ 三相绕组中的三相电流相序也为 $A-B-C$ 时,图 5-29 所示旋转磁场的旋转方向也是沿 $A-B-C$ 方向,即沿顺时针方向旋转。所以,旋转磁场的旋转方向与三相电流的相序一致。如果将三相定子绕组三相电源的任意两根对调,旋转磁场的旋转方向也将改变。

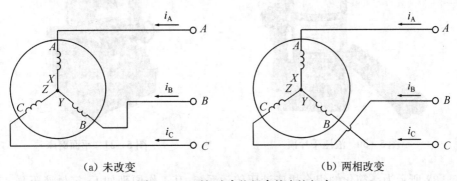

(a) 未改变   (b) 两相改变

图 5-29 两相改变绕组中的电流相序

2) 三相异步电动机的转矩

三相异步电动机是一种将电能转化为机械能的装置,电磁转矩和转速是三相异步电动机非常重要的物理量,对研究影响电动机电磁转矩的因素以及电磁转矩和转速的相互关系(即机械特性)具有重要意义。

三相异步电动机的电磁转矩是由旋转磁场的每极磁通 Φ 与转子电流 I_2 相互作用而产生的,它与 Φ 和 I_2 的乘积成正比,此外,它还与转子电路的功率因数 $\cos\varphi_2$ 有关,从能量的观点来分析,与有功功率成正比的转矩只取决于转子电流 I_2 的有功分量 $I_2\cos\varphi_2$。 故三相异步电动机的电磁转矩为

$$T = K_1 \Phi I_2 \cos\varphi_2 \qquad (5-15)$$

式中,K_1 为仅与电动机结构有关的常数。

3) 三相异步电动机的特性

(1) 机械特性。三相异步电动机的机械特性也分为固有机械特性(自然机械特性)和人为机械特性。

(2) 启动特性。采用电动机拖动生产机械时,对电动机启动的主要要求如下:①有足够大的启动转矩,保证生产机械能正常启动;②在满足启动转矩要求的前提下,启动电流越小越好;③要求启动平滑,即要求启动时加速平滑,以减小对生产机械的冲击;④启动设备安全可靠,力求结构简单、操作方便;⑤启动过程中的功率损耗越小越好。

(3) 调速特性。三相异步电动机的调速方法主要有调压调速、转子电路串电阻调速、变极调速及变频调速等。

(4) 制动特性。三相异步电动机的制动方式有机械制动和电气制动两种。

5.2.3.4 液压与气压传动

1) 液压传动

液压千斤顶如图 5-30 所示,它是常用的举升设备,利用液压传动系统来完成对重物的举升操作。图 5-31 所示为机械加工企业中常见的平面磨床,它是利用液压传动系统来完成工作台的往复运动,以实现磨削加工。下面举例说明液压传动系统工作原理。

图 5-30 液压千斤顶　　　　　　　　图 5-31 平面磨床

图 5-32 所示为一简化的组合机床液压传动系统,其工作原理如下:定量液压泵 3 由电动机驱动旋转,从油箱 1 经过滤油器 2 吸油。当换向阀 5 的阀芯处于图 5-32a 所示位置时,压

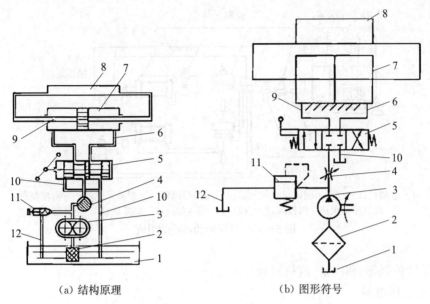

（a）结构原理　　　　　　（b）图形符号

1—油箱；2—滤油器；3—定量液压泵；4—流量控制阀；5—换向阀；
7—液压缸；8—工作台；6，9，10，12—管道；11—溢流阀

图 5-32　组合机床液压传动系统的结构原理和图形符号

力油经流量控制阀 4、换向阀 5 和管道 9 进入液压缸 7 的左腔，推动活塞向右运动。液压缸右腔的油液经管道 6、换向阀 5 和管道 10 流回油箱。改变换向阀 5 阀芯的位置，使之处于左端时，液压缸活塞将反向运动。改变流量控制阀 4 的开口，可以改变进入液压缸的流量，从而控制液压缸活塞的运动速度。液压泵排出的多余油液经溢流阀 11 和管道 12 流回油箱。液压缸的工作压力取决于负载。液压泵的最大工作压力由溢流阀 11 调定，其调定值为液压缸的最大工作压力及系统中油液经阀和管道的压力损失之总和。因此，系统的工作压力不会超过溢流阀的调定值，溢流阀对系统还起着过载保护作用。工作台的运动速度取决于流量大小，由流量控制阀 4 调节。

2）气压传动

公共汽车车门的开启与关闭一般有电动控制和气动控制两种方式。气动控制的公共汽车车门的开启与关闭动作是通过汽车发动机驱动空气压缩机将空气压缩到储气罐中，利用储气罐中的压缩空气来实现的。下面对气压传动系统的原理与组成做一简单介绍。

（1）气压传动系统的工作原理。气压传动简称气动，它是流体传动及控制学科的重要分支。气压传动系统的工作原理是利用空气压缩机将电动机或其他原动机输出的机械能转变为空气的压力能，然后在控制元件和辅助元件的配合下，通过执行元件把空气的压力能转变为机械能，从而完成直线或回转运动并对外做功，进而控制和驱动各种机械设备，以实现生产过程的机械化、自动化。

（2）气压传动系统的组成。其组成如图 5-33 所示。与液压传动系统类似，典型的气压传动系统一般由气压发生装置、控制元件、执行元件及辅助元件组成。

5.2.3.5　继电器-接触器控制系统

继电器-接触器控制系统主要用于控制生产机械动作的电动机的启动、运行（根据实际要

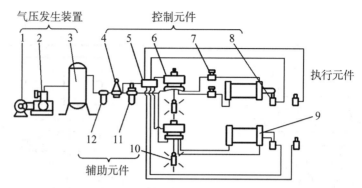

1—电动机；2—空气压缩机；3—储气罐；4—压力控制阀；5—逻辑元件；6—方向控制阀；
7—流量控制阀；8—机控阀；9—气缸；10—消声器；11—油雾器；12—空气过滤器

图 5 - 33　气压传动系统的组成

求实现正反转控制等）和停止（包括制动）。

1）常见低压电器

凡是能对电能的生产、输送、分配和应用起到切换、控制、调节、检测及保护等作用的电工器械均称为电器。低压电器是指工作电压在 500 V 以下，用来接通和断开电路，以及控制、调节和保护用电设备的电气器具。常见的低压电器包含主令电器、接触器、继电器、熔断器、执行电器。

2）电气控制电路图的绘制与分析方法

为了表达生产机械电气控制系统的工作原理，便于使用、安装、调试和检修控制系统，需要将电气控制系统中各电气元件（如接触器、继电器、开关、熔断器）及其连接方式，用一定的图形表达出来，这样绘制出来的图就是电气控制电路图。常见的电气控制电路图有电气原理图、电气设备安装图和电气设备接线图。

3）继电器-接触器控制线路基本环节

（1）三相异步电动机的启动控制线路。三相异步电动机的启动有直接启动和降压启动两种方式。许多小型车床都采用接触器直接启动线路，较大容量的异步电动机一般采用降压启动方法来启动。

（2）三相异步电动机的正反转控制线路。大多数机床的主轴运动或进给运动都需要沿两个方向进行，故要求电动机能够正反转。只要把三相交流电动机的定子三相绕组任意两相调换，电动机定子相序即可改变，电动机的旋转方向就改变了。

（3）三相异步电动机的顺序控制线路。机床主传动与润滑油泵传动的控制线路就是一种最常见的顺序控制线路。当机床主轴工作时，首先要求齿轮箱内有充足的润滑油；龙门刨床工作台移动时，导轨内也必须先有足够的润滑油。因此，要求主传动电动机在润滑油泵电动机工作、机床主油道得到充分润滑后才启动。

（4）三相异步电动机的制动控制线路。电动机断电后，要求机床能够迅速停止动作和准确定位，而电动机断电后由于惯性，停机时间拖得很长，停机位置也不准确。这就要求必须对电动机采取有效的制动措施。制动停机的方式一般分为两大类：电气制动和机械制动。

（5）电气控制系统的保护环节。电气控制系统除了能满足生产机械的加工工艺要求外，还需要有各种保护措施,以实现机械设备的无故障运行。

4) 继电器-接触器控制线路设计

继电器-接触器控制系统部分是生产机械不可缺少的组成部分,它对生产机械能否正确与可靠工作起着决定性作用。因此,继电器-接触器控制系统的设计必须以国家有关标准为依据。在具体设计过程中,可根据生产机械的总体技术要求和控制线路的复杂程度不同,对继电器-接触器控制系统部分内容进行增减。

5.2.3.6　可编程控制器

可编程逻辑控制器简称可编程控制器(programmable logical controller, PLC),是微机技术与继电器常规控制技术相结合的产物,亦是在顺序控制器的基础上发展起来的新型控制器。它采用一类可编程的存储器,用其内部存储的程序,执行逻辑运算、顺序控制、定时、计数与算术操作等面向用户的指令,并通过数字或模拟式输入/输出控制各种类型的机械或生产过程。

1) PLC 的基本结构和工作原理

(1) PLC 的基本结构。PLC 的种类很多,大、中、小型 PLC 的功能也不尽相同,其结构也有所不同,但主体结构形式大体上是相同的,由输入/输出电路、中央控制单元、电源及编程器等构成。PLC 结构框图如图 5-34 所示。

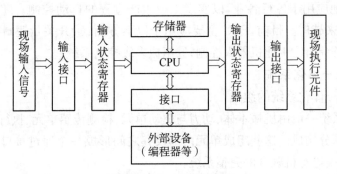

图 5-34　PLC 结构框图

(2) PLC 的工作原理。PLC 用户程序的执行采用循环扫描工作方式,即 PLC 逐条顺序执行用户程序,程序结束后再从头开始扫描,周而复始,直至停止执行用户程序为止。PLC 有两种基本的工作模式,即运行(RUN)模式和停止(STOP)模式,如图 5-35 所示。

由于 PLC 采用循环扫描工作方式,即对信息采用串行处理方式,这就必然会带来 I/O 滞后问题。I/O 滞后时间又称系统响应时间,是指从 PLC 外部输入信

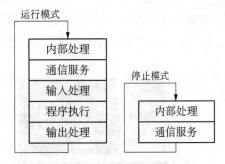

图 5-35　PLC 基本的工作模式

号发生变化的时刻起至由它控制的有关外部输出信号发生变化的时刻为止所需的时间。它由输入电路的滤波时间、输出模块的滞后时间和因扫描工作方式产生的滞后时间三部分组成。

2) PLC 的主要功能和特点

(1) PLC 的主要功能:①逻辑控制;②定时控制;③计数控制;④模/数、数/模转换;⑤定位

控制;⑥通信与联网;⑦数据处理。

(2) PLC 的特点:①抗扰能力强,可靠性高,环境适应性好;②编程方法简单易学;③应用灵活,通用性好;④具有完善的监视和诊断功能。

3) PLC 内部等效继电器电路

PLC 内部有许多具有不同功能的器件,实际上这些器件是由电子电路和存储器组成的。例如,输入继电器 X 由输入电路和映像输入接点的存储器组成;输出继电器 Y 由输出电路和映像输出接点的存储器组成;定时器 T、计数器 C、辅助继电器 M、状态器 S、数据寄存器 D、变址寄存器 V/Z 等也都是由存储器组成的。为了把它们与一般的硬器件区分开来,通常把上面的器件统称软器件,也称为编程器件。

4) PLC 的编程指令

(1) PLC 的编程语言。PLC 是按照程序进行工作的。程序就是用一定的语言描述出来的控制任务。1994 年 5 月国际电工委员会(IEC)在 PLC 标准中推荐的常用语言有梯形图、指令程序、顺序功能图和功能块图等。

(2) 基本指令。不同型号的可编程控制器,其编程语言不尽相同,但指令的基本功能大致相同,只要熟悉一种,掌握其他各种编程语言也就不困难了。

5) PLC 的应用

PLC 已广泛地应用于各行各业,以实现工业生产过程的自动控制。随着 PLC 产品的发展,其应用范围越来越广。目前,PLC 主要应用于以下方面:①开关量逻辑控制;②闭环过程控制;③配合数字控制;④工业机器人控制;⑤组成多级控制系统。

5.2.4 机电一体化系统

5.2.4.1 机电一体化系统的组成

机电一体化系统一般由机械本体、动力与驱动单元、检测传感单元、执行机构单元、控制及信息处理单元五部分构成。这些组成单元内部及其之间形成一个通过接口来实现运动传递、信息控制、能量转换等有机融合的完整系统。

1) 机械本体

所有的机电一体化系统都含有机械部分,其是机电一体化系统的基础,起着支撑系统所有功能单元的作用。机电一体化系统的机械本体包括机身、框架、机械连接和机械传动等,如图 5-36 所示的数控机床和图 5-37 所示的汽车车身。

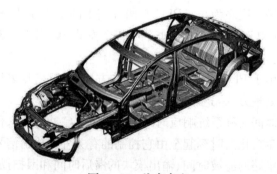

图 5-36　数控机床　　　　　　图 5-37　汽车车身

2）动力与驱动单元

动力单元是机电一体化产品能量供应部分，提供能量的方式包括电能、气能和液压能，其中电能是主要的供能方式。驱动单元在控制信息的作用下提供动力，驱动各种执行机构完成各种动作和功能，高性能步进驱动、直流和交流伺服驱动方法已经大量应用于机电一体化系统。图 5 - 38 所示为变频调速电动机。图 5 - 39 所示为伺服电机。

图 5 - 38　变频调速电动机　　　　图 5 - 39　伺服电机

3）检测传感单元

测试传感部分对系统运行中所需的本身和外界环境的各种参数及状态进行检测，变成可识别的信号，传输到信息处理单元，经过分析和处理后产生相应的控制信息。图 5 - 40 所示为加速度传感器。

图 5 - 40　加速度传感器　　　　图 5 - 41　液压马达

4）执行机构单元

执行机构单元的功能就是根据控制信息和指令驱动机械部件运动从而完成要求的动作。执行机构是运动部件，它将输入的各种形式的能量转换为机械能。常用的执行机构可分为两类：一类是电气式执行部件；另一类是气压和液压式执行部件。图 5 - 41 所示为液压马达。

5）控制及信息处理单元

控制及信息处理单元将来自各传感器的检测信息和外部输入命令进行集中存储、分析、加工，根据信息处理结果，按照一定的程序和节奏发出相应的指令，控制整个系统有目的地运行。图 5 - 42、图 5 - 43 所示分别为机床数控系统和船舶控制系统。

5.2.4.2　机电一体化系统总体设计

机电一体化系统总体设计是整个机电产品设计过程中的最关键环节，它决定机电一体化系统能否合理、有机地结合多种技术并使一体化性能达到最佳。机电一体化系统总体设计流

图 5-42　机床数控系统

图 5-43　船舶控制系统

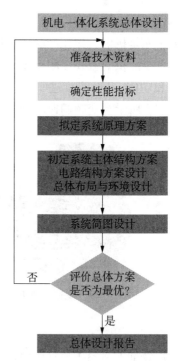

图 5-44　机电一体化系统总体设计流程

程如图 5-44 所示。总体设计为具体设计规定了总的基本原理、原则和布局,指导具体设计的进行;具体设计不断地丰富和修改总体设计,两者相辅相成、有机结合。因此,只有把总体设计和系统的观点贯穿产品开发的过程,才能保证最后的成功。

　　一般来讲,机电一体化系统总体设计包括下述内容:①技术资料准备;②性能指标确定;③系统原理方案拟定;④系统主体结构方案初定;⑤电路结构方案设计;⑥总体布局与环境设计;⑦系统简图设计;⑧总体方案评价;⑨总体设计报告。

5.2.4.3　机电一体化实例

1)工业机器人

(1)工业机器人的基本概念。工业机器人是集机械、电子、控制、计算机、传感器和人工智能等多学科先进技术于一体的现代制造业重要的自动化装备。国际标准化组织给出的机器人的定义是:"一种可以反复编程的、多功能的,用来搬运材料、零件、工具的操作机。"在无人参与的情况下,工业机器人可以自动按不同的轨迹、不同的运动方式完成规定动作和各种任务。

(2)工业机器人的技术特点与性能要素。

① 技术特点。

a. 通用性:可执行不同功能和完成不同任务的能力。

b. 适用性:主要指其对工作环境变化的适应能力。

c. 智能性:指工业机器人的自主化和智能化。

② 性能要素。

a. 自由度数:衡量机器人适应性和灵活性的重要指标,一般等于机器人的关节数。

b. 负荷能力:机器人在满足其他性能要求的前提下,能够承载的负荷重量。

c. 运动范围:机器人在其工作区域内可以达到的最大距离。

  d. 运动速度：包括单关节速度和合成速度。

  e. 精度：指机器人到达指定点的精确程度。

  f. 重复精度：指机器人重复到达同样位置的精确程度。

  g. 控制模式：包括引导点到点示教模式、连续轨迹示教模式、软件编程模式和自主模式等。

  h. 其他动态特性：如稳定性、柔顺性等。

  （3）工业机器人的组成。大体上可分成四大部分，即执行机构、驱动系统、控制系统、感知和反馈系统，具体组成如图 5-45 所示。执行机构按控制系统的指令进行运动，动力由驱动系统提供，各部分相互关系如图 5-46 所示。

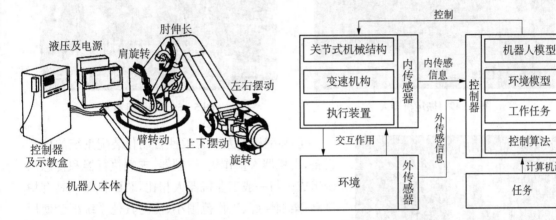

图 5-45　机器人的组成　　　　　　图 5-46　工业机器人各部分相互关系

  （4）工业机器人的应用。

  ① 点焊机器人。由机器人本体、计算机控制系统、示教盒和点焊系统几部分组成。为了适应灵活动作的工作要求，通常点焊机器人选用关节式工业机器人的基本设计，一般具有六个自由度：腰转、大臂转、小臂转、腕转、腕摆及腕捻。图 5-47 为汽车点焊机器人。

图 5-47　汽车点焊机器人　　　　　　图 5-48　弧焊机器人

  ② 弧焊机器人。指用于进行自动弧焊的工业机器人，如图 5-48 所示。弧焊机器人的组成和原理与点焊机器人基本相同，一般的弧焊机器人由示教盒、控制盘、机器人本体及自动送丝装置、焊接电源等部分组成。弧焊机器人可以在计算机控制下实现连续轨迹控制和点位控制，还可以利用直线插补和圆弧插补功能焊接由直线及圆弧所组成的空间焊缝。

③ 搬运机器人。指可以进行自动化搬运作业的工业机器人,如图 5 - 49 所示。搬运机器人可安装不同的末端执行器以完成各种不同形状和状态的工件搬运工作,大大减轻了人类繁重的体力劳动。目前世界上使用的搬运机器人被广泛应用于机床上下料、冲压机自动化生产线、自动装配流水线、码垛搬运以及集装箱等的自动搬运。

图 5 - 49　搬运机器人

图 5 - 50　装配机器人

图 5 - 51　喷涂机器人

④ 装配机器人。为柔性自动化装配系统的核心设备,由机器人操作机、控制器、末端执行器和传感系统组成。与一般工业机器人相比,装配机器人具有精度高、柔顺性好、工作范围小、能与其他系统配套使用等特点,主要用于各种电器的制造行业及汽车制造业,如图 5 - 50 所示。

⑤ 喷涂机器人。又称喷漆机器人,是可进行自动喷漆或喷涂其他涂料的工业机器人,如图 5 - 51 所示。喷漆机器人广泛用于汽车、仪表、电器和搪瓷等工艺生产部门。

2) 数控机床

(1) 数控机床的基本知识。

① 数字控制(numerical control)技术是指使用数字化的信息控制机床的运动和动作,实现零件加工的一门自动化技术,简称数控技术。

② 数控机床是指采用数控技术或者装备了数控系统的机床。

③ 同机床和专用机床相比,数控机床具有以下显著特点:具有较强的适应性和通用性;生产率高,加工精度高且质量稳定;易于完成复杂型面的加工;经济效益良好。

(2) 数控机床的组成。组成如图 5 - 52 所示,其一般包含程序及程序载体、输入装置、数

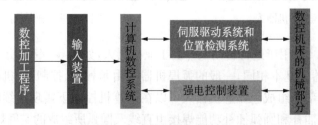

图 5 - 52　数控机床的组成

控装置及数据处理、输出装置、伺服驱动系统、位置检测装置和机床的机械部件。

（3）数控机床的分类。

① 按数控机床的加工功能分类。分为点位控制数控机床、直线控制数控机床、轮廓控制数控机床。

② 按所用进给伺服系统的不同分类。分为以下三种：

a. 开环控制系统。通常采用步进电机作为执行元件驱动滚珠丝杠螺母副，带动工作台移动。系统中没有检测装置和反馈控制，其控制原理如图 5-53 所示。

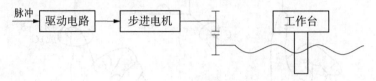

图 5-53　开环系统控制原理

b. 闭环控制系统。采用直线位置测量装置对数控机床工作台的位移直接测量并反馈的位置伺服系统，其控制原理如图 5-54 所示。

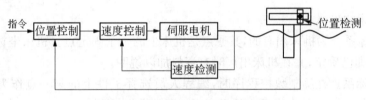

图 5-54　闭环系统控制原理

c. 半闭环系统。采用间接测量工作台位移并构成反馈的伺服系统，其控制原理如图 5-55 所示。

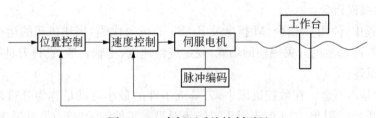

图 5-55　半闭环系统控制原理

（4）数控机床的程序编制。数控机床加工程序的编制是数控机床加工零件最重要的环节之一，其程序编制的流程如下：分析零件图纸、确定加工工艺；数值计算；编写加工程序并制作程序载体；程序校验及首件试切。

（5）数控标准及代码。数控系统在输入代码、坐标系统、加工指令、辅助功能及程序格式等方面已有 ISO 标准，在我国均采用该标准。

① 数控机床的运动方向及坐标轴命名。

a. Z 坐标。与主轴平行的坐标轴为 Z 轴，Z 坐标的正向为刀具远离工件的方向。

b. X 坐标。X 坐标一般在水平面内。对于工件回转的机床（如车床），X 坐标平行于横向溜板,其正向为刀具远离工件的方向。对于刀具回转类机床(如铣床、钻床等),如为立式机床,从刀具主轴向立柱方向看,其右向为"+X"。若为立式机床,则顺着主轴向工件方向看,其右向为"+X"。

c. Y坐标。当Z坐标和X坐标确定后,根据右手定则即可确定Y坐标的方向,如图5-56所示。

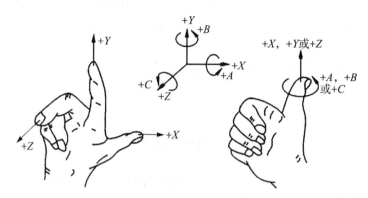

图5-56　右手笛卡儿坐标系

② 数控机床的坐标系。

a. 机床坐标系。为机床固有的,其原点是机床上的一个固定点。机床坐标系的原点在机床装配、调试时即已确定,并在机床出厂时有资料加以说明。

b. 工件坐标系。在编制数控程序时,编程人员选择工件上的某一点作为编程坐标的原点,即为工件坐标系。工件坐标系应与机床坐标系的方向一致。

c. 绝对坐标和增量坐标。如果刀具运动位置的坐标是相对工件坐标的原点 O 给出的,称为绝对坐标,用 X、Y、Z 表示。如果刀具的运动位置是相对于前一个定位点的位移增量,则称为增量(或相对)坐标,常用第二坐标 U、V、W 表示,U、V、W 分别与 X、Y、Z 平行且同向。

③ 常用的编程指令。

在数控编程中,使用G指令、M指令及F、S、T指令代码,描述机床的运行方式、加工种类、主轴的启停、冷却液的开关等辅助功能,规定进给速度、主轴转速、选择刀具等。

(6)插补原理。

① 插补的基本概念。在数控机床中,刀具或工件的最小移动量称为分辨率或脉冲当量,也称最小设定单位。因此,加工时刀具不可能绝对沿着工件的轮廓运动,其运动轨迹在微观上是由许多微小的线段构成的折线,以此来代替要求的廓形曲线,这种拟合方法称为"插补"。"插补"实质上是数控系统根据零件廓形的有限信息,如直线的起点、终点,圆弧的起点、终点和圆心等,计算出刀具的一系列加工点,完成所谓的数据点"密化"工作。

② 插补方法的分类。根据插补原理和方法的不同,插补运算可归纳为基准脉冲法和数据采样法两大类。

a. 基准脉冲法插补。又称脉冲增量法插补。其特点是每次插补仅向各坐标轴输出一个控制脉冲,各坐标产生一个脉冲当量的行程增量。常见方法有逐点比较法、数字积分法、比较积分法和最小偏差法等,其中以逐点比较法和数字积分法应用较多。

b. 数据采样法插补。又称时间分割法或数字增量法插补。其特点是根据编程的进给速度将轮廓曲线分割为每个插补周期的进给直线段（也称为插补步长），以此来逼近轮廓曲线。具体方法有直线函数法、扩展数字积分法和二阶函数递归法等。

5.3　前沿技术和发展趋势

5.3.1　人工智能

人工智能（artificial intelligence，AI）是指利用计算机和机器来模仿人类思维解决问题和决策的能力。它是一个非常广泛的主题，有许多不同的方法和技术都属于其范畴，如机器学习、自然语言处理、机器视觉和机器人技术等都是不同的 AI 技术，而且它们本身也有大量的研究。在制造业领域，AI 的目标是研究机器无需人工干预即可处理信息和做出决策的方式，实现工厂智能化，如图 5-57 所示。AI 并不仅仅是模仿人类的思维方式，尽管它们在执行某些任务方面相比人类效率更高，但它们并不完美，最好的 AI 是能够理性、准确地进行思考和决策的 AI。

图 5-57　AI 与现代制造业

近年来，随着制造业数字化的发展，AI 技术在制造领域的应用越来越广泛。但是，对于如何有效使用和管理由计算机网络连接起来的机器所产生的海量数据点，仍然是制造业需要探索和解决的重大问题。如图 5-58 所示，AI 技术正在深度变革制造业的发展方向。美国麻省理工学院 2020 年的一项调查显示，约 60% 的制造企业正在使用 AI 来提高产品质量，实现供应链更高的速度和可见性，并优化库存管理。利用 AI 和机器学习，制造企业可以提高运营效率、推出新产品、定制产品设计，并可以提前规划未来的财务计划，用以推进企业的 AI 化转型。

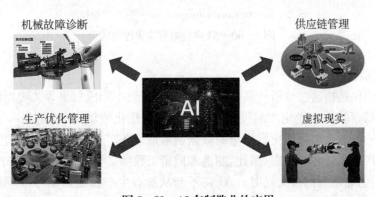

图 5-58　AI 在制造业的应用

1) 机器智能维护

故障预测与健康管理（prognostics health management，PHM）可以满足设备自主保障、自主诊断的要求，利用资产设备管理中的状态感知，监控设备健康状况、故障频发区域与周期，通过数据监控与分析预测故障的发生，从而大幅提高运维效率。AI 技术在 PHM 领域得到广泛应用，且效果显著，如图 5 - 59 所示。生产操作中的一些最大停机时间可能是由于机械或电气故障导致机器核心部件离线造成的。基于 AI，可以在预测故障发生之前优化生产维护计划，以保持机器处于最佳状态，并让生产车间平稳运行。未来的设备将越来越智能化，具备状态自知觉、趋势可预测以及洞察可传承等能力。

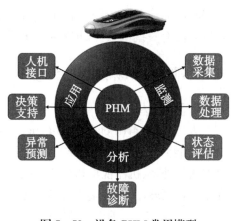

图 5 - 59　设备 PHM 常用模型

2) 供应链智能管理

供应链管理是对贯穿客户到供应商的产品流、信息流和资金流的集成管理，以最大化给客户的价值、最小化供应链的成本。在供应链管理领域，AI 正扮演越来越重要的角色。如今的供应链是一个超级复杂的管理网络，有数千个零件和数百个位置。AI 正在成为确保将产品从生产中迅速送到客户手中的必要工具。借助机器学习算法，制造企业可以为其所有产品定义优化的供应链解决方案。AI 可以查看组件数量、到期日期并优化整个工厂车间的分配，让工厂车间备有所有必要的库存，帮助企业应对供应链管理的挑战，如图 5 - 60 所示。

SOP—standard operating procedure，标准作业程序

图 5 - 60　AI 供应链智能管理模式

3) 生产智能优化

生产智能优化是指通过分析产品质量、成本、能耗、效率和成材率等关键指标与工艺、设备参数之间的关系，利用 AI 优化产品设计和工艺。生产优化领域是 AI 的另一个主要战场，流程优化可能是一项涉及无数历史数据集的数据密集型任务。通常确定哪些工艺参数组合能够生产出最优的产品质量并非易事，因此，制造和质量工程师需要尝试运行数十个实验设计来优化工艺参数，它们通常既昂贵又耗时。AI 将不断从所有生产数据点学习，以不断改进工艺参数；结合数字孪生技术，AI 可以对生产过程进行全局优化。

4）虚拟和增强现实

虚拟现实（virtual reality，VR），又称虚拟环境、灵境或人工环境，是指利用计算机生成一种可对参与者直接施加视觉、听觉和触觉感受，并允许其交互地观察和操作的虚拟世界的技术。增强虚拟现实，简称增强现实（augmented reality，AR），是根据信息技术发展和实际应用需要而出现的一种将真实世界信息和虚拟世界信息"无缝"集成的新技术。VR 可以帮助制造企业更好地培训员工，进行产品组装或预防性维护任务；AR 在工厂车间或现场提供由机器学习驱动生成的实时报告，有助于快速识别有缺陷的产品和改进运营等领域。AR/VR 在制造领域的应用前景无限宽广，在解决当今制造业所面临的挑战中发挥着重要作用，如图 5 - 61 所示。

图 5 - 61　AR/VR 在飞机制造业中的应用

5.3.2　工业互联网

制造企业需要大量的数据来了解其生产过程的性能和状态，因此，在制造业背景下，工业互联网（industrial internet of things，IIoT）显得尤为重要。最重要的是可以通过 IIoT 分析，找出生产中造成效率降低的因素，从而优化系统做出决策提高业务效率，甚至可以通过将 IIoT 系统与 AI 组合起来实现智能化管理，如图 5 - 62 所示。

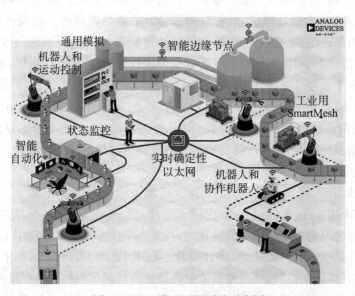

图 5 - 62　工业互联网系统示意图

1) IIoT 网络带宽

制造业中的 IIoT 技术最大的瓶颈之一是带宽,它是指在一次网络交换中所有设备可以在网络交换多少数据,单次可以立即传送的数据越多,系统的速度就越快,也更高效。常用的网络协议有 EtherCAT、EtherNet/IP 和 PROFINET 等。常见的 USB 连接的传输速度和距离有限,因此通常使用特别的电缆来扩展其传输距离。在远距离的场景中,通常使用光纤电缆将工业设备相互连接。无线 IIoT 方案在很大程度上解决了环境上的限制问题,对于有多功能和易于设置需求的场景,无线连接更加有效。虽然,无线连接本身容易受到电磁环境的影响,造成不连接稳定,但可以根据所使用的无线连接类型来降低影响程度。常用无线连接技术参数见表 5-1。

表 5-1　常用无线连接技术参数

连接类型	频率/GHz	传输距离/m
蓝牙	2.4	10
WiFi	5.0	50
ZigBee	2.4	10～100

2) IIoT 与智能制造

制造系统的故障成本非常高昂,通过 AI 提供的预测性维护,制造企业可以节约大量的成本。然而,工业机器学习算法是无法在没有关于它们所需要评估机器高质量数据的情况下正常运行的,工业物联网传感器则可以通过网络收集数据,然后该数据可以用于识别需要提前预订维护时间的机器。这些网络传感器还可以用于测量机器的温度、振动和电力使用情况等,用以估计未来潜在的故障点。工业互联网使质量管理和监控可以远程自动完成,大大提高了制造业的生产力和效率;还可以实时发送警报,以便更快速地响应出意外的机器故障和其他中断等问题。通过 IIoT 设备的实时视频连接,还支持 AI 自动视觉检查,通过 AI 检测有缺陷的产品,并将它们从装配线中取出。有了物联网传感器和摄像机,可以实现 AI 驱动的视觉检查,并为生产过程中的智能决策提供信息和保障。

3) IIoT 与边缘计算

工业互联网领域的最新技术趋势之一是边缘计算。许多行业和企业已经将本地设备信息转移到遥远的服务器,再利用这些服务器来为它们进行数据处理。虽然这样减少了本地设备,如手机或 PC 所需要的数据处理量,但在时间和带宽方面是昂贵的。边缘计算的目标正好相反,它保持尽可能靠近"边缘"信息产生端的处理。在制造业中,工厂本地边缘网络中的多个设备都可以处理信息,而无须向其他地方发送数据再进行处理,这样不仅更快,更高效,而且具有固有的安全性,由于数据从未离开工厂,因此不存在被第三方拦截或窃取的风险。此外,通过融合边缘计算和 AI 形成 Edge AI 概念,它给整个行业带来了新的机会。Edge AI 概念允许在 IIoT 网络边缘的附近用户来完成 AI 计算,而不是在云端,这有助于为工业流程提供实时智能、增加隐私和增强网络安全,同时降低成本并确保制造过程可持续改进。

4) IIoT 与生产管理

产品位置跟踪在制造业有广泛的应用,所有相关应用程序都依赖于工业互联网技术。GPS 是众所周知的定位技术,但其主要应用于户外,但是,在室内定位和具有 GPS 干扰的区域,如浓密的高层建筑物内定位则更具挑战性,且室内解决方案更多地应用于制造业领域。基于无线技术的实时定位系统(RTLS),例如 WiFi、BLE BEACONS、UWB 和 RFID,可以帮助识别产品位于工厂车间的位置,从而可以监控产品从开始到结束整个生产过程的进展,不仅可以帮助验证质量,而且可以提供支持数字孪生应用的数据。通过使用 IIoT 能量优化传感器来监测工厂中设备的电气状态和使用情况,工人可以微调生产过程并自动通过各种设备优化能源使用(图 5 - 63)。

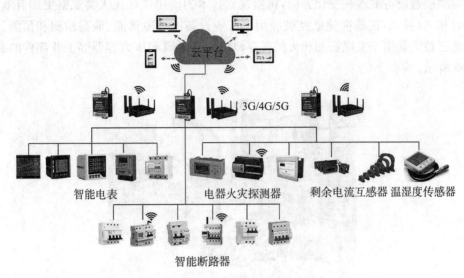

图 5 - 63　智能能量优化系统

5.3.3　机器视觉

机器视觉是指用机器代替人的视觉系统来做测量和判断。一个典型的机器视觉应用系统包括图像捕捉、光源系统、图像数字化模块、数字图像处理模块、智能判断决策模块和机械控制执行模块。机器视觉在过去几年中获得了极大的普及,尤其是在制造业,机器视觉技术带来了更高的灵活性、更低的产品缺陷率和更好的整体生产质量。经过多年的研究、改进和发展,机器视觉在制造业中实现了广泛的应用和带来了大量的收益。

1) 机器视觉质量检测

机器视觉在制造业中最重要的用途之一是在生产过程中自动进行质量检验。如图 5 - 64 所示,采用机器视觉技术可确保最大限度地减少人为干预,同时保持流程的高度准确性,提高运营效率并降低劳动力成本。在制造工厂的受限环境中,机器视觉可以比人类更快、更准确、更高效地执行许多检测任务,可以检查每个零件,而不仅仅是检查随机样本。

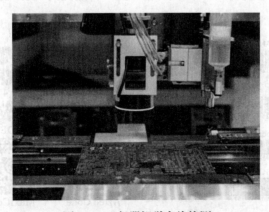

图 5 - 64　机器视觉在线检测

2）设备监控和预测性维护

制造设备和机器在长期生产中可能会出现磨损甚至潜在的故障，从而导致产品缺陷和损失。在检测制造设备的潜在变化方面，机器视觉技术的使用往往比人类观察更加有效。结合深度学习和 AI 技术，机器视觉已经被应用于工业设备的故障诊断、泄漏检测和预测。例如，机器视觉已被大量用于发现石油和天然气存储中的球形罐和压力容器等工业部件的裂缝，如图 5-65 所示。

图 5-65　机器视觉管道巡检

3）数字化精益制造

精益制造是一种生产过程，它试图最大限度地提高生产力，同时最大限度地减少制造中的浪费。机器视觉是实现制造工厂数字化和工业 4.0 技术的关键组成部分。从精益到数字精益的转型每条生产线每年降低 15% 的成本，并改进通用设备效率、每年提高 11%。在制造过程的不同阶段应用机器视觉，可以帮助减少时间、损耗和成本，同时提高生产力。此外，交付包含有缺陷产品的订单不仅会导致生产成本增加，还会导致客户不满意，对业务产生负面影响，采用机器视觉系统进行缺陷检测可以通过有效监控制造过程来识别缺陷件，从而避免了这些麻烦。

4）自动化产品组装

现在大多数产品都带有便于识别的条形码，制造公司需要确保产品在投放市场前准确打印了条形码，如图 5-66 所示。人工检查的错误是不可避免的，机器视觉系统是识别条形码准

图 5-66　机器视觉条形码识别

确与否的优选替代方案,它可以在相对较短的时间内验证多个
条码,效率高,还可以将带有错误或不正确条形码的任何产品
转移到制造部门进行重新评估。

5.3.4　智能传感器

多年来,传感器一直在制造业中发挥着巨大作用,但它们
在很大程度上受到系统噪声、信号衰减和动态响应等问题的限
制。随着功能的增强,传感器也变得非常小(有些比橡皮擦还
小)并且非常灵活,可以将它们连接到难以触及和潜在危险的
设备上,将笨重的机器变成高科技智能设备,这种传感和信号
处理功能的融合正在重新定义传感器领域。如图 5 - 67 所示
为常用到的智能传感器与人类感觉器官的关系。

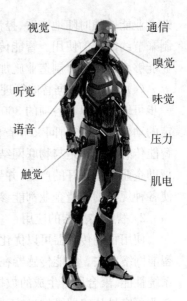

图 5 - 67　智能传感器

1) 智能传感器的特点

智能传感器除了尺寸小、几乎可以放置在任何地方外,还
可以让制造企业提高盈利能力、客户满意度、市场份额和更多
创新能力。智能传感器提供了四个关键优势:

(1) 设备及环境状态感知。哪些零件需要更换? 哪些需要维护? 在过去,这可能是一种
猜谜游戏,会导致严重的效率低下和生产力的损失。如果等到机器过热或发生故障,可能会使
生产计划偏离轨道,甚至导致潜在的事故和伤害。智能传感器可应用于整个供应链不断收集
数据,实时监控设备状况及其利用率,为工人提供所有活动的全维度视图。

(2) 物流和资产自动化管理。配备 GPS 的智能传感器可以跟踪资产、车辆、库存甚至人
员的位置,构建如图 5 - 68 所示的智能仓储系统。制造企业利用这些数据来查看货物处于运
输途中的哪个时间点、车队卡车的下落等。制造企业还可以使用传感器数据来预测和确认资
产何时到达以及何时离开仓库、配送中心和零售店。

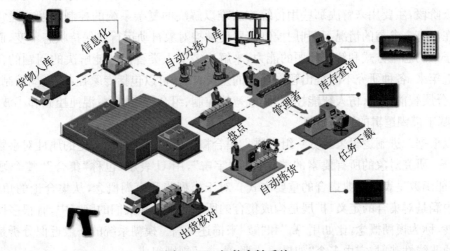

图 5 - 68　智能仓储系统

(3) 节约能源与智能监控。近年来,在家庭和办公室中,人们可以利用运动传感器,根据
活动需求来打开和关闭灯光,从而来节省能源成本。智能传感器是一个巨大的飞跃,它使得制

造企业能够随时随地查看、控制工厂车间以及配送过程中的产品温度和活动状态,通过远程控制来节约能源的使用。智能传感器可以帮助制造企业应对不断增加的能源使用成本,并使企业能够满足政府对制造业施加的严格的能源使用法规。

(4) 传感器数据智能管理。传感器都具有收集、存储和监控数据的能力,智能传感器更进一步可以提供以下各项的 360°视图:环境、相关性、通信、分析、执行。一些数据点可以触发预定的动作,既节省时间又节省资源。它们还确保在没有人为干预的情况下启动适当的响应。智能传感器尤其是与物联网结合使用后,正在改变制造企业收集数据和通信的方式,它们正在帮助企业创造更好的产品,并更快地生产。智能传感器的快速使用,也促使其价格不断下降,使各种规模的制造企业都能参与其中。

2) 智能传感器的应用

使用智能传感器可以优化机械的性能,将它们变成智能设备,能够连接到整个价值链上的智能网络中去。智能传感器在整个工厂中创建了无缝连接,使制造企业能够做到:监控设备和系统性能、聚合所有生成的数据对数据集进行基准测试、比较和分析。智能传感器技术使制造企业更容易从定期维护过渡到预测性维护,通过数据可以检测模式,预测需要维修的设备。智能传感器可以使用这些数据向用户发送警报,通知其潜在的问题,以便在它们成为故障点之前加以预防。

制造企业可能会受到环境法规的影响,能源标准和行业特定法规要求制造厂遵守严格的能源规则,许多制造企业都被要求定期生成报告以证明其合规性。智能传感器将自动记录能源消耗、温度、湿度、运行时间、维护时间和生产线输出等数据。智能传感器生成的数据可以提高工厂的透明度,并提供整个工厂的峰值和流量的可视化表示。智能传感器和制造的数字化将使公司能够以更透明、更高效、更高质量的方式继续生产。由于整个工厂的准确性更高,制造企业将更加合规并获得更多利润。

5.3.5 智能控制

智能控制是具有智能信息处理、智能信息反馈和智能控制决策的控制方式,是控制理论发展的高级阶段,主要用来解决那些用传统方法难以解决的复杂系统的控制问题。通常自动控制是指在没有人参与的情况下,利用控制装置使被控对象自动运行或保持状态不变,而智能控制是基于人的思维方式和解决问题的能力,来解决需要人类智能才能解决的问题的自动控制方法。近年来,各种研究不断提出智能控制的主要方法,可以包括专家控制、模糊控制、神经网络控制、分层智能控制、仿人智能控制、集成智能控制、组合智能控制、混沌控制和小波理论等。

1) 基于模糊逻辑的智能控制

可以根据二进制逻辑来区分一组事物。集合概念的本质是按照一定的属性对事物进行分类或划分。研究对象的所有要素的整体称为"宇宙",用 U 表示,也称"集合""整个域"或"空间"。特征函数是表示经典集合的重要方式。对于模糊集和模糊概念,从集合论的角度来看,概念的内涵是对集合的定义,扩展是构成集合的所有元素。在人们的脑海中,有很多概念没有明确扩展,称为模糊概念,比如用"高"和"矮"来描述身高。模糊系统的一般近似分析是从输入到输出的非线性映射,它由多个"如果……那么……"规则组成。

2) 基于神经网络的智能控制类型与控制

在控制系统中,神经网络的非线性映射能力可用于对难以准确描述的复杂非线性对象进行建模,或充当控制器,或优化计算,或进行推理,或故障诊断,或两者兼而有之适应某些功能等。基于神经网络的智能控制是指神经网络单独控制或集成神经网络与其他智能控制方法的集合控制。模糊系统擅长直接表达逻辑,适合直接表达知识。神经网络更善于学习通过数据隐含地表达知识。前者适合自顶向下的表达,后者适合自底向上的学习过程。两者是互补和相关的。因此,它们的集成可以相得益彰,更好地提高控制系统的智能化。

3) 专家控制和仿人智能控制

专家是在某一领域具有深厚理论知识或丰富实践经验的人。专家解决疑难问题的决策行动之所以能取得重要成果,是因为他们在头脑中积累了宝贵的理论知识和实践经验。可以通过某种知识获取方法,将专业领域的专家知识和经验存储到计算机中,依靠其推理程序,使计算机的工作接近于专家的水平。它可以基于一个或多个专家提供的特殊领域知识,用经验来推理和判断。专家系统是具有大量专业知识和经验的计算机程序系统。专家系统的基本结构通常由知识库、数据库、推理机、解释和知识获取五个部分组成。

智能控制基本上是模仿人类的智能行为进行控制和决策。有学者通过实验发现,在获得必要的操作训练后,人工实施的控制方法接近最优。这种方法不需要了解对象的结构参数,也不需要最优控制专家的指导。仿人智能控制器的工作过程可以概括为三个步骤:首先,系统根据计算出的特征变量判断动态过程的特征模式;其次,推理机制根据特征模式类寻找匹配的控制规则;第三,控制器执行上述控制规则来控制受控对象。

4) 分层智能控制和学习控制

研究复杂问题的人通常在不同的层次上处理这些问题。同样,更复杂的大型系统控制问题通常分解成几个相互关联的子系统控制问题来处理。大型复杂控制系统采用多层次、多目标控制,形成金字塔状的层次控制结构。根据信息交换方式和相关处理方式,一般将大型复杂控制分为分散控制、分散控制和分级控制三种基本形式。大规模系统控制层次结构的主要结构层包括资源层、生产管理层、过程监控层、现场控制层和现场设备层。根据决策目标的数量,系统可分为单阶段单目标系统、单阶段多目标系统和多阶段多目标系统。

人的中枢神经系统是按照多层结构组织的,深度学习模型是模拟人类视觉神经系统的多层结构算法。多层次分级智能控制系统是智能控制的一个分支。它首先应用于工业实践,在智能控制系统的形成中发挥了重要作用。分级智能控制结构按照智能程度,分为组织级、协调级和控制级三个层次。分级智能控制原理是利用人类的组织者、协调者等人类智能的原理和方法,具备对知识的使用和加工能力,并具有不同程度的自学习能力来达到控制目的。学习是人的基本智力之一。学习是为了获得知识。因此,在控制中模拟人类学习智能行为的学习控制属于智能控制的范畴。

参考文献

[1] 颜永年,张晓萍,冯常学.机械电子工程[M].北京:化学工业出版社,1998.

[2] 彭晓燕,王虎符,李德化.机械设计制造及自动化专业电类课程新体系的研究[J].机械工业高教研究,2000(4):58-60.

[3] 芮延年.机电一体化系统设计[M].苏州:苏州大学出版社,2017.

[4] 闫玉涛.机电一体化系统设计[M].3版.武汉:华中科技大学出版社,2020.

[5] 王朝晖.机械控制工程基础[M].西安:西安交通大学出版社,2018.

［6］ 李郝林.机械工程测试技术基础［M］.上海:上海科学技术出版社,2017.

［7］ 李东晶.传感器技术及应用［M］.北京:北京理工大学出版社,2020.

［8］ 邓鹏.传感器与检测技术［M］.成都:电子科技大学出版社,2020.

［9］ 余愿,刘芳.传感器原理与检测技术［M］.武汉:华中科技大学出版社,2017.

［10］ 胡福年.传感器与测量技术［M］.南京:东南大学出版社,2015.

［11］ 郝用兴,苗满香,罗晓燕.机电传动控制［M］.3版.武汉:华中科技大学出版社,2016.

［12］ 吴清,夏春明,颜建军,等.机电传动与控制［M］.上海:上海科学技术出版社,2018.

［13］ 刘惠恩,高建军.机械工程导论［M］.北京:北京理工大学出版社,2016.

［14］ 张文洁,于晓光,王更栓.机械电子工程导论［M］.北京:北京理工大学出版社,2015.

［15］ 张万奎,神会存.机电传动控制［M］.武汉:华中科技大学出版社,2013.

［16］ 刘宏新.机电一体化技术［M］.北京:机械工业出版社,2015.

［17］ 刘龙江.机电一体化技术［M］.3版.北京:北京理工大学出版社,2019.

［18］ 谢苗,毛君.液压传动［M］.北京:北京理工大学出版社,2016.

［19］ 李绍华,李继财,庞恩泉.液压与气压传动技术［M］.北京:北京理工大学出版社,2020.

［20］ 王永庆.人工智能原理与方法［M］.西安:西安交通大学出版社,1998.

［21］ 吕琛.故障诊断与预测——原理、技术及应用［M］.北京:北京航空航天大学出版社,2012.

［22］ Enrico Zio. Prognostics and health management (PHM):Where are we and where do we (need to) go in theory and practice [J]. Reliability Engineering and System Safety,2022(218):108－119.

［23］ 宋华,胡左浩.现代物流与供应链管理［M］.北京:经济管理出版社,2000.

［24］ 隋少春,许艾明,黎小华,等.面向航空智能制造的 DT 与 AI 融合应用［J］.航空学报,2020,41(7):7－17.

［25］ Victor R Kebande. Industrial internet of things (IIoT) forensics:the forgotten concept in the race towards industry 4. 0 [J]. Forensic Science International:Reports, 2022(5):100－257.

［26］ Milan Sonka,艾海舟.图像处理、分析与机器视觉［M］.北京:清华大学出版社,2016.

［27］ 孙增圻,邓志东,张再兴.智能控制理论与技术［M］.北京:清华大学出版社,2011.

第 6 章

车 辆 工 程

6.1 概述

近年来我国汽车工业取得前所未有的长足发展,尤其近 20 年来汽车产量快速增长,长期位居全球首位。为满足汽车产业人才需求,作为汽车产业人才培养而开设的车辆工程专业主要研究汽车、机动车辆等移动车辆设备的设计、制造、检测与控制等问题。该专业主要要求学生系统学习和掌握汽车设计与制造的基础理论,学习电子技术、计算机应用技术和信息处理技术的基本知识,接受现代机械工程的基本训练,具有进行机械和车辆产品设计、制造及测控、生产组织管理的专业能力。毕业生可从事与车辆工程有关的产品设计开发、生产制造、试验检测、应用研究等方面工作,培养具有较强实践能力和创新精神的专业人才。下面先了解下车辆工程发展史。

随着蒸汽汽车的出现,人类文明进入了工业时代。之后随着内燃机汽车(图 6-1)、电动汽车的不断涌入和性能的不断提高,蒸汽汽车逐步退出历史的舞台。100 多年以来,内燃机的巨大生命力经久不衰。目前世界上内燃机的拥有量大大超过了任何其他热力发动机,在国民经济中占有相当重要的地位。内燃机发展一共经历四个阶段,分别是以提高功率和比功率为主的阶段、解决汽油机爆震燃烧的阶段、汽油机上装备增压器的阶段以及汽油机原理变革的阶段。

图 6-1 内燃机汽车

1881 年,第一台电动汽车诞生,这是一台以铅酸电池为动力的三轮车。此后,虽然电动汽车、汽车启动器等产品的发明也存进了当时电动车的应用,但相对内燃机在技术以及经济性上的优势,蒸汽汽车逐步被淘汰,而电动汽车也不断呈现下滑趋势。随着时代的变化,人口增长密集,石油等资源开始紧缺。20 世纪 70 年代的能源危机和石油短缺使电动汽车重新获得生机。20 世纪 70—80 年代,电动汽车随着石油价格的上涨与下跌等周期性变化,再次经历了发展、跌入低谷、重获新生的发展阶段。直到 20 世纪 90 年代开始,新一代电动汽车不断涌现,如代表性的混合动力电动汽车车型普锐斯(图 6 - 2)是世界上最早实现批量生产的电动汽车。

图 6 - 2 新一代电动汽车普锐斯

我国的电动汽车技术从 20 世纪 70 年代起步,90 年代进入发展期。在各大汽车制造公司的联合推动下,经过三个五年计划期取得了一系列科研成果,得到了飞速的发展。特别是"863"计划启动和 2008 年奥运会开出的 20 亿元电动汽车订单,使得我国电动汽车研发热潮再度升温。近年来,我国电动汽车产业快速发展。根据中国汽车工业协会统计数据显示,2022 年我国新能源汽车总销量为 680 万辆,其市场占有率提升至 25.6%。中国汽车工业协会表示,新能源汽车在 2022 年持续爆发式增长,逐步进入全面市场化拓展期,迎来新的发展和增长阶段。此外,混合动力电动汽车也是目前电动汽车市场的一大热点。相比传统燃油车和纯电动汽车,混合动力电动汽车具有更好的续航能力和更低的能耗,适用范围更广。目前,我国多家汽车制造商都在积极研发混合动力电动汽车,并推出了多款产品。随着技术的不断进步和消费者环保意识的增强,混合动力电动汽车市场前景广阔。目前,汽车行业正朝着电动化、智能化、网联化的方向迈进,尤其新能源、新材料的运用有助于汽车产业的转型升级,正为汽车行业注入新的活力,推动汽车行业蓬勃发展。

6.2 专业核心知识点和要求的能力

6.2.1 汽车结构

1) 汽车定义

《汽车和挂车类型的术语和定义》(GB/T 3730.1—2001)中对汽车的定义是:由动力驱动,具有四个或四个以上车轮的非轨道承载的车辆;主要用于载运人员和(或)货物、牵引载运人员和(或)货物的车辆、特殊用途。美国汽车工程师学会标准 SAEJ687C 中对汽车的定义是:由本身动力驱动,装有驾驶装置,能在固定轨道以外的道路或地域上运送客货或牵引车辆的车辆。日本工业标准 JISK0101 中对汽车的定义是:自身装有发动机和操纵装置,不依靠固定轨道和架线能在陆上行驶的车辆。

2) 汽车组成

现代汽车至少由上万个零件装配而成,且型号很多,用途与构造各异,但从汽车的整体构造而言,传统汽车结构主要包括发动机等动力装备、车身、底盘以及电气设备等。为了适应不同使用要求及改善汽车某些方面的使用性能,汽车的总体构造和布置形式可做某些变动。尤其是近年来,随着汽车产业向电动化、智能化、网联化方向的迅猛发展,汽车构造方面也发生了巨大的变化,如驱动电机、电机控制器、动力电池、增程式发动机、机电耦合装置、燃料电池堆及系统、整车控制器、高压总成等电驱、电池、电机等三电装置。同时面向辅助驾驶、自动驾驶等需求的激光雷达、相机等多源传感装置、电子装置等越来越多地获得应用。

汽车构造就是车辆工程专业中的一门重要课程。该课程主要介绍了汽车发动机的历史、分类和工作原理,包括发动机的特性、性能指标和总体构造。同时,课程还着重介绍了曲柄连杆机构,包括汽车发动机不同配气机构和工作原理、先进的配气机构和原理,以及可变配气机构等。学生将掌握现代汽车发动机进、排气系统的结构特点和原理,掌握发动机污染物产生的机理和降低排放的基本措施以及相应的结构特点和工作原理,同时掌握发动机不同冷却方式和特点,现代发动机冷却系统组成、构造和原理等知识。此外,该课程还介绍了发动机不同的润滑方式,润滑系统的组成、构造和工作原理等方面的知识。在汽车行驶系方面,学生将掌握其组成、基本构造和工作原理,了解不同车架形式和特点。学生还将了解车桥、车轮的分类、组成、构造和原理,掌握悬架类型、特点、组成和工作原理,以及先进悬架系统的构造、组成和原理等方面的知识。该课程的学习将帮助学生深入了解汽车构造和工作原理,掌握现代汽车发动机和行驶系的相关知识。

6.2.2 汽车发动机原理

发动机是一种能够把其他行驶的能转化为机械能的机器,包括内燃机、喷漆机、电动机等。如内燃机是把化学能转换为机械能。发动机适用于动力发生装置,它是汽车的"心脏"。

车用往复活塞式内燃机主要由以下部分组成:曲柄连杆机构、缸体和缸盖、配气机构、供油系统、润滑系统、冷却系统与启动装置等。四冲程内燃机的工作过程如下:

1) 进气行程(图6-3a)

进气门开启,排气门关闭,活塞由上止点向下止点移动,活塞上方的气缸容积增大,产生真空度,气缸内压力降到进气压力以下,在真空吸力作用下,通过化油器或汽油喷射装置雾化的汽油,与空气混合形成可燃混合气,由进气道和进气门吸入气缸内。进气过程一直延续到活塞过了下止点、进气门关闭为止。接着上行的活塞开始压缩气体。

2) 压缩行程(图6-3b)

进、排气门全部关闭,压缩缸内可燃混合气,混合气温度升高,压力上升。活塞邻近上止点前,可燃混合气压力上升。

3) 做功行程(图6-3c)

在压缩行程接近上止点时,装在气缸盖上方的火花塞发出电火花,点燃所压缩的可燃混合气。可燃混合气燃烧后放出大量的热量,缸内燃气压力和温度迅速上升。高温高压燃气推动活塞快速向下止点移动,通过曲柄连杆机构对外做功。做功行程开始时,进、排气门均关闭。

4) 排气行程(图6-3d)

做功行程接近终了时,排气门开启,由于这时缸内压力高于大气压力,高温废气迅速排出气缸,这一阶段属于自由排气阶段,高温废气通过排气门排出。随排气过程进行进入强制排气阶段,活塞越过下止点向上止点移动,强制将缸内废气排出,活塞到达上止点附近时,排气过程结束。由于燃烧室占有一定容积,因此在排气终了时,不可能将废气彻底排除干净,剩余部分废气称残余废气。

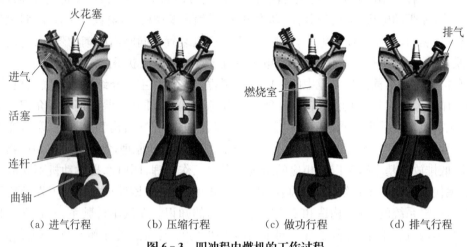

图 6 - 3 四冲程内燃机的工作过程

四冲程内燃机经过进气、压缩、做功、排气四个行程完成一个工作循环,在这个过程中,活塞上下往复运动四个行程,相应地曲轴旋转两周。

四冲程内燃机和四冲程发动机是指同一种类型的内燃机。汽车发动机决定着汽车的动力性、经济性、稳定性和环保性。常见的汽车发动机有两种,分为汽油机和柴油机。两者都属于往复活塞式内燃机,是将燃料的化学能转化成机器的动能。汽油机的优点是转速高,质量小,噪声小,启动容易,制造成本低;柴油机的优点是压缩比大,热效率高,经济性能和排放性能都比汽油机好。

6.2.3 汽车行驶原理

汽车是一种高效率的运输工具,其运输效率的高低在很大程度上取决于汽车的动力性。汽车要运动,并以一定的速度行驶,必须由外界沿汽车行驶方向施加一个驱动力,用以克服汽车行驶中所受到的各种阻力。汽车行驶阻力主要包括滚动阻力、空气阻力、坡道阻力和加速阻力。汽车的动力性主要包括汽车驱动力,驱动力 F_t 是由发动机的转矩经传动系统传至驱动轮得到的。汽车发动机产生的有效转矩 T_e,经汽车传动系统传到驱动轮上,在驱动轮上作用转矩 T_t,从而产生对地面的一个圆周力 F_o,与此同时,引起地面对驱动轮产生一个与汽车行驶方向一致的切向反作用力 F_t,此切向反作用力即为汽车的驱动力,如图 6 - 4 所示。

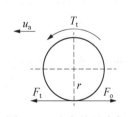

图 6 - 4 汽车的驱动力

汽车行驶过程中的主要性能包括动力性、燃油经济性、制动性、操纵稳定性、舒适性、通过性等。以下将结合不同性能的定义与评价指标进行介绍。

1) 汽车的动力性

汽车的动力性是指汽车在良好路面上直线行驶时,由纵向外力决定的、所能达到的平均行

驶速度。汽车平均行驶速度是评价汽车动力性的总指标,从这一观点出发,汽车的动力性主要由以下三方面指标来评定:

(1) 汽车的最高车速。指汽车满载时在良好水平路面上能达到的最高行驶速度。

(2) 汽车的加速时间。指汽车从静止状态开始加速到一定车速所需的时间。常用 $0\sim100\,km/h$ 的加速时间来评估汽车的加速能力。

(3) 汽车的上坡能力。指汽车在最低挡位下能够以等速度行驶的最大坡度。

不同类型的汽车对上述三个指标的要求不同,轿车和客车更注重最高车速和加速能力,而载重汽车和越野汽车则更注重上坡能力。无论何种汽车,为了在公路上行驶,都需要具备一定的平均速度和加速能力。

2) 汽车的燃油经济性

汽车的燃油经济性是指汽车在完成单位运输工作量时所耗用的燃料最少的能力。通常用汽车行驶 $100\,km$ 的耗油量来评估燃油经济性,以 $L/100\,km$ 为单位。数值越高,燃油经济性越低。

3) 汽车的制动性

汽车制动性是指汽车的制动系统在紧急制动和正常制动时对汽车的制动效果和稳定性的保障。汽车的制动性主要包括三个方面的内容:制动效能、制动效能的恒定性和制动时汽车方向稳定性。

4) 汽车的操纵稳定性

汽车的操纵稳定性是指在驾驶者不感到过度紧张或疲劳的情况下,汽车能够按照驾驶者通过转向系统和转向车轮所指定的方向行驶,并且能够抵抗外界干扰而保持稳定行驶的能力。

5) 汽车的舒适性

汽车的舒适性是指在行驶过程中人的视觉和感觉所感受到的主观感觉,其中行驶平顺性是评价舒适性的最基本要求。评价方法通常基于振动对人体的生理反应影响,使用频率、振幅、位移、加速度等物理量作为指标,最常用的是基于车身振动频率的指标,其取决于悬挂系统的性能。

6) 汽车的通过性

汽车的通过性是指汽车在一定的装载质量下通过各种坏路、无路地带和克服各种障碍物的能力,取决于汽车的几何参数和支撑牵引参数。几何参数包括最小离地间隙、接近角与离去角、纵向通过半径、最小转弯半径、车轮半径等;支撑牵引参数包括车轮对地面的单位压力、最大动力因素和相对附着质量等。

6.2.4 汽车设计

汽车设计理论是用来指导汽车设计实践的。而汽车设计实践经验的长期积累和汽车生产技术的发展与进步,则又使汽车设计理论得到不断的发展与提高。汽车设计技术是指汽车产品设计的方法和手段,是汽车设计实践的软件与硬件。

需要掌握汽车设计的基础知识和基本概念,包括汽车各总成的特点、分类、基本组成、工作原理及其设计开发流程。此外,还需要掌握汽车系统和零部件设计理论、方法,了解关键参数选择与设计计算方法,具备分析、解决汽车整车和关键总成系统的设计能力,如汽车离合器、变速器、万向传动轴、驱动桥、悬架、转向系、制动系等关键零部件设计,并进一步掌握汽车优化设计与可靠性设计方法等。通过掌握相关内容,可以提高对车辆工程专业的认识。

汽车设计技术在近百年中也经历了由经验设计发展到以科学实验和技术分析为基础的设计阶段。计算机辅助设计、计算机辅助工程、计算机辅助制造等技术的推广应用使得汽车结构、工艺等设计方法逐步朝数字化方向发展。现代汽车设计不仅使用传统的方法和计算机辅助设计方法,还引进了最优化设计、可靠性设计、有限元分析、计算机模拟计算或仿真分析、模态分析等现代设计方法与分析手段。甚至还引进了雷达防撞、卫星导航、智能化电子仪表及显示系统等高新技术。汽车设计理论与设计技术能达到当前的高水平,是百余年来特别是近 30 年来基础科学、应用技术、材料与制造工艺不断发展进步的结果,也是设计、生产与使用经验长期积累的结果。它立足于规模宏大的生产实践,以基础理论为指导,以体现当代科技成就的汽车设计软件及硬件为手段,以满足社会需求为目的。通过在材料、工艺、设备、工具、测试仪器、试验技术和经营管理等领域的不断进步,汽车前期设计周期得以大大缩短。这些进步不断推动着汽车工业的发展。

近年来,汽车工业已在世界范围内展开了剧烈的竞争,缩短新车型的设计开发时间、降低成本、提高质量、提高市场竞争力,日益成为各汽车制造厂家考虑的首要问题。并行工程(concurrent engineering, CE)作为现代的、先进的产品设计开发模式,是解决上述问题的好办法,已为各国汽车制造业所采用。所谓并行工程,是集成、并行设计产品及相关过程(包括制造、维修等)的系统工程,它考虑到产品从概念设计、设计定型、制造、使用、维修直至报废这一全过程中的所有相关因素,能解决因设计与制造工艺脱节而引起的设计改动频繁、开发时间长、成本高等矛盾,可最大限度地提高设计质量和开发效率,提高产品的市场竞争力。并行工程的关键是对产品及其相关过程实行集成的并行设计,面向制造与装配的设计是并行工程的重要内容。

6.2.5 汽车制造技术

在先进科技和制造设备等方面的支持下,现代汽车制造技术正在逐渐取代传统技术。这种技术融合了多行业、多领域的技术和管理模式,显著提高了汽车制造的效率和质量,提升了核心竞争力,为汽车产业的发展提供了更加强有力的支撑。从汽车产业总体上分析,我国已建立起具备大工业生产特征的较完整工业体系。汽车整车制造包括冲压、焊接、涂装、总装四大工艺,是汽车制造的核心环节,代表着汽车制造的技术水平。

6.2.5.1 冲压工艺

冲压是将钣金件按照设计要求,使用模具冲压成型的过程。冲压工艺在汽车制造工艺中占有重要地位,是整车制造的第一步。目前绝大部分汽车车身多是采用钢板、合金制成的,它们都是采用冲压工艺,成型出设计师想要的模样。冲压的零部件包括左/右前翼子板、左/右侧外板、侧围后部(左/右后翼子板)、四门、顶盖、后备箱板、地板、前围板等。冲压是一种高生产效率、低材料消耗的加工方法。冲压工艺适用于较大批量零件制品的生产,便于实现机械化与自动化,有较高的生产效率,同时冲压能制造出其他金属加工方法难加工出的形状复杂的零件。

1) 冲压设备

冲压设备就是所谓的冲压机,可以实现切断、冲孔、弯曲、铆合、成型等操作。冲压设备如图 6-5 所示。

2) 冲压模具

冲压模具是生产各类工业产品的重要组成部分,它以特定的形状来使原材料成型。模具已成为现代工业发展程度的重要指标,也是衡量一个国家制造水平的重要标志之一。冲压模

图 6-5　冲压设备

具可分为四个基本单元：冲裁、弯曲、拉深、成型。根据工序组合程度，还可分为单工序模、复合模、连续模等。在设计阶段考虑成本因素，要尽量考虑少开模具，模具的变更、修改需要做好记录，防止出现不必要的麻烦。已完成的车身冲压件如图 6-6 所示。

3）冲压板材

车身一般都采用低碳钢，车身的骨架和覆盖件多采用钢板冲压而成，车身专用钢板具有深拉延时

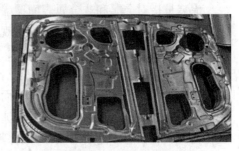

图 6-6　车身冲压件

不易产生裂纹的特点。根据车身不同位置，易锈部位使用多镀锌钢板，例如翼子板、顶盖等。一些承受应力较大的部位使用高强度钢板，例如散热器支撑横梁、上边梁、B 柱等。轿车车身结构常用钢板厚度为 $0.6\sim3$ mm，多数零部件采用厚度为 $0.8\sim1.0$ mm。

6.2.5.2　焊接工艺

冲压成型后的钣金件通过焊接形成白车身。整个车身结构都是由一块块的冲压件彼此焊接而成。据统计，一辆整车共计有 $4\,000\sim5\,000$ 个焊点。焊接工艺一般采用电阻焊、二氧化碳保护焊等。焊接时形成的连接两个被连接体的接缝称为焊缝。焊缝的两侧在焊接时会受到焊接热作用而发生组织和性能变化，这一区域被称为热影响区。焊接时因工件材料、焊接材料、焊接电流等不同，焊后在焊缝和热影响区可能产生过热、脆化、淬硬或软化现象。目前点焊和激光焊接是用于汽车制造过程的典型焊接方法。

1）点焊

点焊是指焊接时利用柱状电极，在两块搭接工件接触面之间形成焊点的焊接方法。点焊时，先加压使工件紧密接触，随后接通电流，在电阻热的作用下工件接触处熔化，冷却后形成焊点。点焊主要用于厚度 4 mm 以下的薄板构件冲压件焊接，适合汽车车身和车厢、飞机机身的焊接。薄板结构及钢筋等的焊接如图 6-7 所示。

2）激光焊接

激光焊接是利用高能量密度的激光束作为热源的一种高效精密焊接方法。激光焊接是激光材料加工技术应用的重要方面之一。焊接过程属热传导型，即激光辐射加热工件表面，表面热量通过热传导向内部扩散，通过控制激光脉冲的宽度、能量、峰值功率和重复频率等参数，使工件熔化，形成特定的熔池。激光电焊在车身上的应用如图 6-8 所示。

图 6-7　薄板结构及钢筋等的焊接

图 6-8　在车身上的激光焊接

6.2.5.3　涂装工艺

涂装是指对金属和非金属表面覆盖保护层或装饰层,在汽车行业中,在汽车钣金件上喷涂一层特制的漆,起到保护金属、装饰美观等作用。涂装工艺比较复杂,对环境要求较高。其主要包含有以下工序:漆前预措置和底漆、喷漆工艺、烘干工艺等,全程都需要一定量的化学试剂设置和细腻的工艺参数限制,对油漆及各项加工开发的要求都很高。对汽车车身涂装来讲,要长时间在各式各样的天气情况下行驶而不爆发漆膜、劣化和锈蚀,还要能保持其光泽、颜色和外观。一般的轿车车身涂装工艺是电泳底漆、中涂、面漆。电泳底漆与中涂之间若有焊缝,须进行密封和底板防护涂层的喷涂,以保障车身的密封、降噪和防锈。

6.2.5.4　总装工艺

总装是将各个零部件装配到白车身上的过程。由于所装配零部件较多,工艺复杂,零部件形状各异,无法实现机械化、自动化,因此总装是四大工艺车间员工最多、工位最多的车间。一般来讲,总装车间按装配内容可分为内饰线、底盘线、组装线、发动机线、四门线、仪表线、电池包线、机能线、淋雨线、品质门等。各个线体承担各自不同的工作内容,最终将所有零部件装配成一台完整的汽车。总装车间如图 6-9 所示。

（a）车门总装

（b）车间布局

图 6-9　总装车间

6.2.5.5　机器人技术在汽车制造中的应用

汽车工业是机器人密度最高的行业之一,大量机器人的使用也代表了如今汽车工业高自动化水平,现代化汽车制造四大工艺包括冲压、涂装、焊接、总装都离不开机器人,某些产线通过机器人集成,自动化率甚至能高达 100%。而多机器人系统(图 6-10)在汽车工业的使用,更是在有限作业空间环境下极大地提升了生产效率,是当前各大汽车制造商都急于引进的关键技术。

图 6-10 多机器人系统

多机器人系统能够极大地提升生产效率以及空间利用率。一套完整的多机器人系统在工艺设计中的具体任务体现在以下方面：①机器人间任务分配；②机器人路径规划；③机器人至工件可达性分析；④机器人与工件之间碰撞检测及避撞；⑤机器人间协调运动规划；⑥机器人间协同合作运动规划。

多机器人系统在汽车工业具有极广泛的使用场景，如多机器人光学检测系统、多机器人焊接系统、多机器人涂胶系统等，并且这些多机器人系统已经投入当前的汽车生产制造中。尽管如此，多机器人系统仍具有更广阔的使用前景，并且当前投入使用的多机器人系统仍具有很大的优化空间。

6.3 前沿技术和发展趋势

6.3.1 智能网联汽车

6.3.1.1 智能网联汽车的定义与分级

1) 智能网联汽车的定义

智能网联汽车是一个跨技术、跨产业领域的新兴体系，各国对智能网联汽车的定义不同，叫法也不尽相同，但终极目标是一样的，即可上路安全行驶的无人驾驶汽车。工业和信息化部在《国家车联网产业体系建设指南（智能网联汽车）》中明确规定，智能网联汽车是指搭载先进的车载传感器、控制器、执行器等装置，并融合现代通信与网络技术，实现车与X（车、路、行人、云端等）智能信息交换、共享，具备复杂环境感知、智能决策、协同控制等功能，可实现车辆"安全、高效、舒适、节能"行驶，并最终实现替代人来操作的新一代汽车。

下面从3个维度对智能网联汽车进行剖析，即"智能""网联""汽车"：

"智能"是指搭载先进的车载传感器、控制器、执行器等装置和车载系统模块，具备复杂环境感知、智能化决策与控制等功能。

"网联"主要指信息互联共享能力，即通过通信与网络技术，实现车内、车与车、车与环境间的信息交互。

"汽车"是智能终端载体的形态，可以是燃油汽车，也可以是新能源汽车，未来是以新能源汽车为主。

从更为广义的角度来看,智能网联汽车已不是特指某类或单个车辆,而是以车辆为主体和主要节点,由车辆、道路基础设施、通信设备及交通控制系统,以及数据存储与处理系统等共同构成的综合协调系统,是未来智能交通系统下车联网环境中发挥着重要作用的智能终端,最终实现车辆"安全、高效、舒适、节能"行驶的新一代多车辆系统,如图 6 - 11 所示。

图 6 - 11　智能网联汽车

智能网联汽车的终极目标是无人驾驶汽车,其与智能汽车、网联汽车、自动驾驶汽车和无人驾驶汽车密切相关。

(1) 智能汽车。指在一般汽车上增加雷达和摄像头等先进传感器、控制器、执行器等装置,通过车载环境感知系统和信息终端实现与车、路、人等的信息交换,使车辆具备智能环境感知能力,能够自动分析车辆行驶的安全及危险状态,并使车辆按照人的意愿到达目的地,最终实现替代人来操作的目的。

目前典型的智能汽车是具有先进驾驶辅助系统(ADAS)的车辆,如前向碰撞预警系统、车道偏离预警系统、盲区监测系统、驾驶员疲劳预警系统、车道保持辅助系统、自动制动辅助系统、自适应巡航控制系统、自动泊车辅助系统、自适应前照明系统、夜视辅助系统、平视显示系统、全景泊车系统等。ADAS 在汽车上的配置越多,其智能化程度越高。

智能汽车的发展方向是自动驾驶汽车、网联汽车和智能网联汽车。智能汽车的自动化程度越高,越接近于自动驾驶汽车;智能汽车的网联化程度越高,越接近于网联汽车;智能汽车的自动化、网联化程度越高,越接近于智能网联汽车。智能汽车终极发展目标是无人驾驶汽车。

(2) 网联汽车。指基于通信互联建立车与车之间的连接、车与网络中心和智能交通系统等服务中心的连接,甚至是车与住宅、办公室以及一些公共基础设施的连接,也就是可以实现车内网络与车外网络之间的信息交互,全面解决人-车-外部环境之间的信息交流问题。

网联汽车的初级阶段是以车载信息技术为代表。所谓车载信息技术是远距离通信技术与信息科学技术的合成词,意指通过内置在汽车上的计算机网络技术,借助无线通信技术、GPS卫星导航技术,实现文字、图像、语音信息交换的综合信息服务。

现阶段网联汽车的核心车载信息技术是基于全球定位系统(GPS)技术、地理信息系统(GIS)技术、智能交通系统(ITS)技术和无线通信技术,主要应用于卫星定位导航、交通信息预报、娱乐信息播放、道路救援、车辆应急预警、车辆自检测与维护等。

（3）自动驾驶汽车。指汽车至少在某些具有关键安全性的控制功能方面（如转向、油门或制动）无需驾驶员直接操作即可自动完成控制动作的车辆。自动驾驶汽车一般使用车载传感器、GPS 和其他通信设备获得信息，针对安全状况进行决策规划，在某种程度上恰当地实施控制。

自动驾驶汽车至少包括自适应巡航控制系统、车道保持辅助系统、自动制动辅助系统、自动泊车辅助系统，比较高级的车型还应该配备交通拥堵辅助系统。小鹏 P7 的智能轿跑配备了并线辅助系统、车道偏离预警系统、车道保持辅助系统、自动制动辅助系统、驾驶员疲劳预警系统、全速自适应巡航控制系统、自动泊车辅助系统等，属于 L2 级的自动驾驶汽车。自动驾驶汽车的终极发展目标是无人驾驶汽车。

（4）无人驾驶汽车。指通过车载环境感知系统感知道路环境，自动规划和识别行车路线并控制车辆到达预定目标的智能汽车。它是利用环境感知系统来感知车辆周围环境，并根据感知所获得的道路状况、车辆位置和障碍物信息等，控制车辆的行驶方向和速度，从而使车辆能够安全、可靠地在道路上行驶。无人驾驶汽车能够在限定的环境乃至全部环境下完成全部的驾驶任务，无人驾驶汽车是汽车智能化、网联化的终极发展目标，是一种将检测、识别、判断、决策、优化、执行、反馈、纠控功能融为一体，集微电脑、微电机、绿色环保动力系统、新型结构材料等顶尖科技成果于一体的智慧型汽车。图 6-12 所示为百度公司开发的无人驾驶汽车。

图 6-12　百度无人驾驶汽车

与智能汽车相比，无人驾驶汽车需要具有更先进的环境感知系统、中央决策系统以及底层控制系统。无人驾驶汽车能够实现完全自动的控制，全程检测交通环境，能够实现所有的驾驶目标。驾驶员只需提供目的地或输入导航信息，在任何时候均不需要对车辆进行操控。

总体来看，我国无人驾驶汽车的发展还需要多方面共同努力。汽车供应商对于各种车辆驾驶辅助功能的研究是无人驾驶汽车技术不断向前发展的原动力，网络信息与安全技术的发展是无人驾驶汽车技术进一步飞跃的保证，政策与法律的制定与实施又是无人驾驶汽车真正上路的前提。

2）智能网联汽车的分级

（1）美国汽车工程师学会对自动驾驶的分级。2018 年，美国汽车工程师学会（Society of Automotive Engineers，SAE）对汽车自动驾驶的分级重新进行了修订。该分级共有 5 个级别，分别为 L0 级到 L5 级。其中，L0 级表示驾驶员完全控制车辆，而 L5 级则表示自动驾驶系统能够在所有情况下完成驾驶任务。在 L1 到 L4 级别中，自动驾驶系统能够完成部分或全部的驾驶任务，并且需要驾驶员的监控或干预。智能驾驶则包括自动驾驶和其他辅助驾驶技术，可以为驾驶员提供辅助或替代驾驶，提高驾驶体验。

（2）中国对智能网联汽车的分级。

① 智能化分级。中国把智能网联汽车智能化划分 5 个等级，1 级为驾驶辅助（DA），2 级

为部分自动驾驶(PA),3 级为有条件自动驾驶(CA),4 级为高度自动驾驶(HA),5 级为完全自动驾驶(FA),见表 6-1。

表 6-1 中国智能网联汽车智能化分级

智能化等级	等级名称	等级定义	控制	监视	失效应对	典型工况
人监控驾驶环境						
1	驾驶辅助(DA)	系统根据环境信息对行驶方向和加减速中的一项操作提供支援,其他驾驶操作都由驾驶员完成	驾驶员与系统	驾驶员	驾驶员	车道内正常行驶,高速公路无车道干涉路段,停车工况
2	部分自动驾驶(PA)	系统根据环境信息对行驶方向和加减速中的多项操作提供支援,其他驾驶操作都由驾驶员完成	驾驶员与系统	驾驶员	驾驶员	高速公路及市区无车道干涉路段,换道、环岛绕行、拥堵时跟车等工况
自动驾驶系统监控驾驶环境						
3	有条件自动驾驶(CA)	由自动驾驶系统完成所有驾驶操作,根据系统请求,驾驶员需要提供适当的干预	系统	系统	驾驶员	高速公路正常行驶工况,市区无车道干涉路段
4	高度自动驾驶(HA)	由自动驾驶系统完成所有驾驶操作,特定环境下系统会向驾驶员提出响应请求,驾驶员可以对系统请求不进行响应	系统	系统	系统	高速公路全部工况及市区有车道干涉路段
5	完全自动驾驶(FA)	自动驾驶系统可以完成驾驶员能够完成的所有道路环境下的操作,不需要驾驶员介入	系统	系统	系统	所有行驶工况

1 级驾驶辅助包括自适应巡航控制、车道偏离预警、车道保持、盲区监测、自动制动、辅助泊车等。

2 级部分自动驾驶包括车道内自动驾驶、换道辅助、全自动泊车等。

3 级有条件自动驾驶包括高速公路自动驾驶、城郊公路自动驾驶、协同式队列行驶、交叉口通行辅助等。

4 级高度自动驾驶有堵车辅助系统、高速公路自动驾驶系统和泊车引导系统等。

5 级完全自动驾驶的实现,意味着自动驾驶汽车真正驶入人们的生活,也将使驾驶员从根本上得到解放。驾驶员可以在车上从事其他活动,如上网、办公、娱乐和休息等。

目前,完全自动驾驶汽车还要受到政策、法律等相关条件的制约,真正量产还任重而道远。高度自动驾驶的技术尚未应用在量产车型上,在未来几年时间,部分技术的量产车型将会实现。我国的 1~5 级和美国的 L1~L5 级基本是对应的,但也有一些差异,主要体现在第 2 级。我国的第 2 级部分自动驾驶的控制是驾驶员与系统;SAE 的 L2 级部分自动化的驾驶操作是系统,也就是说,SAE 的 L2 级比中国的 2 级要求高。近年来,汽车企业及科技企业纷纷加快推出智能网联汽车产品,稳步推进自动驾驶技术的商业化。汽车企业如通用、丰田、戴姆勒、长安等已经开始在量产车型上规模化装配 L1 级和 L2 级自动驾驶系统,开始 L3 级、L4 级自动驾驶系统的研发与测试;科技企业如特斯拉、蔚来汽车、小鹏汽车等计划量产 L3 级和 L4 级别的自动驾驶汽车。

② 网联化分级。在网联化层面,按照网联通信内容的不同,智能网联汽车可划分为 3 个等级,1 级是网联辅助信息交互,2 级是网联协同感知,3 级是网联协同决策与控制,见表 6-2。

表 6-2 智能网联汽车网联化分级

网联化等级	等级名称	等级定义	控制	典型信息	传输需求
1	网联辅助信息交互	基于车-路、车-后台通信,实现导航等辅助信息的获取以及车辆行驶数据与驾驶员操作等数据的上传	驾驶员	图、交通流量、交通标志、油耗、里程、驾驶习惯等	传输实时性、可靠性要求较低
2	网联协同感知	基于车-车、车-路、车-人、车-后台通信,实时获取车辆周边交通环境信息,与车载传感器的感知信息融合,作为自车决策与控制系统的输入	驾驶员与系统	周边车辆、行人、非机动车位置、信号灯相位、道路预警等信息	传输实时性、可靠性要求较高
3	网联协同决策与控制	基于车-车、车-路、车-人、车-后台通信,实时并可靠获取车辆周边交通环境信息及车辆决策信息,车-车、车-路等各交通参与者之间信息进行交互融合,形成车-车、车-路等各交通参与者之间的协同决策与控制	驾驶员与系统	车-车、车-路之间的协同控制信息	传输实时性、可靠性要求最高

目前,汽车网联化处于起步阶段,智能化与网联化在智能网联汽车发展的过程中充当了必不可少的组成部分,不同阶段的智能化和网联化走向融合是智能网联汽车发展的必然路径。

6.3.1.2 智能网联汽车的体系结构

1) 智能网联汽车的层次结构

智能网联汽车是以汽车为主体,利用环境感知技术实现多车辆有序安全行驶,通过无线通信网络等手段,为用户提供多样化信息服务。智能网联汽车的层次结构由环境感知层、智能决策层以及控制层组成,如图 6-13 所示。

(1) 环境感知层。环境感知层的主要功能是通过摄像头、激光雷达、毫米波雷达、视觉传感器、GPS/惯导、4G/5G 网络及 V2X 等,实现对车辆自身属性和车辆外在属性(如道路、车辆和行人等)静、动态信息的提取和收集,并向智能决策层输送信息。

(2) 智能决策层。智能决策层的主要功能是接收环境感知层的信息并进行融合,对道路、车辆、行人、交通标志和交通信号等进行识别,决策分析、判断车辆驾驶模式和将要执行的操作,并向控制层输送指令。

(3) 控制层。控制层的主要功能是按照智能决策层的指令,对车辆进行操作和协同控制,并为网联汽车提供道路交通信息、安全信息、娱乐信息、救援信息以及商务办公、网上消费等,

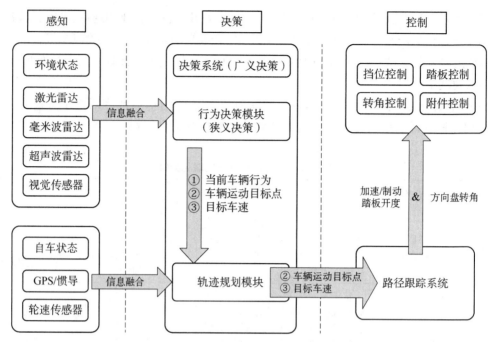

图 6-13 智能网联汽车的层次结构

保障汽车安全行驶和舒适驾驶。

2) 智能网联汽车的技术逻辑结构

智能网联汽车的技术逻辑结构如图 6-14 所示,它由两条主线"信息感知"和"决策控制"组成,其发展的核心是由系统进行信息感知、决策预警和智能控制,逐渐替代驾驶员的驾驶任

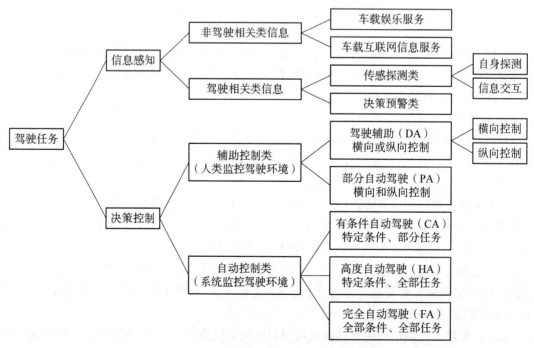

图 6-14 智能网联汽车的技术逻辑结构

务,并最终完全自主执行全部驾驶任务。智能网联汽车通过智能化与网联化两条技术路径协同实现"信息感知"和"决策控制"功能。

(1) 信息感知。在信息感知方面,根据信息对驾驶行为的影响和相互关系分为驾驶相关类信息和非驾驶相关类信息。驾驶相关类信息包括传感探测类和决策预警类,传感探测类又可根据信息获取方式进一步细分为依靠车辆自身传感器直接探测所获取的信息(自身探测)和车辆通过车载通信装置从外部其他节点所接收的信息(信息交互)。非驾驶相关类信息主要包括车载娱乐服务和车载互联网信息服务。智能化+网联化相融合,可以使车辆在自身传感器直接探测的基础上,通过与外部节点的信息交互,实现更加全面的环境感知,从而更好地支持车辆进行决策和控制。

(2) 决策控制。在决策控制方面,根据车辆和驾驶员在车辆控制方面的作用和职责,区分为辅助控制类和自动控制类,分别对应不同等级的决策控制。辅助控制类主要指车辆利用各类电子技术辅助驾驶员进行车辆控制,如横向控制和纵向控制及其组合,可分为驾驶辅助(DA)和部分自动驾驶(PA)。自动控制类则根据车辆自主控制以及替代人进行驾驶的场景和条件,进一步细分为有条件自动驾驶(CA)、高度自动驾驶(HA)和完全自动驾驶(FA)。

6.3.1.3 智能网联汽车的关键技术及发展趋势

1) 智能网联汽车的关键技术

智能网联汽车关键技术包含环境感知技术、无线通信技术、智能互联技术、车载网络技术、先进驾驶辅助技术、信息融合技术、信息安全与隐私保护技术、人机界面(HMI)技术等。

(1) 环境感知技术。环境感知包括车辆本身状态感知、道路感知、行人感知、交通信号感知、交通标识感知、交通状况感知、周围车辆感知等。

① 车辆本身状态感知。包括行驶速度、行驶方向、行驶状态、车辆位置等。

② 道路感知。包括道路类型检测、道路标线识别、道路状况判断、是否偏离行驶轨迹等。

③ 行人感知。主要判断车辆行驶前方是否有行人,包括白天行人识别、夜晚行人识别、被障碍物遮挡的行人识别等。

④ 交通信号感知。主要是自动识别交叉路口的信号灯,如何高效通过交叉路口等。

⑤ 交通标识感知。主要是识别道路两侧的各种交通标志如限速、弯道等,及时提醒驾驶员注意。

⑥ 交通状况感知。主要是检测道路交通拥堵情况、是否发生交通事故等,以便车辆选择通畅的路线行驶。

⑦ 周围车辆感知。主要检测车辆前方、后方、侧方的车辆情况,避免发生碰撞,也包括交叉路口被障碍物遮挡的车辆。

在复杂的路况交通环境下,单一传感器无法完成环境感知的全部,必须整合各种类型的传感器,利用传感器融合技术,使其为智能网联汽车提供更加真实可靠的路况环境信息。

(2) 无线通信技术。包括长距离无线通信技术和短距离无线通信技术。

① 长距离无线通信技术。用于提供即时的互联网接入,主要采用4G/5G技术,特别是5G技术有望成为车载长距离无线通信专用技术。

② 短距离无线通信技术。包括专用短程通信(DSRC)技术、LTE-V、蓝牙、WiFi等,其中DSRC和LTE-V可以实现在特定区域内对高速运动下移动目标的识别和双向通信,例如V2V、V2I双向通信,实时传输图像、语音和数据信息等,如图6-15所示。

图 6 - 15　短距离无线通信技术

（3）智能互联技术。当两个车辆距离较远或被障碍物遮挡、直接通信无法完成时，两者之间的通信可以通过路侧单元进行信息传递，构成一个无中心、完全自组织的车载自组织网络。车载自组织网络依靠短距离通信技术实现 V2V 和 V2I 之间的通信，在一定通信范围内的车辆可以相互交换各自的车速、位置等信息和车载传感器感知的数据，并自动连接建立起一个移动的网络，典型应用包括行驶安全预警、交叉路口协助驾驶、交通信息发布以及基于通信的纵向车辆控制等。

（4）车载网络技术。车载网络是汽车内部传感器、控制器和执行器之间的通信用点对点的连线方式连成的复杂网状结构。目前，汽车上广泛应用的车载网络是 CAN、LIN、FlexRay 和 MOST 总线等，它们的特点是传输速率小、带宽窄。随着越来越多的高清视频应用进入汽车，如 ADAS、360°全景泊车系统和蓝光 DVD 播放系统等，它们的传输速率和带宽已无法满足需要。以太网最有可能进入智能网联汽车环境下工作，它采用星形连接架构，每一个设备或每一条链路都可以专享 100 兆带宽，而且传输速率达到万兆级。同时，以太网还可以顺应未来汽车行业的发展趋势，即开放性、兼容性原则，从而可以很容易将现有的应用嵌入新的系统中。

（5）先进驾驶辅助技术。指通过车辆环境感知技术和自组织网络技术对道路、车辆、行人、交通标志、交通信号等进行检测和识别，对识别信号进行分析处理，传输给执行机构，保障车辆安全行驶，如图 6 - 16 所示。先进驾驶辅助技术是智能网联汽车重点发展的技术，其成熟程度和使用多少代表了智能网联汽车的技术水平，是其他关键技术的具体应用体现。

图 6 - 16　先进驾驶辅助技术

（6）信息融合技术。指在一定准则下，利用计算机技术对多源信息进行分析和综合，以实现不同应用的分类任务而进行的处理过程。该技术主要用于对多源信息进行采集、传输、分析和综合，将不同数据源在时间和空间上的冗余或互补信息依据某种准则进行组合，产生出完整、准确、及时、有效的综合信息。智能网联汽车采集和传输的信息种类多、数量大，必须采用信息融合技术才能保障实时性和准确性，如图 6 - 17 所示。

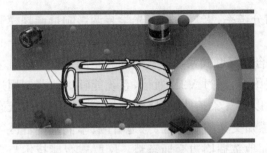

图 6-17　信息融合技术

图 6-18　信息安全与隐私保护技术

（7）信息安全与隐私保护技术。智能网联汽车接入网络的同时，也带来了信息安全的问题。在应用中，每辆车及其车主的信息都将随时随地传输到网络中被感知，这种暴露在网络中的信息很容易被窃取、干扰甚至修改等，从而直接影响智能网联汽车体系的安全。因此，在智能网联汽车中，必须重视信息安全与隐私保护技术的研究，如图 6-18 所示。

（8）人机界面技术。全球领先的汽车制造商如奥迪、宝马、奔驰、福特以及菲亚特等，都在研究人机界面技术。尤其是语音控制、手势识别和触屏技术，在全球未来汽车市场上将被大量采用。不同国家汽车人机界面技术发展重点也不同，美国和日本侧重于远程控制，主要通过呼叫中心实现；德国则将重点放在车主对车辆中央控制系统的掌控上，主要是奥迪的 MMI、宝马的 iDrive、奔驰的 COMMAND。智能网联汽车人机界面的设计，其最终目的在于提供好的用户体验、增强用户的驾驶乐趣或驾驶过程中的操作体验。它更加注重驾驶的安全性，这样使得人机界面的设计必须在好的用户体验和安全之间做平衡，而安全始终是第一位的。智能网联汽车人机界面应集成车辆控制、功能设定、信息娱乐、导航系统、车载电话等多项功能，方便驾驶员快捷地从中查询、设置、切换车辆系统的各种信息，从而使车辆达到理想的运行和操纵状态。未来车载信息显示系统和智能手机将无缝连接，人机界面提供的输入方式将会有多种选择，通过使用不同的技术允许消费者能够根据不同的操作、不同的功能进行自由切换，如图 6-19 所示。

图 6-19　人机界面技术

2）智能网联汽车的发展趋势

（1）以深度学习方法为代表的人工智能技术快速发展和应用。以深度学习方法为代表的人工智能技术在智能网联汽车上正在得到快速应用。尤其在环境感知领域，深度学习方法已凸显出巨大的优势，正在以惊人的速度替代传统机器学习方法。深度学习方法需要大量的数据作为学习的样本库，对数据采集和存储提出了较高需求。但是，深度学习方法还存在内在机理不清晰、边界条件不确定等缺点，需要与其他传统方法融合使用以确保可靠性，且目前也受车载芯片处理能力的限制。

（2）激光雷达等先进传感器加速向低成本和小型化发展。激光雷达相比毫米波雷达等其他传感器具有分辨率高、识别效果好等优点，已越来越成为主流的自动驾驶汽车用传感器；但其体积大、成本高，同时也更易受雨雪等天气条件影响，这导致它现阶段难以大规模商业化应用。目前，激光雷达正在向低成本、小型化的固态扫描或机械固态混合扫描形式发展，但仍需要克服光学相控阵易产生旁瓣影响探测距离和分辨率、繁复的精密光学装调影响量产规模和成本等问题。

（3）自主式智能与网联式智能技术加速融合。网联式系统能从时间和空间维度突破自主式系统对于车辆周边环境的感知能力。在时间维度，通过 V2X 通信，系统能够提前获知周边车辆的操作信息、红绿灯等交通控制系统信息，以及气象条件、拥堵预测等更长期的未来状态信息。在空间维度，通过 V2X 通信，系统能够感知交叉路口盲区、弯道盲区、车辆遮挡盲区等位置的环境信息，从而帮助自动驾驶系统更全面地掌握周边交通态势。网联式智能技术与自主式智能技术相辅相成，互为补充，正在加速融合发展。

（4）高速公路自动驾驶与低速区域自动驾驶系统将率先应用。高速公路与城市低速区域将是自动驾驶系统率先应用的两个场景。高速公路的车道线、标志牌等结构化特征清晰，交通环境相对简单，适合车道偏离预警、车道保持系统、自动制动、自适应巡航控制等驾驶辅助系统的应用。目前，市场上常见的特斯拉等自动驾驶汽车就是 L1～L2 级自动驾驶技术的典型应用。而在特定的城市低速区域内，可提前设置好高精度定位、V2X 等支撑系统，采集好高精度地图，利于实现在特定区域内的自动驾驶，如自动物流运输车、景区自动摆渡车、园区自动通勤车等。

随着人工智能、5G、云计算等新一代互联网技术对各个产业的深刻影响，在中国智造国家战略的实施下，智能化已经成为各个行业发展的重要趋势。我国是汽车大国，汽车产业在我国制造业中起到了重要作用，汽车技术的发展和创新关系到人们出行和安全，尤其是在汽车保有量逐年上升的大背景下，能源问题、环境问题日益凸显，传统汽车产业必然需要面临转型。在智能汽车理念提出后，互联网技术与汽车发展深入融合，出现了智能网联汽车新概念，其也将成为汽车产业未来发展的战略高地。智能网联汽车的发展，表明汽车正在由过去单纯的机械代步工具向新一代移动智能终端转变，整体上从机械驱动转向软件驱动，同时将提高汽车运行的效率和舒适性，进而增强交通资源使用率。

6.3.2 新能源技术

6.3.2.1 新能源汽车的概念

新能源汽车是指采用非常规的车用燃料作为动力来源，或使用常规的车用燃料，采用新型车载动力装置，同时综合车辆的动力控制和驱动方面的先进技术形成的具有新技术、新结构的汽车，如图 6-20 所示。

图 6-20　新能源汽车

新能源汽车分类包括纯电动汽车、混合动力电动汽车、燃料电池电动汽车，其中，混合动力电动汽车又包括插电式混合动力电动汽车和非插电式混合动力电动汽车。

针对新能源汽车的核心零部件，主要有驱动电机、电机控制器、动力电池、增程式发动机、机电耦合装置、燃料电池堆及系统、整车控制器、高压总成等，其可概括为驱动电机系统、动力电池系统和燃料电池系统。

6.3.2.2 新能源汽车发展史

1）世界发展史

近年来，在全球石油资源紧缺和环境污染的双重危机下，以电动化为主的新能源汽车成为汽车行业未来发展的重要趋势。新能源汽车已经有了多年历史：1881 年，第一辆使用铅酸电池的电动汽车出现。20 世纪初期，随着发动机技术发展，启动机的发明以及生产技术的提高，燃油车在这一阶段形成了绝对的优势，再对比电动汽车的充电的不便性，这一阶段纯电汽车退出了汽车市场。20 世纪 60 年代，此时欧洲已经进入工业化中期，由于石油危机的出现，人们开始反思日益严重的环境问题，并重新审视纯电动汽车。20 世纪 90 年代，由于电池技术滞后，汽车制造商在市场压力下开始研发混合动力汽车，以克服电池和续航里程短的问题。21 世纪初期，电池密度提升，电动汽车的续航水平也以每年 50 km 的速度提升，其电机的动力表现已经不弱于一些低排量的燃油车。因此，采用新技术以降低汽车能耗与排放已经成为汽车技术发展的重要方向，其中纯电动汽车实现了路面零排放和低能耗，无疑已经成为节能减排事业中最具吸引力的解决方案之一。

2）中国超越史

2010 年，中国汽车保有量超过 8 000 万辆，仅次于美国，当年汽车产销量达到 1 800 万辆，高居世界第一。机动车是石油消费的主要领域之一，2009 年，我国石油消费量达 3.93 亿 t，成为全球第二大石油消费国，同年石油进口量为 2.04 亿 t，对外依存度达 50% 以上。因此我国更大力推进新能源汽车的技术发展和产品落地。截至目前我国已经成为全球新能源汽车保有量、产量最高的国家，到 2025 年，预计汽车保有量达到 3 亿辆，千人汽车保有量达到 210 辆。与此同时，随着全国机动车排放污染物急剧增加，2020 年 9 月 22 日，中国国家主席习近平在第七十五届联合国大会一般性辩论上宣布：中国将提高国家自主贡献力度，采取更加有力的政策和措施，二氧化碳排放力争于 2030 年前达到峰值，努力争取 2060 年前实现碳中和。

在国家"十三五"规划中，汽车制造业仍然是我国国民经济五大支柱产业之一，并明确指出要大力发展电动汽车。"十三五"时期，新能源汽车快速发展，新能源汽车能源补给能力和服务水平持续提升，产业生态体系和配套政策体系逐步完善。"十四五"时期是我国开启全面建设社会主义现代化国家新征程、向第二个百年奋斗目标进军的第一个五年，也是北京落实首都城市战略定位、建设国际一流的和谐宜居之都的关键时期。从当前的潜在汽车技术发展路线来看，大力发展电动汽车，是我国应对汽车工业快速发展带来潜在能源危机的最为理想、最为有效的发展模式。因此，我国积极对纯电动汽车产业进行补助，这既促进了车企的科技创新，也激发了潜在用户购买电动汽车的需求。在电动汽车迅速发展的机遇中，也存在着一些挑战：第一，由于较大的宏观经济压力造成电动汽车产销下降。2019 年，我国政策扶持近 10 年的 EV（全部利用或部分利用电能驱动电动机，并且以此作为其动力系统的汽车）产销量首次出现负增长。第二，国家对 EV 产业的补贴力度在逐渐减弱，从而导致相关企业的发展出现困难。2019 年的 EV 产业补贴政策中指出：对比 2018 年，2019 年纯电动乘用车、新能源客车和新能源专用车的补贴幅度分别降低了 47%～60%、50%～55% 和 46%～59%，同时，地方补贴也将会在过渡期后全部退出。2020 年，由于受到新冠肺炎疫情所带来的国家经济压力增加的影响，并结合电动汽车行业发展现状，国务院召开了常务会议，提出电动汽车补贴政策、免征车辆购置税政策将延续两年，从而缓和产业下行的趋势。但是，财政补贴与免征购置税的政策只能应对一时，而非长久之策。第三，近年来电动汽车的安全性问题尤其突出，自燃起火事故频发。综上所述，我国高度重视 EV 产业的发展，EV 产业的发展在当下已经进入了关键时期，既面临着重大的发展机遇，也面临着严峻的挑战。

6.3.3 汽车智能制造技术

6.3.3.1 智能制造概述

《中国制造2025》明确提出以智能制造为主攻方向,实现制造业转型升级。以互联网、大数据、云计算、人工智能等技术为代表的新一轮科技革命使世界生产格局发生了深刻的变化。作为传统制造业的代表,汽车工业也进入了一个前所未有的变化时期。汽车制造业是我国国民经济发展的支柱产业,汽车装配流水线是工业机器人应用最重要场景之一。据中国机器人产业联盟发布数据显示,工业机器人在整车制造行业的销售额常年位居首位,工业机器人已成为汽车制造业数字化与智能化转型的重要载体。《中国制造2025》及中国工程院《面向2035智能制造技术预见和路线图》均提出,要将工业机器人作为推进智能制造的重要手段,在汽车等重点领域建设智能化车间,实现制造工艺仿真优化、实时监测与自适应控制。

6.3.3.2 汽车智能制造中机器人的应用场景

汽车生产过程中,工业机器人应用的典型场景包括零部件搬运、车身焊装、喷漆和涂胶、汽车装配与检测等。如汽车制造过程中焊装机器人在执行车体焊接工作任务之前,工艺开发人员需要结合焊接要求为机器人配置相应的焊接工具,并在机器人操作系统中设置机器人焊接作业流程,机器人会在既定程序的指挥下自动完成焊接工作(图6-21)。

图6-21 车体焊装虚拟制造

6.3.3.3 智能制造对汽车产业的影响

在智能制造产品方面,未来的汽车不仅将成为新的智能终端产品,也将形成一个用于个性化需求数据收集的互动平台。智能制造技术可以发挥重要作用,帮助发展中的汽车产业和转型期的汽车经济融入未来经济。如在个性化定制方面,上汽大通率先将C2B大规模个性化智能定制模式引入汽车行业,成为第一家实施C2B战略部署的车企。基于C2B理念,上汽大通建设了南京C2B工厂,其成为代表当今全球制造业最高科技含量及制造水平的达沃斯世界经济论坛"灯塔工厂"。

纵观智能制造的范畴,制造工艺是制造业整体素质和核心竞争力的根本体现,是制造强国建设的重要基础和支撑条件,是从制造大国向强国迈进的关键基础领域。针对汽车行业的智能制造技术推广,《中国制造2025》、欧盟工业5.0以及美国工业互联网等均结合本国在市场份额、系统集成以及软硬件等方面的优势,提出了各自的智能制造框架与实施路径,并均在汽车行业开展了大量应用实践。其中工艺设计与开发的数字化与智能化将成为智能制造发展的重要方向。以汽车焊接工艺为例,焊接过程是多机器人群开展同步化瞬时动态非平衡焊接的过程(图6-22),焊接任务动态分配、焊缝质量实时监测与控制等极其

图6-22 多机器人焊装工艺

复杂。尤其现有多车型共线、来料零件质量不稳定、工艺参数提取难等问题加剧了上述制造问题的出现,问题解决超出了工程师现有能力范畴。为此,可通过数字化仿真、人工智能以及大数据技术,通过采集焊接工艺参数以及焊接性能指标数据,融合实际制造要求与工程知识,构建大数据+工艺知识融合的焊接质量预测模型,通过在线模型更新与工艺控制,实现焊接工艺优化。同时可结合人工智能技术开展共平台多车型机器人集群的工艺任务分配、焊接轨迹规划与优化控制,同步提升整车质量与制造效率。

6.3.3.4 汽车发动机智能检测案例

制造业是我国国民经济的主体,也是实现工业化和现代化的核心力量,在推动经济发展和参与国际竞争方面发挥着不可替代的作用。纵观历史进程,制造技术的每一次重大创新和突破,都会对世界各国的竞争态势产生深远影响。新的工业革命催生了大量的新技术、新发展、新业态和新模式,为我国工业从中低端向中高端发展奠定了技术经济基础,明确了发展方向,为我国科学制定产业发展战略,加快经济转型升级,掌握发展主动权提供了重要机遇。当前我国发展的外部环境复杂程度显著上升,机械加工产品作为制造行业中覆盖范围最广、生产规模最大的要素之一,其内在条件也在发生深刻变化,传统制造业正面临着新一轮的转型升级,数字化制造技术已经成为未来行业的发展趋势。

随着计算机辅助设计技术的快速发展,机械产品的设计生产模式已逐渐由二维图纸的传统研制模式向基于模型定义(model-based definition,MBD)的数字化生产模式转变,有助于缩短开发周期,提高生产效率,实现全数字化的设计与制造流程。但由于组织管理数据难度较高、知识信息匮乏等潜在问题,处于下游的检验过程仍主要依赖由二维图纸表达的检验依据,导致产品的制造信息与设计变更不能及时反馈更新。作为制造环节中质量评价、过程监控与诊断控制的基础,在面向机加工产品的检验过程中,检测特征在测量数据准备过程中需要手动规划布置,并需要结合大量产品工艺信息编制测量程序,导致人工规划过程占用了检测工艺规划的多数时间。

为了提高检测过程的数字化工艺开发效率,近年来有大量学者开展了相关研究并构建了计算机辅助检测规划系统,以适应不同生产周期所涉及的自动化检测任务。对于三坐标测量机(图6-23),规划时间必须满足于当下实时化、智能化的方向,更加合理的检测路径同时也会减少检测时间,提高检测效率。然而,对于机加工产品自动检测工艺的规划,由于尺寸特征众多,测针配置复杂,测量与评价方式要求严格,并且缺乏明确的知识结构体系来指导检测工作,导致规划过程中严重依赖工程经验,规划时间长、效率低甚至重复生成新的检验计划。现有的检

图6-23 三坐标测量机

测技术不能满足机加工产品数字化设计和制造的期望。因此,开发缩短检测规划时间和获取有效检测路径的智能规划系统对于尺寸检测技术具有重要意义。

零部件加工质量对整机与整车产品质量很关键,如何开展高效、高精度的检测工艺规划是汽车智能制造流程中的关键技术。复杂产品检测特征众多,高自动化测量系统面对如此众多的待测特征,也只能依赖于经验驱动的低效规划,极为烦琐且费时,此时如何采用智能化技术

开展全自动工艺规划显得异常迫切。为此,通过对机器人运动学、复杂产品的三维环境建模、基于人工智能的自动避障与路径规划技术研究,开发了通用性的计算机辅助检测路径规划系统。该系统以工艺信息表、三维模型以及测量机参数库系统参数为信息输入源,自动化处理每一特征为其生成相应的测量程序,并最终通过安全空间原理为所有测量程序规划合理路径。

　　凭借高自动化以及对输入信息低要求的特性,自动检测规划软件系统能够代替工程师为发动机缸体缸盖自动生成测量机驱动程序。该系统甚至可以普遍适用于机加工类产品的尺寸公差检测工作中。通过使用该套自动检测规划软件系统,极大程度地降低了工程师的工作量,为测量机辅助测量规划的自动化生成提供了理论基础,使得检测效率明显提高。

参考文献

[1] 郧彦辉,董凯.工艺数字化智能化:智能制造发展关键[J].中国工业和信息化,2022(1):36-38.

[2] 孙栋梁,郑红根.机器人在汽车智能制造中的应用探讨[J].专用汽车,2021(11):72-74.

[3] 李风翯,杨德杰.汽车生产领域智能制造技术应用[J].电子技术与软件工程,2021(11):130-131.

[4] 苏青福,门峰,董方岐,等.汽车行业智能制造市场机遇与挑战研究[J].汽车工业研究,2020(3):8-13.

[5] 严星,徐世栋,张伟伟,等.汽车总装车间智能制造应用与实践[J].汽车制造业,2021(8):33-35.

[6] 刘双虎,门峰,董方岐.浅析我国汽车行业智能制造装备发展现状与挑战[J].内燃机与配件,2020(7):216-219.

[7] 张志梅,王国修.试析汽车智能制造中机器人的应用[J].时代汽车,2021(1):109-110.

[8] 侯建.新能源汽车发展与智能制造研究[J].内燃机与配件,2021(7):172-173.

[9] 张瑞虹,王增峰.新能源汽车智能制造技术发展路径刍议[J].时代汽车,2021(1):75-76.

[10] 杨玉艳,陈兴华.智能制造对汽车产业变革的影响[J].企业观察家,2020(7):92-93.

[11] 付岩.智能制造系统架构在汽车行业的应用[J].汽车文摘,2021(3):28-33.

[12] 魏星雷.智能制造在汽车行业中的应用[J].内燃机与配件,2020(17):145-146.

[13] 余志生.汽车理论[M].6版.北京:机械工业出版社,2019.

[14] 高寒.发动机原理[M].北京:北京交通大学出版社,2007.

[15] 臧杰.汽车构造[M].北京:机械工业出版社,2017.

[16] 闵海涛.汽车设计[M].北京:机械工业出版社,2021.

[17] 舒华.汽车电子控制技术[M].北京:人民交通出版社,2017.

[18] 温德成.质量管理学[M].北京:机械工业出版社,2020.

[19] 陈慧岩,熊光明,龚建伟.无人驾驶车辆理论与设计[M].北京:北京理工大学出版社,2018.

[20] 宋传增.智能网联汽车技术概论[M].北京:机械工业出版社,2020.

[21] 朱冰.智能汽车技术[M].北京:机械工业出版社,2021.

[22] 崔胜民.智能网联汽车概论[M].北京:人民邮电出版社,2019.

[23] 崔胜民.智能网联汽车技术[M].北京:机械工业出版社,2021.

[24] 陈刚,殷国栋,王良模.自动驾驶概论[M].北京:机械工业出版社,2019.

第7章

机 器 人

7.1 概述

随着社会的发展,全球进入科技飞速发展的时代,在这个时代出现了许许多多的新兴事物,机器人就是其中之一。经过半个多世纪的发展,机器人进入了灿烂的年华,"机器人革命"有望成为"第四次工业革命"的一个切入点和重要增长点,影响全球制造业格局,创造数万亿美元的市场。工业机器人、服务机器人和特种机器人等在智能制造和智能服务中发挥着重要作用,具有广泛的市场需求,其研发和应用需要大量的机器人工程专业技术人才,机器人工程专业人才已成为建设制造强国的重要保障。

对于机器人,目前科技界还没有统一的、明确的定义。日本加藤一郎提出满足以下三个条件的机器可称为机器人:①具有脑、手、脚三要素的个体;②具有非接触传感器和接触传感器;③具有平衡觉和固有觉的传感器。美国机器人工业协会(RIA)对机器人的定义是:机器人是一种用于移动材料、零件、工具或专用装置的设备,其通过可编程序动作来执行种种任务,并具有编程能力的多功能机械手。国标标准化组织(ISO)对机器人的定义是:机器人是一种自动的、位置可控的、具有编程能力的多功能机械手,这种机械手具有几个轴,能够借助于可编程序操作来处理各种材料、零件、工具和专用装置,以执行种种任务。

上述各种定义有共同之处,也即认为机器人:①像人或人的上肢,并能模仿人的动作;②具有智力或感觉与识别能力;③是人造的机器或机械电子装置。可见,机器人是一种能够半自主或全自主工作的智能机器,其具有感知、决策和执行等基本特征,可以辅助甚至替代人类完成危险、繁重、复杂的工作,提高工作效率与质量,服务人类生活,扩大或延伸人的活动及能力范围。

若要进一步了解机器人,还需要先了解下其分类。从应用环境来看有工业机器人和特种机器人之分,其中工业机器人就是面向工业领域的多关节机械手或多自由度机器人。而特种机器人则是除工业机器人之外的、用于非制造业并服务于人类的各种先进机器人,包括服务机器人、水下机器人、娱乐机器人、军用机器人、农业机器人和机器人化机器等。工业机器人广泛应用于码垛搬运、装配、分拣、喷漆、喷涂、拾料、包装、冲压连线、压铸、上下料和抛光打磨等领域,能够为企业生产带来极大便利。至于特种机器人的应用,可以就单个四足机械狗为例,它可以代替导盲犬,帮助盲人安全行走在路上;再比如外骨骼机器人可用于辅助的制造业、仓储和物流等工作场景,或者是用于康复的医疗保健市场,特别是在社会老龄化以及技能型人才短缺的情况下,外骨骼机器人将成为提高生产力、避免和减轻伤害的重要手段。这些机器人与人类的工作、生活相关联,若赋予它们智能之后,它们在实际应用中会起到越来越重要的作用。目前机器人的研究正处于第三代智能机器人阶段,尽管国内外对此的研究已经取得了许多成果,但其智能化水平仍然不尽如人意。

了解机器人技术,还需了解机器人技术与机器人学的不同:机器人技术通过某种方式,将抽象目标转化为物理行为,例如向电机发送能量、监控动作并引导事情向目标前进。而机器人学涉及把概念想法转变为实际应用,它并不是一个单一的概念,它是科学和工程经过数百年发展而累积出的大量结果。机器人学主要依赖于数学、物理、机械工程、电子工程和计算机科学,还涉及哲学、心理学、生物学等领域,机器人学是这些领域的聚集地。机器人学提供动机,再通过机器人学对这些概念进行测试,并引导后续研究,并用机器人学进行证明。

7.1.1 国外工业机器人行业现状

在国外,工业机器人技术日趋成熟,已经成为一种标准设备被工业界广泛应用。相继形成了一批具有影响力的、著名的工业机器人公司,它们包括瑞典的 ABB Robotics,日本的 FANUC、Yaskawa,德国的 KUKA Roboter,美国的 Adept Technology、American Robot、Emerson Industrial Automation、S-T Robotics,这些公司已经成为其所在地区的支柱性产业。国外专家预测,机器人产业是继汽车、计算机之后出现的一种新的大型高技术产业。据联合国欧洲经济委员会(UNECE)和 IFR 的统计,世界机器人市场前景看好,从 20 世纪下半叶起,世界机器人产业一直保持着稳步增长的良好势头。在发达国家中,工业机器人自动化生产线成套设备已成为自动化装备的主流。国外汽车、电子电器和工程机械等行业已经大量使用工业机器人自动化生产线,以保证产品质量,提高生产效率,同时避免了大量的工伤事故。像国际上著名公司 ABB、Comau、KUKA、BOSCH、NDC、SWISSLOG 和村田等都是机器人自动化生产线及物流与仓储自动化设备的集成供应商。目前,日本、意大利、德国、美国、欧盟等国家或地区产业工人人均拥有工业机器人数量位于世界前列。全球诸多国家近半个世纪工业机器人的使用实践表明,工业机器人的普及是实现自动化生产、提高社会生产效率、推动企业和社会生产力发展的有效手段。

7.1.2 国内工业机器人行业现状

1) 工业机器人产量持续增加,但是产量增速缓慢

根据中国国家统计局数据,最近几年的工业机器人产量持续增加,对比分析见图 7-1。

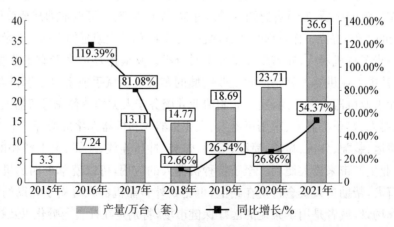

图 7-1　2015—2021 年中国工业机器人产量及增比情况

由图中可知,2021年工业机器人产量为36.6万台(套),比2020年同期增长54.37%。

中国于1972年开始研制工业机器人,虽起步较晚但进步较快,已在工业机器人、特种机器人和智能机器人各方面取得明显成绩,为我国机器人技术的发展打下初步基础。

(1)工业机器人发展。中国工业机器人的发展大致可分为4个阶段:20世纪70年代的萌芽期、80年代的开发期、90年代到2010年的初步应用期、2010年以来的井喷式发展与应用期。

我国在"七五"期间进行了工业机器人基础技术、基础元器件、几类工业机器人整机及应用工程的开发研究,完成了示教再现式工业机器人成套技术的开发。研制出喷涂、弧焊、点焊和搬运等作业机器人整机、几类专用和通用控制系统及关键元器件等,且形成小批量生产能力。

在20世纪90年代中期,我国选择焊接机器人的工程应用作为重点进行开发研究,迅速掌握了焊接机器人应用工程技术。20世纪90年代后半期至21世纪初,我国实现了国产机器人的商品化和工业机器人的推广应用,为产业化奠定了基础。

1972—2000年期间,中国工业机器人的产量和装机台数占世界的比重可谓微不足道。但进入21世纪以来,工业机器人的中国市场迅速增长,经过一段产业化过程,目前已呈井喷之势。2014年全球新安装工业机器人达到16.67万台,其中中国的工业机器人年装机量超过日本,达到5.6万台,约占世界总量的1/3,中国成为全球最大的机器人市场。

(2)智能机器人计划。1986年3月,中国启动实施了"863"计划。按照"863"计划智能机器人主题的总体战略目标,智能机器人研究开发工作的实施分为型号和应用工程、基础技术开发、实用技术开发和成果推广4个层次,通过各层次的工作体现和实现战略目标。中国的服务机器人项目涉及除尘机器人、玩具机器人、保安机器人、教育机器人、智能轮椅机器人和智能穿戴机器人等。

此外,国家自然科学基金也资助了智能机器人领域的重大课题研究,包括智能机器人仿生技术、移动机器人的视觉与听觉计算、深海自主机器人、智能服务机器人和微创医疗机器人等。

2)行业智能化改造升级加速,工业机器人市场规模仍将持续增长

我国制造业规模大、门类广,各细分行业对工业机器人技术及产品的不同需要为本土工业机器人产业发展提供了大量市场机遇。我国进入高质量发展的新时代,制造业智能化改造升级已成为时代趋势,工业机器人的市场需求日益旺盛。据国际机器人联合会(IFR)统计,2018年中国工业机器人密度达到140台/万人,已超过世界平均水平的99台,但还远低于自动化程度较高的日本、德国等,故而市场潜力巨大。2019年,我国工业机器人市场规模约为57.3亿美元,同比增长5.7%,2021年出货量达256360台,同比增长49.5%,创历史新高。

3)国内各区域机器人产业发展水平差异明显

国内机器人产业主要集中在长三角、珠三角、京津冀、中部地区(主要包括湖南、湖北)、西部地区(主要包括重庆、成都和西安等地)和东北地区。在我国机器人产业发展中,长三角地区基础比较雄厚;珠三角地区、京津冀地区机器人产业日益发展壮大;东北地区虽有先发优势,但近年来产业整体发展较慢;中部地区和西部地区机器人产业发展基础较为薄弱,但具有后发潜力。珠三角地区机器人产业具有良好的技术研发基础和产业布局环境,重点聚焦在数控装备、无人物流、自动化控制器、无人机等领域。在产业规模方面,珠三角地区2018年机器人产品销售总收入达到108.5亿元,其中深圳市以67亿元的销售收入居首,佛山、广州和东莞位列其后。

7.1.3 行业前景

从事机器人方向的学生就业行业广泛、就业前景广阔、就业质量高。但前提是,学生在校期间要扎实学习专业知识,对当前新的科技要敏感,比如机器视觉、人工智能等,具备开发机器人的能力,可满足以下不同企业的人才需求:

(1) 机器人制造厂商:需求机器人组装、销售、售后支持的技术和营销人才。

(2) 机器人系统集成商:需求机器人工作站的开发、安装调试、技术支持等专业人才。

(3) 机器人应用企业:需求机器人调试维护、操作编程等综合素质较强的技术人才。

机器人工程专业人才很稀缺,在产业升级、机器人换人的大背景下,机器人应用具有广阔的前景。并且机器人是机械、电子、控制、计算机、传感器、人工智能等多学科高新技术于一体的机电一体化数字化装备,具有长期工作可靠性高和稳定性好的优点,并且能够承担和替代人的许多工作任务。能提高产品的质量与产量、保障人身安全,改善劳动环境,减轻劳动强度,提高劳动生产率,节约原材料消耗以及降低生产成本,可以在各行各业中应用,改变着人类的生产方式,提高生活质量。可以预见,机器人专业人才应用市场前景非常广阔。

7.2 机器人技术的发展历程

7.2.1 机器人的启蒙时期

虽然机器人一词的出现和世界上第一台工业机器人的问世都是近几十年内的事,然而人们对机器人的幻想与追求却已有 3 000 多年的历史,中国古代最为著名的故事出在三国时期的诸葛连弩与木牛流马。而在西方世界,机器人的启蒙发展同样辉煌。公元前 2 世纪,古希腊人发明了以水、空气和蒸汽压力为动力的可互动雕像。1662 年,日本竹田近江基于钟表技术发明了端茶玩偶,并在大阪的道顿堀演出。1738 年,法国天才技师杰克·戴·瓦克逊发明了一只机器鸭(图 7 - 2a);1773 年,瑞士钟表匠道罗斯父子推出了自动书写玩偶、自动演奏玩偶等(图 7 - 2b)。

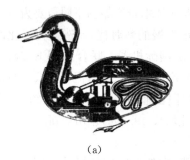

(a)   (b)

图 7 - 2　机器鸭和自动书写玩偶、自动演奏玩偶

7.2.2 现代机器人的发展

现代机器人的研究始于 20 世纪中期,其技术背景是计算机和自动化的发展,以及原子能的开发利用。自 1946 年第一台数字电子计算机问世以来,计算机取得了惊人的进步,向高速度、大容量、低价格的方向发展。大批量生产的迫切需求推动了自动化技术的进展,导致了1952 年数控机床的诞生,与数控机床相关的控制、机械零件的研究又为机器人的开发奠定了基础。原子能实验室的恶劣环境要求某些操作机械代替人处理放射性物质。在这一需求背景下,美国原子能委员会的阿尔贡研究所于 1947 年开发了遥控机械手,1948 年又开发出一款机械式的主从机械手。

1954 年,美国戴沃尔最早提出了工业机器人的概念,并申请了专利。该专利的要点是借助伺服技术控制机器人的关节,利用人手对机器人进行动作示教,机器人能实现动作的记录和再现。这就是所谓的示教再现机器人。现有的机器人基本上仍然采用这种控制方式。1962 年,美国 AMF 公司推出的"VERSTRAN"和 UN - IMATION 公司推出的"UNIMATE"是机器人产品最早的实用机型。这些工业机器人的控制方式与数控机床大致相似,但外形特征迥异,主要由类似人的手、臂组成。1965 年,美国麻省理工学院(MIT)的 Roborts 演示了第一个具有视觉传感器、能识别与定位简单积木的机器人系统。1967 年,日本成立了人工手研究会(现改名为仿生机构研究会),同年召开了日本首届机器人学术会。1970 年,第一届国际工业机器人学术会议在美国召开。1970 年以后,机器人的研究得到迅速、广泛的普及。1973 年,辛辛那提·米拉克隆公司的理查德·豪恩制造了第一台由小型计算机控制的工业机器人,它是液压驱动的,能提升的有效负载达 45 kg。到了 1980 年,工业机器人才真正在日本开始普及,故日本称该年为其国家的"机器人元年"。随着计算机技术和人工智能技术的飞速发展,机器人在功能和技术层次上有了很大的提高,移动机器人和机器人的视觉、触觉等技术就是典型的代表。这些技术的发展进一步推动了机器人概念的延伸。

20 世纪 80 年代,研究者将具有感觉、思考、决策和动作能力的系统称为智能机器人,这是一个概括的、含义广泛的概念。这一概念不但指导了机器人技术的研究和应用,而且赋予了机器人技术向深广发展的巨大空间,水下机器人、空间机器人、空中机器人、地面机器人和微小型机器人等各种用途的机器人相继问世,许多梦想成为现实。将机器人的技术(如传感技术、智能技术、控制技术等)扩散和渗透到各个领域形成了各式各样的新机器——机器人化机器。当前与信息技术的交互融合又出现了"软件机器人"和"网络机器人",这也说明了机器人所具有的创新活力。

进入 21 世纪,工业机器人产业发展速度加快,年增长率达到 30% 左右。其中,亚洲工业机器人增长速度高达 43%,最为突出。据 UNECE 和 IFR 统计,全球工业机器人在 1960 年到 2006 年年底累计安装 175 万多台,至 2011 年累计安装超过 230 万台。工业机器人市场前景被普遍看好。根据 IFR 统计,2011 年是工业机器人产业蓬勃发展的一年,全球市场同比增长 37%。其中,中国市场的增幅最大,并于 2015 年起成为世界最大的机器人市场。

7.2.3　中国机器人发展战略

新一轮工业革命呼唤发展智能制造。在中国"十二五"规划中,高端制造业(即机器人+智能制造)已被列入战略性新兴产业。科技部于 2012 年 4 月发布《智能制造科技发展"十二五"专项规划》和《服务机器人科技发展"十二五"专项规划》。在"十二五"期间,重点培育发展了服务机器人新兴产业,重点发展了公共安全机器人、医疗康复机器人、仿生机器人平台和模块化核心部件四大任务。

国务院于 2015 年 5 月 19 日发布《中国制造 2025》,明确提出实现中国制造强国的路线图,路线图中指出大力推动的重点领域包括机器人制造,指出了要围绕汽车、机械、电子、危险品制造、国防军工、化工、轻工等工业机器人、特种机器人,以及医疗健康、家庭服务、教育娱乐等服务机器人应用需求,积极研发新产品,促进机器人标准化、模块化发展,扩大市场应用。突破机器人本体、减速器、伺服电机、控制器、传感器与驱动器等关键零部件及系统集成设计制造等技术瓶颈。

1) 重点任务中涉及发展机器人科技内容

国务院于 2017 年 7 月 8 日发布《新一代人工智能发展规划》,其重点任务中涉及发展机器人科技的内容有:

(1) 建立自主协同控制与优化决策理论。研究面向自主无人系统的协同感知与交互,面向自主无人系统的协同控制与优化决策,知识驱动的人机物三元协同与互操作等理论。

(2) 发展自主无人系统的智能技术。研究无人机自主控制和汽车、船舶、轨道交通自动驾驶等智能技术,服务机器人、空间机器人、海洋机器人、极地机器人技术,无人车间/智能工厂智能技术,高端智能控制技术和自主无人操作系统。研究复杂环境下基于计算机视觉的定位、导航、识别等机器人及机械手臂自主控制技术。

(3) 创建自主无人系统支撑平台。建立自主无人系统共性核心技术支撑平台,无人机自主控制以及汽车、船舶和轨道交通自动驾驶支撑平台,服务机器人、空间机器人、海洋机器人、极地机器人支撑平台,智能工厂与智能控制装备技术支撑平台等。

(4) 发展智能机器人新兴产业。攻克智能机器人核心零部件、专用传感器,完善智能机器人硬件接口标准、软件接口协议标准以及安全使用标准。研制智能工业机器人、智能服务机器人,实现大规模应用并进入国际市场。研制和推广空间机器人、海洋机器人、极地机器人等特种智能机器人。建立智能机器人标准体系和安全规则。

机器人技术是涉及国家未来产业和前沿科技的核心力量。2016 年 4 月 28 日工业和信息化部、国家发改委和财政部共同发布《机器人产业发展规划(2016—2020 年)》,明确要在工业机器人领域,聚焦智能生产、智能物流,攻克工业机器人关键技术,提升可操作性和可维护性,重点发展弧焊机器人、真空(洁净)机器人、全自主编程智能工业机器人、人机协作机器人、双臂机器人和重载 AGV 等 6 种标志性工业机器人产品,引导我国工业机器人向中高端发展。在服务机器人领域,重点发展消防救援机器人、手术机器人、智能型公共服务机器人和智能护理机器人等 4 种标志性产品,推进专业服务机器人实现系列化,个人/家庭服务机器人实现商品化。还有,如国务院发布了《中国制造 2025》《新一代人工智能发展规划》,科技部高技术研究发展中心发布了《智能机器人重点研发计划》,国家自然科学基金委推出了《共融机器人基础理论与关键技术重大研究计划》,等等。这些重要政策和计划的出台,表明机器人技术、高端智能制造及人工智能等已经成为我国重要的科技战略发展领域。

由此可见,发展机器人工程已上升为我国国家战略,必将对我国制造产业乃至整个国民经济的发展产生巨大推动作用和深远影响。

2) 我国未来智能机器人发展方向

依据我国当前的技术发展状况,未来的智能机器人应当会在以下几方面着力发展:

(1) 面向任务。由于目前人工智能还不能提供实现智能机器的完整理论和方法,已有的人工智能技术大多数要依赖领域知识,因此当我们把机器要完成的任务加以限定,及发展面向任务的特种机器人,那么已有的人工智能技术就能发挥作用,使开发这种类型的智能机器人成为可能。

(2) 传感技术和集成技术。在现有传感器的基础上发展更好、更先进的处理方法和其实现手段,或者寻找新型传感器,同时提高集成技术,增加信息的融合。

(3) 机器人网络化。利用通信网络技术将各种机器人连接到计算机网络上,并通过网络对机器人进行有效的控制。

（4）智能控制中的软计算方法。与传统的计算方法相比，以模糊逻辑、基于概率论的推理、神经网络、遗传算法和混沌为代表的软计算技术具有更高的鲁棒性、易用性及计算的低耗费性等优点，其应用到机器人技术中，可以提高其问题求解速度，较好地处理多变量、非线性系统的问题。

（5）机器学习。各种机器学习算法的出现推动了人工智能的发展。机器人工程作为一门跨专业、高度综合的新兴学科，能有效提高学生的实践能力。

7.2.4　机器人工程的热点问题

机器人工程集计算机技术、自动化技术、检测技术、机械设计技术、材料与加工技术、各种仿生技术和人工智能技术等学科于一体，是多学科科技发展的结果。每一款机器人都是知识密集和技术密集的高科技化身。当前，机器人技术的热点主要集中在以下几个方面：

1）空间机构学

空间机构在机器人上的应用体现在：机器人机身和臂部机构的设计、机器人手部机构设计、机器人行走机构设计、机器人关节结构设计以及机器人仿生结构设计。

2）机器人运动学

机器人执行机构实际是一个多刚体系统，研究要涉及组成这一系统的各杆件之间以及系统与对象之间的相互关系，因此需要一种有效的数学描述方法，机器人运动学可帮助解决这类问题。

3）机器人静力学

机器人与环境之间的接触会在机器人与环境之间引起相互的作用力和力矩，而机器人的输入关节转矩由各个关节的驱动装置提供，通过手臂传至手部，使力和力矩作用在环境的接触面上。这种力和力矩的输入和输出关系在机器人控制上是十分重要的。静力学主要探讨机器人的手部端点力和驱动器输入的力矩关系。

4）机器人动力学

机器人是一个复杂的动力学系统，要研究和控制这个系统，首先必须建立它的动力学方程。动力学方程是指作用于机器人各机构的力和力矩及其位置、速度、加速度关系的方程式，以利于提高高速、重载机器人的运动性能。

5）机器人控制技术

机器人控制技术是在传统机械系统的控制技术基础上发展起来的，两者之间没有根本的不同。但机器人控制技术也有许多特殊之处，例如它是耦合的、非线性的、多变量的控制系统；其负载、惯量、重心等随着时间都可能变化，不仅要考虑运动学关系，还要考虑动力学因素；其模型为非线性而工作环境又是多变的，等等。其主要研究的内容有机器人控制方式和机器人控制策略。

6）机器人传感技术

人类一般具有触觉、视觉、听觉、味觉以及嗅觉等感觉，而机器人的感觉主要是通过各种传感器来实现的。根据检测对象的不同，可将传感器分为内部传感器和外部传感器：内部传感器，主要是指用来检测机器人本身状态的传感器，如检测手臂的位置、速度、加速度，电器元件的电压、电流、温度等的传感器。外部传感器，是指用来检测机器人所处环境状况的传感器，具体有物体探伤传感器、距离传感器、力传感器、听觉传感器、化学元素检测传感器、温度传感器，以及机器视觉装置、三维激光扫描装置等。

7）机器人运动规划技术

机器人运动规划包括序列规划（又称全局路径规划）、路径规划和轨迹规划三部分。序列规划是指在一个特定的工作区域中自动生成一个从起始作业点开始，经过一系列作业点，再回到起始点的最优工作序列；路径规划是指在相邻序列点之间通过一定的算法搜索一条无碰撞的机器人运动路径；轨迹规划是指通过插补函数获得路径上的插补点，再通过求解运动学逆解转换到关节空间（若插补在关节空间进行则无须转换），形成各关节的运动轨迹。

8）机器人编程技术

机器人编程语言是机器人和用户的软件接口，编程语言的功能决定了机器人适应性和给用户的方便性。至今还没有完全公认的机器人编程语言，通常每个机器人制造厂都有自己的机器人语言。机器人编程与传统的计算机编程不同，机器人手部运动在一个复杂的空间环境中，还要监视和处理传感器的各种信息。因此，其编程语言主要有两类：面向机器人的编程语言和面向任务的编程语言。

面向机器人编程语言的主要特点是描述机器人的动作序列，每一条语句大约相当于机器人的一个动作，主要有以下三种：

（1）专用的机器人语言，如 PUMA 机器人的 VAL 语言，是专用的机器人控制语言。

（2）在现有计算机语言的基础上加机器人子程序库，如美国机器人公司开发的 AR - BASIC，就是基于 BASIC 语言。

（3）开发一种新的通用语言加上机器人子程序库，如 IBM 公司开发的 AML 机器人语言。

面向任务的机器人编程语言允许用户发出直接命令，以控制机器人去完成一个具体的任务，而无须说明机器人需要采取的每一个动作到细节。如美国的 RCCL 机器人编程语言，就是利用 C 语言和一组 C 函数来控制机器人运动的任务级机器人语言。

7.3 机器人工程专业的核心内容

7.3.1 机器人机构学

机器人机构学（robotic mechanisms）既是机器人学的重要组成部分，同时也是机构学（mechanisms）的一个重要分支。机构学在广义上被称为机构与机器科学（mechanism and machine science），是机械工程学科中的重要基础研究分支。众所周知，机构学从一出现就一直伴随甚至推动着人类社会和人类文明的发展，对它的研究和应用更是有着悠久的历史。从远古的简单机械、中国宋元时期的浑天仪到欧洲文艺复兴时期的计时装置和天文观测器；从文艺复兴时期达·芬奇的军事机械到工业革命时期瓦特的蒸汽机；从100多年前莱特兄弟的飞机、奔驰汽车到半个世纪前的模拟计算机和数控机床；从 20 世纪 60 年代的登月飞船到现代的航天飞机和星际探测器，再到信息时代的数据存储设备、消费电子设备和智能机器人，无一不说明新机器的发明是社会发展的原动力、人类文明延续的主导者。即使在当今的信息时代，机构学仍是推动社会发展不可或缺的力量。如图 7 - 3 所示几款机器人的设计都离不开机器人机构学。

机器人机构学涉及三部分内容：机器人技术基础、机器人动力学和机器人本体机构学。

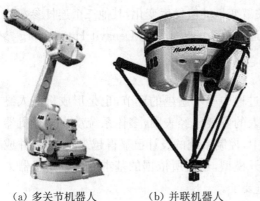

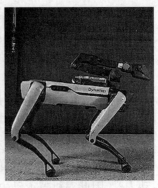
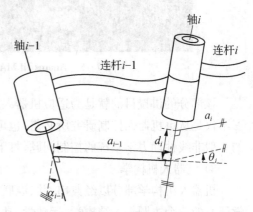

(a) 多关节机器人　　　(b) 并联机器人　　　　(c) 人型机器人　　　　(d) 四足机器人

图 7‑3　各类机器人

1) 机器人技术基础

机器人技术基础集机械学、计算机科学与工程、控制理论与控制工程学、电子工程学、人工智能、智能传感、仿生学等多学科之大成，是一门高度综合和交叉的前沿学科，是目前和未来的研究热点。

机器人技术基础部分讲授机器人坐标变换、机器人正运动学、机器人逆运动学、速度与雅可比矩阵、轨迹规划、MATLAB 与 Adams 的机器人联合仿真等。以实验室现有一套 6 自由度机器人实验教学系统为对象，每一个核心知识点里都将提供一个机器人典型算例，对每一个核心知识点的应用关键点进行实践、分析和总结，为践行理论与实践深度耦合的理念提供支撑。

该部分的讲授目的是要求学生通过教学与实验，了解机器人发展的最新技术与现状，初步掌握机器人技术的基本知识、基本理论和基本方法，培养学生综合应用的能力。通过翔实、具体的机器人基础理论知识推导和典型研究范例系统展示给学生，为学生提供系统和范例式的机器人技术学习帮助，使得学生对机器人技术的学习和研究变得更加实效。

对于机器人技术基础部分，学生主要须掌握 D‑H 坐标。机器人可以看作由一系列连杆通过关节串联而成的运动链，如图 7‑4 所示。连杆能保持其两端的关节轴线具有固定的几何关系，连杆特征由 a_{i-1} 和 α_{i-1} 两个参数进行描述。如图所示，a_{i-1} 称为连杆长度，表示轴 $i-1$ 和轴 i 的公垂线的长度。α_{i-1} 称为连杆转角，表示轴 $i-1$ 和轴 i 在垂直于 a_{i-1} 的平面内夹角。相邻两个连杆 $i-1$ 和 i 之间有一个公共的关节轴 i。连杆连接由 d_i 和 θ_i 两个参数进行描述：d_i 称为连杆偏距，表示公垂线 a_{i-1} 和公垂线 a_i 沿公共轴线关节轴 i 方向的距离。θ_i 称为关节角，表示公垂线 a_{i-1} 的延长线和

图 7‑4　连杆参数

公垂线 a_i 绕公共轴线关节轴 i 旋转的夹角。当关节为移动关节时，d_i 为关节变量；当关节为转动关节时，θ_i 为关节变量。机器人的连杆均可以用以上四个参数 a_{i-1}、α_{i-1}、d_i、θ_i 来进行

描述。对于一个确定的机器人关节,运动时只有关节变量的值发生变化,其他三个连杆参数均保持不变。用 a_{i-1}、α_{i-1}、d_i、θ_i 来描述连杆之间运动关系的规则称为 Denavit-Hartenberg 参数,简称 D-H 参数。

2) 机器人动力学

机器人动力学的研究是所有类型机器人发展过程中不可逾越的环节,也是形成机器人终极产品性能评价指标的重要科学依据。以往机器人的发展已经表明,多体系统动力学是机器人研发中不可或缺的基础力学理论。机器人研究中,控制系统的设计已显得越来越重要,并成为提高机器人性能的关键问题之一。而控制离不开模型,建模所依据的基本原理就是机器人动力学,因此对机器人动力学的学习就显得尤为重要了。

机器人动力学部分讲授拉格朗日方程、牛顿-欧拉方程和凯恩方程。通过该部分的学习,学生可以对一般系统建立动力学模型,为下一步的控制和机构分析打下基础。机器人动力学研究的是机器人的运动和作用力之间的关系。机器人的动力学问题包括动力学正问题和动力学逆问题。动力学正问题是对于给定的关节驱动力/力矩,求解机器人对应的运动;需要求解非线性微分方程组,计算复杂,主要用于机器人的运动仿真。动力学逆问题是已知机器人的运动,计算对应的关节驱动力/力矩,即计算实现预定运动需要施加的力/力矩;其不需要求解非线性方程组,计算相对简单,主要用于机器人的运动控制。学生可以通过 MATLAB 中的相关软件包进行编程,从而加深对此部分的理解,如图 7-5 所示。

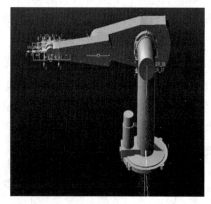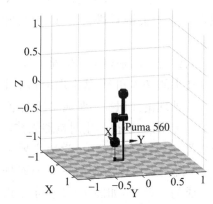

图 7-5　Adams 和 MATLAB 环境下的 Puma 560 机器人

该部分的讲授目的就是为适应机器人产业发展,培养新工科机器人相关技术人才。其学习不仅是从事机器人控制研究所必需,也可为进一步研究智能机器人、移动机器人乃至更复杂的一般非线性动力学系统的控制问题,打下坚实的理论基础。

3) 机器人机构学

机器人机构学部分以经典串、并、混联机器人为主要对象,以"设计"为主线,沿袭传统机构学研究的三个主题——结构学、运动学、动力学,展开相关"型""性""度"分析及设计方面的系统讨论。

机器人机构学部分主要讲授:与机构分析相关的数学知识;线几何与旋量理论基础等新内容;位形空间与刚体运动、常用机器人机构、机器人机构的自由度与运动模式分析;构型综合,常用串、并联机器人位移的正、反求解方法,速度雅可比和运动/力交互特性,机器人运动学尺度综合及优化设计,机器人静力学(含静刚度)和动力学的基础知识;柔性机器人机构学的基本内容,等等。

在此对机器人机构学中数学基础"旋量"做一简单的介绍。旋量又称"螺旋",是一组同时表示矢量的方向和位置的对偶矢量,可以表示刚体的角速度和线速度,或者表示刚体力学中的力和力矩。这样一个含有 6 个标量的旋量概念,具有几何意义明确、表达形式简单、代数运算方便、理论难度不高等优点,因而在航天器、机器人等多体系统分析中得到了广泛的应用。

机器人动力学是机器人技术基础力学层次上的提高,机器人机构学是机器人技术基础数学层次上的提高,通过机器人机构学部分的学习,学生的数学和力学基本功可得到很大的提高,为今后无论从事什么样的工作都打下了坚实的基础。

该部分的讲授目的是让学生熟悉机械运动方案设计的一般过程,掌握空间机构的组成原理、运动与约束机器人机构设计方面的专业知识,熟悉掌握旋量等新的概念。并能利用数学、自然科学和机械科学的基本原理,通过文献研究分析机器人工程及智能制造领域复杂工程问题。掌握系统、专业的空间机构基本知识和机器人机构设计的一般规律,熟悉典型机器人结构的实验方法和现代数学工具在机构学和机器人学中的应用,建立起机器人空间机构设计基础专业知识体系,能够在安全、环境、法律等约束下,通过技术经济评价对机器人工程及智能制造领域复杂工程问题解决方案的可行性进行分析和论证。熟悉机器人工程及智能制造专业的技术标准及规范、知识产权、行业政策和安全管理技术,并能合理运用标准、规范、机械设计手册、图册等相关技术资料,创新性地设计满足特定需求的机器人系统及零部件,并能从环境和可持续发展角度对机器人相关产品制造及使用进行评价。学生们根据此课程讲解的知识,结合自己丰富的想象力,完全可以合理且科学地实现自己大脑中各种奇思妙想,从而拥有不一样的设计体验。

7.3.2 机器人驱动技术

7.3.2.1 专业核心知识点

机器人驱动技术与机器人控制算法、机器人传感技术构成机器人三大核心技术。机器人驱动能力决定了机器人在操作过程中的负载能力、准确性和实时性,是机器人工程专业的核心课程。如图 7 - 6 所示,传统的机器人驱动方式包括了气压驱动、液压驱动以及电力驱动。近些年来,随着新材料和电子技术的发展,磁致伸缩及超声波技术也被应用于机器人驱动,因此机器人驱动技术的知识点更多,横跨机电液气及新材料技术等领域,成为一门综合性的课程。

图 7 - 6 机器人驱动方式

该课程主要将电动机驱动技术和液压驱动技术相关知识点作为重要授课内容,具体包括了如下几个方面:

1) 常用低压元件及控制电路

无论采用哪种驱动方式,机器人的驱动都需要电气元件进行控制。因此课程将介绍常用低压电气元件的原理和使用方式,以及如何利用这些电气元件构成电气控制电路。

(1) 常用低压元器件。包括开关器件、控制器件和保护器件。开关器件主要有断路器和按钮,其中断路器用于控制电源的通断,也能够起到过流保护作用;按钮主要实现电信号的通断。控制器件主要由继电器、接触器及 PLC 等组成,其中继电器按照功能可以分为控制继电器、功率继电器和时间继电器;接触器常用于大功率的三相交流电路的控制;PLC 能够通过软件编程实现控制功能。保护器件主要包括熔断器及具有过电流保护功能的断路器,起到过电流及短路故障保护的功能。

(2) 电力电子半导体器件。电动机的控制往往需要电压及频率等控制,因此需要了解常用的电力电子器件,主要包括二极管、晶闸管和 IGBT,其中二极管为不可控器件,主要用于整流电路;晶闸管为半可控器件,主要应用于可控整流、交流调压及变频等电路中;IGBT 为全可控器件,具有载流大、压降小、开关频率高的特点,广泛应用于电动机控制电路中。

(3) 常用电动机控制电路。包括电动机启动、停车(点动、连续运行、多地点控制、顺序控制等),电动机正反转控制,行程控制,时间控制及速度控制等电路的设计原理。能够使用传统的继电器设计电动机控制回路,并且会用 PLC 编写电动机控制程序。

2) 电驱动技术

电驱动技术就是指采用电动机作为机器人驱动装置的技术。电动机按照供电方式,可以分为直流电动机和交流电动机;按照控制方式,又可以分为步进电动机(常简称"步进电机")和伺服电动机(常简称"伺服电机")。

(1) 磁路基本原理。电动机是利用通电导体产生磁场,并利用磁场作用力实现电能到机械能的转化过程,因此需要了解磁路的基本概念。在电动机中,常把线圈套装在铁芯上,当线圈内通入电流时,在线圈周围的空间形成磁场,磁路就是磁场通过的路径。分析和计算磁场时,常用电磁感应定律、电磁力定律、安培环路定律、磁路欧姆定律、基尔霍夫第一定律、基尔霍夫第二定律。

(2) 机器人中电动机类型。电动机中存在两个关键部件:转子和定子,转子和定子之间通过磁场相互作用。电动机的旋转就是定子依靠变化的磁场带动转子转动,如图 7-7 所示。常

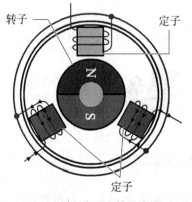

(a) 电动机定子和转子关系

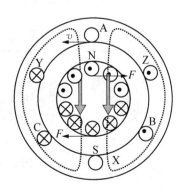

(b) 电动机电磁力作用关系

图 7-7 旋转电动机运行原理

把线圈套装在定子铁芯上。当线圈内通入电流时,在线圈周围的空间形成磁场。电动机的定子基本上是三个相互隔开 120°的线圈,通入三相电流时,在每个线圈中产生磁场,这三个磁场合成得到一个旋转磁场,而电动机的转子在旋转磁场的带动下就会旋转起来。学习中主要包括交流同步电动机、交流异步电动机、直流有刷和无刷电动机、步进电机等。

(3) 伺服电机及编码器。伺服电机(servo motor)是一种能够跟随输入目标(或给定值)而控制输出位置、速度、力矩的电动机。伺服主要靠脉冲来定位,伺服电机接收到一个脉冲,就会旋转一个脉冲对应的角度,从而实现位移。伺服电机本身具备发出脉冲的功能,所以伺服电机每旋转一个角度,都会发出对应数量的脉冲,可以和伺服电机接收的脉冲形成呼应,或者称之为闭环。如此一来,系统就会知道发了多少脉冲给伺服电机,同时又收了多少脉冲回来,因此能够很精确地控制电动机的转动,从而实现精确的定位,其定位精度可以达到 0.001 mm。由于伺服电机是闭环控制电动机,所以编码器的精度决定了伺服电机的控制精度。伺服电机编码器是安装在伺服电机转动轴上、随被测轴一起转动的,可将被测轴的角位移转换为增量脉冲形式或绝对式的代码形式。从物理介质的不同角度,伺服电机编码器可以分为光电编码器和磁电编码器。

3) 液压驱动技术

利用液体压力快速均衡的传递性能,以液压油为动力源,带动机械完成伸缩或旋转动作。液压驱动具有输出力矩大、可以实现无级调速的优点,缺点是容易发生漏油故障、体积较大。液压驱动系统主要由液压缸和液压阀等组成。液压缸是将液压能转变为机械能的、做直线往复运动或摆动运动的液压执行元件。液压阀是用来控制液压系统中油液的流动方向或调节其压力和流量的,可以实现液压执行机构的运动速度和运动方向。

相比电力驱动,液压驱动的机器人具有大得多的抓举能力。但液压驱动系统对密封的要求较高,且不宜在高温或低温的场合下工作,要求的制造精度较高,成本也较高。

7.3.2.2 要求的能力

机器人驱动技术是一项跨学科的综合性技术,涉及自动控制、计算机、传感器、人工智能、电子技术和机械工程等多种学科的内容,通过本课程的学习,学生对机器人相关知识会有进一步的理解,对多学科的综合应用有一个基本的概念。因此该课程兼具理论性、设计性与实践性的特点,是对软件编程、硬件设计和基础物理三门课程综合实践的核心课程,可为学生今后的工作提供一定的技术技能训练。

7.3.3 机器人感知技术

机器人传感器用于感知自身状态与外界环境。传感器之于机器人就像感知器官之于人类,传感器为机器人提供了力、触、视、味、嗅等感知能力。通过传感器获取的信息,机器人可以决策运动姿态、规划协作任务,以完成既定的工作目标。随着工业机器人 2.0 时代的到来,智能制造对机器人智能化协作提出更高需求,机器人感知技术也将迎来更多挑战。

7.3.3.1 传感器的原理与分类

1) 传感器的原理

传感器是将各种非电量(包括物理量、化学量、生物量等)按一定规律转换成便于处理和传输的另一种物理量(一般为电量)的装置。传感器通常由敏感元件、转换元件与测量电路三部分组成,其结构如图 7-8 所示。各部分组成说明如下:

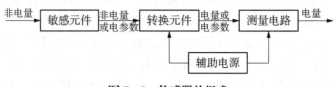

图 7 - 8　传感器的组成

（1）敏感元件。其将被测非电量预先转换成另一种易于变换成电量的非电量。

（2）转换元件。其将敏感元件检测到的非电量转换成电量。

（3）测量电路。其将转换元件输出的电量转换成便于显示、记录、控制与处理的电路。

2）传感器的分类

传感器有多种分类方法。根据感知对象的不同，机器人传感器可分为内部传感器和外部传感器。内部传感器用于检测机器人自身的状态，检测量包括位置、速度、加速度、内力/力矩等；外部传感器用于检测机器人外部环境状况，检测量包括距离、外力/力矩、声音、图像等。机器人感知分布与传感器结构如图 7 - 9 所示。

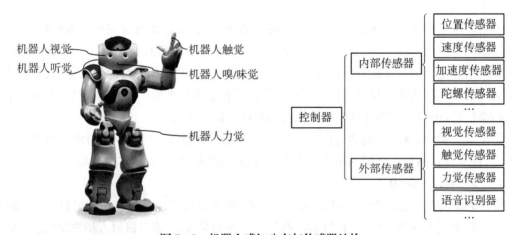

图 7 - 9　机器人感知分布与传感器结构

7.3.3.2　机器人内部传感器

机器人内部传感器用于检测机器人自身的运动学和力学参数，以感知自身状态，调整和控制其按照规定的运动参数进行工作。内部传感器主要包括位移（位置）传感器、速度传感器、加速度传感器等。

1）电位器式位移传感器

电位计是一种典型的电位器式位置检测传感器，可将机械位移转换为电阻变化。电位计结构简单，成本低，性能稳定，输出信号大，但精度较低，动态响应较差，不适合检测快速变化量。

2）编码式位移传感器——光电编码器

光电编码器是角度/角速度检测装置，通过光电转换将输出轴上的机械几何位移量转换成脉冲（模拟量）或数字量的传感器。光电编码器具有体积小、精度高、工作可靠等优点，应用广泛。其一般装在机器人各关节的转轴上，用来测量各关节转轴转过的角度。

光电编码器主要由光栅盘和光敏元件组成,结构如图7-10所示。光电码盘与电动机同轴,随电动机转动,输出脉冲信号。根据旋转方向用计数器对输出脉冲计数,即可确定电动机的位移或转速。

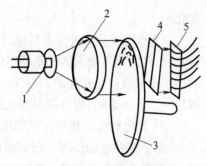

1—光源;2—透镜;3—光栅盘;
4—窄缝;5—光敏元件组

图 7-10 光电编码器结构示意图

3) 速度传感器——测速发电机

速度传感器主要用于测量机器人关节的速度。测速发电机是一种常用的模拟式速度传感器,具有线性度好、灵敏度高、输出信号强的特点。当通过线圈的磁通量恒定时,位于磁场中的线圈旋转,使线圈两端产生的电压与线圈的转速成正比,即

$$U = kn \tag{7-1}$$

式中,U 为测速发电机的输出电压;n 为测速发电机的转速;k 为比例系数。为了减小测量误差,尽可能保持负载性质不变。

4) 陀螺传感器

陀螺仪是一种运动姿态传感器,用于测量运动体的角度、角速度和角加速度,可精确检测自由空间中的复杂移动动作。图7-11所示为陀螺仪基本结构。可以将其看作一个刚体,刚体上有一个万向支点,陀螺可绕着此支点做三自由度的转动。陀螺仪的基本部件包括:

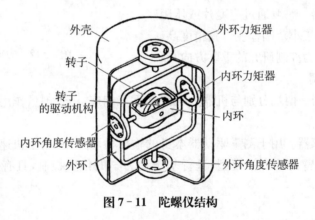

图 7-11 陀螺仪结构

(1) 陀螺转子。常采用同步电动机、磁滞电动机、三相交流电动机等进行拖动,使陀螺转子绕自转轴高速旋转,并将其转速近似为常值。

(2) 内、外框架。指使陀螺自转轴获得所需角转动自由度的结构。

(3) 附件。包括力矩器、信号传感器等。

7.3.3.3 机器人外部传感器

机器人外部传感器用于检测机器人周围环境与目标状态,进而使得机器人与环境发生交互作用。广义来讲,机器人外部传感器就是具有人类五官感知能力的传感器。

1) 基本原理

(1) 压阻效应。半导体材料受到外力作用时电阻率会发生变化。外力作用使原子点阵排列发生变化,晶格间距的改变使禁带宽度变化,导致载流子迁移率及浓度变化,即电阻率发生

变化。

（2）压电效应。外力沿压电材料特定晶向作用使晶体产生形变,在相应的晶面上产生电荷,去掉外力后压电材料又重回不带电状态。这种由外力作用产生电极化的现象称为正压电效应。压电效应是可逆的。在压电材料特定晶向施加电场时,不仅有极化现象发生,还产生机械形变。去掉电场,应力和形变也随之消失,这种现象称为逆压电效应。

（3）光电效应。物质在光照作用下释放电子的现象称为光电效应,释放的电子称为光电子,光电子在外电场作用下形成的电流称为光电流。实验发现,光电流大小与入射光频率有关,当入射光频率低于某一极限频率时,将不产生光电效应。只有当入射光频率高于极限额串时,光电流的大小才与入射光强度成正比。

（4）热释电效应。在既无外电场也无外力作用时,电石、水晶等晶体材料受温度变化的影响,其晶格的原子排列发生变化,也能产生自发极化。这是由于当环境温度变化时,晶体的热膨胀和热振动状态发生变化,在晶面上将产生电荷,表现出自发极化现象,称为热释电效应。

2）力觉传感器

力觉指机器人在工作中对外部力的感知,通常安装于指、肢和关节等位置。从传感器安装部位的角度,力觉传感器可分为指力传感器、腕力传感器、关节力传感器等。图 7 - 12 所示为几种常见的力觉传感器。

（1）指力传感器。一般通过应变片或压阻敏感元件测量,常用于小范围作业。其精度高、可靠性好,逐渐成为力控制研究的重要方向,研究难点在于多指协调。

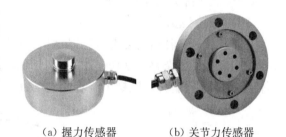

（a）握力传感器　（b）关节力传感器

图 7 - 12　力觉传感器

（2）腕力传感器。两端分别与机器人腕部和手爪相连,用于测量作用在末端执行器上的三维力与三维力矩。

（3）关节力传感器。用于测量驱动器本身的输出力和力矩,用于快速感知关节所承受的载荷,利于解耦机械臂的动力学模型,进行基于动力学的位置控制,且有利于实现力的准确控制。

3）视觉传感器

视觉传感器利用光学元件和成像装置获取外部环境图像信息,常见有激光扫描器、线阵和面阵 CCD 摄像机、TV 摄像机和数字摄像机等。视觉传感器获取的二维图像进行数字化后,机器人通过图像处理算法获取所处的三维环境。通过将视觉传感器获取的图像信息进行处理,可以感知环境中的物体轮廓、形状,进而实现运动检测、深度检测、相对定位、导航,以及环境或特定物体的三维建模。

4）听觉传感器

通常将具有语音识别功能的传感器称为听觉传感器。机器人通过听觉传感器实现人-机通话,还可感知环境中的超声波、次声波等信息。听觉传感器是一种人工智能装置,语音识别也是智能机器人的重要研究内容,已应用于次声污染的防治、人机语音交互等领域。

5）触觉传感器

机器人触觉广义上包括触觉、压觉、力觉、滑觉、冷热觉等,狭义上指机械手与对象接触面上的力感知。根据材料作用的原理不同,触觉传感器可分为压阻式触觉传感器、电容式触觉传感器、压电式触觉传感器等。

（1）压阻式触觉传感器。利用弹性体材料的电阻率随压力大小的变化而变化的性质,可将接触面上的压力信号转换成电信号。弹性材料具有非线性力阻特性,因此该传感器具有滞后性、寿命低、受温度与湿度影响大等缺点。

（2）电容式触觉传感器。在外力作用下使两电极板间相对位置发生变化,通过检测电容变化量可实现触觉检测,具有结构简单、易于轻量化和小型化、不受温度影响的特点,但其缺点是信号检测电路较为复杂。

（3）压电式触觉传感器。为基于压电效应的传感器,是一种自发电式和机电转换式传感器。压电材料受力后表面产生电荷,经过电荷放大器和测量电路放大并变换阻抗后,产生正比于所受外力的电信号输出,从而实现触觉检测。压电式触觉传感器具有体积小、重量轻、结构简单、工作频率高、灵敏度高和性能稳定等特点,但噪声大、易受外界电磁干扰、静态力难检测。

此外,随着电子设备的快速发展,人们对"触觉交互"的要求日益增长,电子触觉皮肤已被广泛应用于人机交互以及医疗诊断,正朝着轻量化、柔性化、多功能、集成化、低功耗、大阵列和自供电的方向发展。

6）生化传感器

生化传感器是识别特定生物或化学特性的装置,通过仿生检测技术实现,包括嗅觉传感器与味觉传感器等。机器嗅觉系统通常由交叉敏感的化学传感器阵列和适当的计算机模式识别算法组成。阵列中的气体传感器各自对特定气体具有较高的敏感性,由一些不同敏感对象的传感器构成的阵列可以测得被测样品挥发性成分的整体信息,用于检测、分析和鉴别各种气味。味觉传感器可以使机器人具有识别味道的功能,量化感知甜、咸、酸、苦和鲜五种基本味道的浓淡程度。

7.3.3.4 机器人视觉系统

1）机器人视觉概述

机器人对外部世界的信息感知依赖于各种传感器,其中视觉系统提供了大量外部环境的详尽信息,也因此在机器人技术中具有重要的作用。机器人视觉系统基于机器进行外部环境图像信息的测量和判断,综合了光学、机械、电子和计算机等多方面的技术。

机器人视觉主要包括图像获取和视觉处理两大步骤,其中图像获取通过照明系统、视觉传感器和高速计算处理器等实现。现实世界是三维的,而由传感器获取的图像是二维的,视觉处理用于在二维图像中提取三维世界的信息。视觉信息的实时性与准确性直接影响机器人运动决策判断的准确性,对机器人系统的实时性与鲁棒性具有决定性作用。

2）机器人视觉处理

要从二维图像中识别与建立三维空间信息,需要获取多角度图像,而后通过特征提取与立体匹配实现。

双目视觉是指利用两个相隔一定距离的摄像机同时获取同一场景的两幅图像,通过立体匹配算法找到两幅图像对应像素点,随后根据三角原理计算视差信息,进而转换成可用于表征场景中物体的深度信息。为丰富立体视觉系统的匹配多义性并提高匹配精度,进一步发展出多目视觉的方法。在大尺寸的三维测量中,为实现测量的完整性,可布置多个测量单元构成多视觉测量网络,对测量结构体实施三维视量。图 7 - 13 所示为一个多目视觉模型。

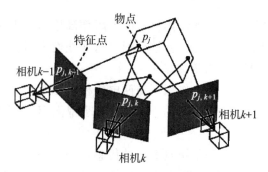

图 7 - 13　多目视觉模型

图像特征提取是图像分析与识别的前提,是将高维数据进行简化表达的最有效方式。图像特征主要包括颜色特征、纹理特征、形状特征以及局部特征点等。其中局部特征点具有较好的稳定性,不易受外界环境的干扰,适合于图像匹配与检索等应用。局部特征检测的常见方法有斑点检测法(LOG 算子、Hessian 矩阵与 DOH 行列式法)与尺度不变特征转换(scale-invariant feature transform,SIFT)算法。

立体匹配用于从平面图像中恢复深度信息,目标在于在两个或多个视点中匹配相应的像素点,计算视差。立体匹配的输入是经过立体校正的基准图像和目标图像,输出是与基准图像具有相同分辨率的视差图。立体匹配算法可分为全局匹配法和局部匹配法。全局匹配法在处理中整合了图像中的所有像素,尽可能获取全局信息。进一步,全局匹配法又可分为动态规划法、置信度传播法和图割法。局部匹配法将参考图像分为若干图模块,再求取匹配图像内预期相似度最高的图像块,生成深度图。卷积神经网络可以有效理解语义,在立体匹配算法中广受关注,越来越多的深度学习算法被验证可有效提高图像处理与匹配算法的准确性。

3) 视觉导航——SLAM

在未知环境中,机器人可以通过声呐、接近觉传感器和视觉传感器等获得环境的部分观测数据,但若要从数据中获取环境地图和自身定位信息,则需要大量计算处理,连续观测中的数据也将爆发式增长。为解决这类问题,采用即时定位与地图构建(simultaneous localization and mapping,SLAM)方式。SLAM 是指在一个位置环境中,依靠机器人携带的传感器与处理器,同时完成所处环境的地图构建与自身在地图中的定位。其难点在于同时对定位和地图信息进行估计,实现两者的有效联合计算。

经典的 SLAM 方法使用滤波器对机器人姿态和地图进行状态估计。首先利用传感器获取环境数据并提取环境特征,将特征信息与先验地图和人工信息标定进行数据关联,得到相应观测值;而后使用内部传感器测得的自身状态数据构建机器人运动模型;再结合观测值与运动模型,使用卡尔曼(Kalman)滤波等非线性滤波方法对机器人姿态与地图状态进行估计;最后与 GPS 和人工地图进行比对校验,检查状态估计的准确性。图 7 - 14 所示为一种经典 SLAM 架构。

7.3.4　机器人操作系统

机器人操作系统是用来集成、串联和协调机器人各个组成模块的软件系统。它将机器人的信息感知、运动控制和数据处理单元有机结合,使得机器人能够在操作系统的命令下完成指

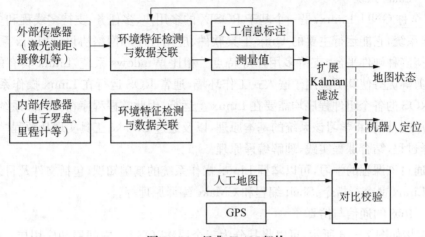

图 7 - 14　经典 SLAM 架构

定任务。

　　复杂机器人都需要通过操作系统连接上层命令到底层控制的转换。日常生活及工业场景中常见的机器人均具有自己的操作系统，如图 7 - 15 所示的无人机、无人车和协作机器人等。

(a) 无人机　　　　　　　　(b) 无人车　　　　　　　　(c) 协作机器人

图 7 - 15　需要机器人操作系统的机器人

　　作为工业产品的机器人，其机器人操作系统由产品研发公司开发并维护，通常为闭源系统。本书中，机器人操作系统课程以 ROS（Robot Operating System）为基础，介绍机器人操作系统的基本组成结构。

　　ROS 是用于编写机器人软件程序的一种具有高度灵活性的软件架构。ROS 的原型源自美国斯坦福大学的 STAIR（Stanford Artificial Intelligence Robot）和 PR（Personal Robotics）项目。

　　ROS 的主要目标是为机器人研究和开发提供代码复用的支持。ROS 是一个分布式的进程（也就是"节点"）框架，这些进程被封装在易于被分享和发布的程序包和功能包中。ROS 也支持一种类似于代码储存库的联合系统，这个系统也可以实现工程的协作及发布。这个设计可以使一个工程的开发和实现从文件系统到用户接口完全独立决策（不受 ROS 限制），同时，所有的工程都可以被 ROS 的基础工具整合在一起。

　　在机器人专业中，机器人操作系统课程主要内容包括：

7.3.4.1　Linux 系统

Linux 全称 GNU/Linux,是一个基于 POSIX 的多用户、多任务、支持多线程和多 CPU 的计算机操作系统,它能运行主要的 Unix 工具软件、应用程序和网络协议。Linux 系统具有免费开源、支持多种硬件平台、支持多用户等特点。相比 Windows 系统,Linux 具有的开源、体积小、可裁剪等优势使其更适用于嵌入式工作环境,通常 ROS 运行在 Linux 操作系统中。由于使用的 ROS 的各个组件程序均需要在 Linux 上运行,因此掌握程序在 Linux 系统上的编译变得尤为重要。课程将学习该系统的基本原理,以及通过 CMake 工具实现从源程序到可执行程序的编译过程,结合课程实践,理解编译原理。

总之,通过该课程的学习,可以掌握 Linux 操作系统的基础知识,包括文件及目录的管理、系统管理、Linux 命令行指令、Shell 编程和 CMake 编译原理等。

7.3.4.2　ROS 的通信与仿真

ROS 架构如图 7-16 所示,可以将其分为三个层次:OS 层、中间层和应用层。ROS 并不是一个传统意义上的操作系统,无法像 Windows、Linux 一样直接运行在计算机硬件之上,而是需要依托于 Linux 系统。

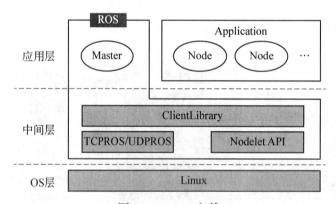

图 7-16　ROS 架构

Linux 的 ROS 在中间层做了大量工作,其中最为重要的就是基于 TCPROS/UDPROS 的通信系统。ROS 的通信系统基于 TCP/UDP 网络,在此之上进行了再次封装,也就是 TCPROS/UDPROS。通信系统使用发布/订阅、客户端/服务器等模型,实现多种通信机制的数据传输。在通信机制之上,ROS 提供了大量机器人开发相关的库,如数据类型定义、坐标变换、运动控制等,可以提供给应用层使用。

在应用层,ROS 需要运行一个管理者——Master,负责管理整个系统的正常运行。ROS 社区内共享了大量的机器人应用功能包,这些功能包内的模块以节点为单位运行,以 ROS 标准的输入输出作为接口,开发者不需要关注模块的内部实现机制,只需要了解接口规则即可实现复用,极大地提高了开发效率。

仿真/模拟(Simulation)泛指基于实验或训练的目的,以及原本的系统、事务或流程,建立一个模型以表征其关键特性或者行为/功能,予以系统化与公式化,以便对关键特征进行模拟。当所研究的系统造价昂贵、实验的危险性大或需要很长时间才能了解系统参数变化所引起的后果时,仿真是一种特别有效的研究手段,目前已经广泛应用于电气、机械、化工、水力、热力、经济、生态、管理等领域。ROS 中常用的仿真器包括：

1）Gazebo

Gazebo 是一个功能强大的三维物理仿真平台，具备强大的物理引擎、高质量的图形渲染、方便的编程与图形接口，最重要的还有其具备开源免费的特性。虽然 Gazebo 中的机器人模型与 rviz 使用的模型相同，但是 Gazebo 模型需要在模型中加入机器人和周围环境的物理属性，例如质量、摩擦系数和弹性系数等。机器人的传感器信息也可以通过插件的形式加入仿真环境，以可视化的方式进行显示。

Gazebo 主要功能包括动力学仿真、三维可视化环境、传感器仿真、可扩展插件（动力学、运动学等）、多种机器人模型、TCP/IP 传输、云仿真、终端工具。基于以上工具链，学生可以在仿真环境中设计并验证自己的机器人结构、传感器选择和动力学控制等方面的设计，降低机器人开发成本，提高开发效率。

2）MoveIt!

最早应用 ROS 的 PR2 不仅是一个移动型机器人，还带有两个多自由度的机械臂，可以完成一系列复杂的动作。MoveIt! 为开发者提供了一个易于使用的集成化开发平台，由一系列移动操作的功能包组成，包含运动规划、操作控制、3D 感知、运动学、控制与导航算法等，且提供友好的 GUI，可以广泛应用于工业、商业、研发和其他领域。MoveIt! 目前已经支持几十种常用的机器人，也可以非常灵活地应用到自己的机器人上。

MoveIt! 实现机械臂的控制可以分为四个步骤：

（1）组装。在控制之前需要有机器人，可以是真实的机械臂，也可以是仿真的机械臂，但都要创建完整的机器人 URDF 模型。

（2）配置。使用 MoveIt! 控制机械臂之前，需要根据机器人的 URDF 模型，再使用 Setup Assistant 工具完成自碰撞矩阵、规划组、终端夹具等配置，配置完成后生成一个 ROS 功能包。

（3）驱动。使用 ArbotiX 或者 ros_control 功能包中的控制器插件，实现对机械臂关节的驱动。插件的使用方法一般分为两步：首先创建插件的 YAML 配置文件，然后通过 launch 文件启动插件并加载配置参数。

（4）控制。MoveIt! 提供了 C++、Python、rviz 插件等接口，可以实现机器人关节空间和工作空间下的运动规划，规划过程中会综合考虑场景信息，并实现自主避障的优化控制。

7.3.4.3　SLAM 基础

SLAM 含义为即时定位与地图构建（或并发建图与定位），它的主要作用是让机器人在未知的环境中，完成定位（localization）、建图（mapping）和路径规划（navigation）。目前，SLAM 技术被广泛运用于机器人、无人机、无人驾驶、AR 和 VR 等领域，依靠传感器可实现机器的自主定位、建图（图 7-17）、路径规划等功能。主流的 SLAM 技术应用有两种，分别是激光 SLAM（基于激光雷达 lidar 来建图导航）和视觉 SLAM（VSLAM，基于单/双目摄像头视觉建图导航）。

经典的 SLAM 系统一般包含前端视觉里程计、后端优化、闭环检测和构图四个主要部分：

（1）视觉里程计（visual odometry）。仅有视觉输入的姿态估计。

（2）后端优化（optimization）。后端接收不同时刻视觉里程计测量的相机位姿，以及闭环检测的信息，对它们进行优化，得到全局一致的轨迹和地图。

（3）闭环检测（loop closing）。指机器人在地图构建过程中，通过视觉等传感器信息检测

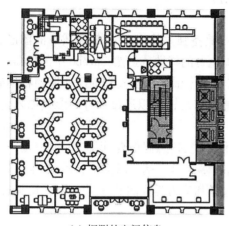
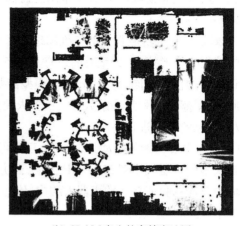

(a) 探测的空间信息　　　　　　　　　(b) SLAM 产生的高精度地图

图 7 - 17　使用 SLAM 技术构建的室内地图效果

是否发生了轨迹闭环,即判断自身是否进入历史同一地点。

（4）建图（mapping）。根据估计的轨迹,建立与任务要求对应的地图。

7.3.4.4　课程实践

课程实践学习主要结合 ROS 通信及 SLAM 在该专业实验室的移动机器人上进行。通过实践,掌握轮式机器人的控制、定位、建图、跟随等基本功能及原理。重点关注移动机器人的关节控制（ROS 仿真）、算法计算（SLAM）和传感系统（ROS 通信）,如图 7 - 18 所示。

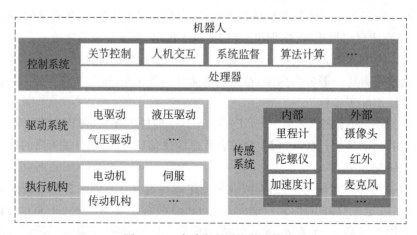

图 7 - 18　实践课程重点关注模块

其中,关节控制主要内容是将 Gazebo 物理仿真环境下的控制器转换为真实电动机控制器;算法计算方面主要通过实践过程理解 SLAM 的定位与建图原理,理解视觉里程计的工作流程,并通过简单的控制命令完成对无人小车的运动控制;传感系统重点关注在 ROS 系统中如何将相机和雷达采集的数据通过 ROS 提供通信机制向 SLAM 模块发送,通过对传感器信息交互的实践,加深对 ROS 通信机制和自定义消息的理解。

通过该课程的学习,希望学生能够理解复杂机器人系统模块化的基本概念;掌握各个模块之间信息交互的基本方式;从整个机器人系统运行流程控制的角度理解机器人的工作状态;为自己设计制造新概念机器人打下基础。

7.3.5 机器人控制技术

机器人是由执行机构、驱动装置、检测系统和控制系统组成,能够实现半自主或全自主作业的智能机器。其中机器人控制系统可以称为机器人的大脑,是决定机器人功能和性能的主要因素,一个简单的控制系统结构如图 7-19 所示。作为机器人控制系统的关键技术,机器人控制技术包含的范围十分广泛,从机器人智能、任务描述到运动控制和伺服控制等技术,既包括实现控制所需的各种硬件系统和软件系统,也包含各种控制算法。

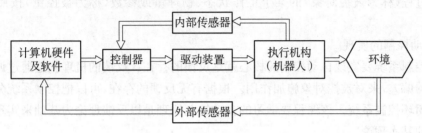

图 7-19 机器人控制系统结构

机器人控制是控制领域的一个子集,作为机器人控制的主干课程,机器人自动控制原理是一门具有一般方法论的专业基础课,而自动控制原理是现代控制理论、电动机驱动、机器人运动控制等控制相关课程的基础,因此该课程主要以自动控制原理为核心进行授课。对于机器人工程专业的学生,掌握基础的控制理论方法是最基本的专业素养。此外,自动控制技术的思想不仅涉及几乎所有工程学科,还可拓展应用至经济、社会生活等学科领域,是具有多学科应用背景的理论思想和科学技术。

机器人自动控制原理主要涉及自动控制原理经典控制论部分的理论,课程内容主要包括控制系统数学模型的推导、系统时域和频域性能分析、系统综合校正等,课程内容安排如图 7-20 所示。在学习该课程之前,学生需要预先学习的主要课程有高等数学、线性代数、复变函数等,需要掌握的知识有常微分方程的求解、Laplace 变换及逆变换、电路理论、基本电子学和力学知识等。

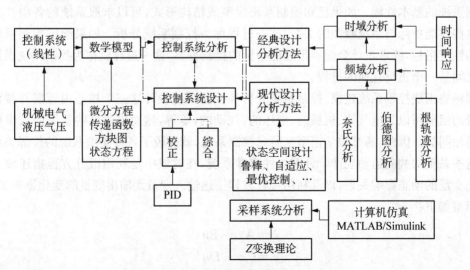

图 7-20 机器人自动控制原理课程安排

学习该课程,首先要了解以下基本概念:

1) 控制

任何一个可以被另一个对象或过程改变的对象或过程都可以称为控制。简单点理解,控制就是为了达到某种目的对目标进行管制、约束、支配等行为。而这种行为是无处不在的,即控制是无处不在的。

2) 自动控制

自动控制是指在没有人直接参与的情况下,利用外加设备或装置(称为控制器)使机器、设备或生成过程(称为被控对象)的某个工作状态、物理量或参数(称为被控量)按照给定规律变化。

3) 自动控制的实现

一个控制系统要实现自动控制的核心就是反馈的存在。反馈的机理就是通过调节实际与理论之间的偏差,来对被控对象施加作用。根据有无反馈的存在,可以把控制系统分为开环控制系统和闭环控制系统。该课程要学习的自动控制原理是以反馈理论为基础来实现控制系统自动调节的基本理论。

从上述基本概念可知,自动控制系统的基本组成部分包括被控对象、测量单元、比较单元以及自动控制研究的核心控制器。它们之间的关系可以通过控制框图进行描述,如图 7 - 21 所示。

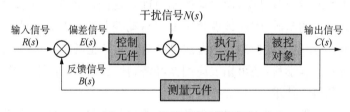

图 7 - 21 闭环反馈控制框图

机器人自动控制原理课程的主要研究对象为线性时不变系统。控制系统具有三个最基本的属性即稳定性、快速性和准确性(简称"稳准快")。这三个特性可以用于定性分析和描述一个控制系统的基本性能。如果已知控制系统模型或结构形式,可以求取系统的各项性能指标以及这些性能指标与系统参数的关系,这一过程称为控制系统分析。如果给定控制系统需要达到的性能指标,要求设计全面满足性能指标的控制方案,这一过程就称为控制系统设计。这两者之间是一个正反互逆的过程。

课程将围绕控制系统建模、控制系统分析和控制系统设计这三个核心内容展开授课。控制系统的组成可以是电气的、机械的、液压的、气动的,等等,然而描述这些系统的数学模型却可以是相同的。因此,通过数学模型来研究控制系统,就摆脱了各种类型系统的外部关系而抓住了这些系统的共同运动规律。针对线性定常系统,在时域中是利用微分方程描述输入变量对状态变量的动态影响关系,以及利用代数方程描述输入变量到输出变量的变化影响关系,其数学模型如下:

$$\left.\begin{aligned} \dot{x} &= Ax + Bu \\ y &= Cx + Du \end{aligned}\right\} \qquad (7-2)$$

式中，x 表示系统状态；u 表示系统控制量；y 表示系统输出；A，B，C，D 均为常值或常数矩阵（针对多输入多输出系统）。在频域中，通过传递函数 $G(s)$ 对系统进行描述。传递函数的定义是：在零初始条件下，针对线性定常系统，系统输出量的拉氏变换与系统输入量的拉氏变换之比。式(7-3)即为系统(7-2)推导得到的传递函数：

$$G(s) = \frac{C(s)}{R(s)} = C(sI - A)^{-1} B + D \qquad (7-3)$$

建立了控制系统模型后，就可以采用各种方法对控制系统进行分析和设计。在时域中，通过系统在典型信号作用下的时间响应，来建立系统的结构、参数与系统性能的定量关系。时间响应是指当系统受外加作用引起的输出随时间的变化规律。在频域中，利用图解法根据频率响应对控制系统进行分析和设计。频率响应是指控制系统或元件对正弦输入信号的稳态正弦响应，即系统稳定状态时输出量的振幅和相位随输入正弦信号的频率变化的规律。关于控制系统时域和频域的具体分析和设计方法，将在机器人自动控制原理课程中进行详细展开。

通过对机器人自动控制原理课程的学习，希望学生能够掌握自动控制系统的工作原理、仿真和设计方法，并能将课程所学理论知识用于实际控制系统的分析和设计当中。

7.3.6 机器人技术在智能制造中的应用

7.3.6.1 机器人中的人工智能技术

1) 智能启发式搜索

(1) 遗传算法。其根据大自然中生物体进化规律而设计提出，是一种模拟达尔文生物进化论的自然选择和遗传学机理的生物进化过程的计算模型，它本质上是一种通过模拟自然进化过程搜索最优解的方法。在对该算法的学习中，拟学习群体、染色体和基因的基本概念和染色体编码技术，需要理解适应度值的设置及其计算方法，需要掌握染色体的赌盘原理选择操作和染色体的变异操作与染色体的交叉操作；需要掌握对染色体进行解码，这种编码要能为适应度计算所用。

在对该方法的学习中，要求达到的能力要求包括：掌握遗传算法的基本原理；理解群体、染色体和基因的基本概念；掌握群体的更新原理，理解对染色体的编码、交叉、变异操作；清楚算法中二进制基因编码的实现方法，能通过高级语言对算法进化的迭代进行编码实现；做到能洞察不同算法参数对工程问题的求解影响，能围绕具体的功能目标求取进行编程计算。

(2) 典型群体智能算法。随着群体智能算法的蓬勃发展，有些算法表现出比遗传算法更高的计算效率。因此在该部分的学习中，要求学生能学习一种不同于遗传算法的典型群体算法如粒子群算法、蚁群算法、鲸鱼捕食算法等，学习其群体进化算法的进化机理，学习如何把算法应用到对问题求解，并洞察其求解的特性，分析其收敛性能与计算时间特性。

在达成能力的要求中，要求学生掌握一种典型群体智能算法基本原理，能应用 PYTHON 语言、MATLAB 或 C 语言实现这种算法；能应用一种高级语言编程实现该算法运算过程，并能分析群体智能算法中的参数对问题求解性能的影响规律，能围绕具体的工程应用给出合适参数开展计算。

2) 专家推理系统

专家推理系统的核心部件是专家系统推理机。专家系统推理机是指在一定的控制策略下，识别和选取知识库中对当前问题的可用知识进行推理，也就是进行搜索寻找所需要的解。

要理解专家推理系统为智能制造技术所使用,需要学习的内容包括专家系统及其支持知识库的基本概念,学习专家系统常用的体系结构与专家系统的开发过程,重点学习专家系统中的知识表示和获取方法;学习可用于专家系统的演绎推理、归纳推理和默认推理技术;学习专家系统中自然语言理解。

在对专家推理系统的学习中,需要达到能力要求包括:掌握专家系统、知识库的基本概念;理解专家系统的体系结构;能构建专家推理中的一般搜索问题;掌握推理过程中与或图的搜索问题;理解知识的表示方法,产生式表示方法,语义网络表示和框架表示方法;了解自然语言理解中句法和语义的分析。

3) 机器学习

(1) 人工神经网络。其基于一组称为人工神经元的连接单元或节点的神经网络,对生物大脑中的神经元进行松散建模。网络中每个连接就像生物大脑中的突触一样,可以向其他神经元传输信号,人工神经元接收信号然后对其进行处理,并可以向与其相连的神经元发送信号,进而实现对学习目标的理解。在该部分内容的学习中,需要学习人工神经网络的发展历程、基本功能和发展趋势;学习各种不同神经网络的组成;学习单神经元模型建立方法;学习多层感知机理;学习基于牛顿梯段优化的反向传播算法(简称"BP 算法")。

在该部分学习中,需要达成的能力要求包括:了解人工神经网络的发展历程;熟悉人工神经网络的基本模型;掌握神经触发函数的使用,掌握反向传播算法、Hopfield 网络模型、随机网络模型等典型模型。

(2) 支持向量机算法。支持向量机(support vector machine,SVM)是一种监督式学习的方法,它将学习的目标向量映射到一个更高维的空间里,然后在这个空间里建立有一个最大间隔超平面,在分开数据的超平面的两边建有两个互相平行的超平面,分隔超平面使两个平行超平面的距离最大化,通过假定平行超平面间的距离或差距越大,分类器的总误差越小,这种学习算法可以实现对不同分类数据的分类。在学习中主要学习欧式空间的凸规划问题和基本性质,欧式空间上带有广义不等式约束的凸规划;学习线性分类机问题,包括线性可分问题的支持向量分类机、线性支持向量分类机和核函数与支持向量机。

经过对支持向量机的学习,要求学生做到:掌握欧式空间的凸规划问题和基本性质;理解欧式空间上带有广义不等式约束的凸规划对偶理论和最优化条件;理解线性分类机的分类优化问题的求解;理解最大分隔法与线性支持向量分类机之间的关系;掌握支持向量机的算法流程,理解核函数对空间映射的作用,厘清算法参数与算法分类的关联关系,能用高级语言实现对支持向量分类机的实现,并对应具体分类工程的应用进行编程计算。

(3) 卷积神经网络。其受生物学上感受的机制而提出,是一类包含卷积计算且具有深度结构的前馈神经网络。卷积神经网络是专门用来处理具有类似网格结构的数据的神经网络。对卷积神经网络的学习可与视觉处理深度学习联合,主要包括:学习深度学习与浅层神经网络的区别;学习卷积神经网络的结构形式和神经网络梯度传播的法则;学习多卷积核计算和矩阵数据的池化计算;学习卷积神经网络的结构和算法实现流程。

对卷积神经网络用于深度学习的内容学习,要求学生能理解深度学习与浅层神经网络的区别和联系;了解深度学习算法实现的一些典型深度学习神经网络的结构;掌握神经网络梯度传播的法则;掌握多卷积核计算的方法原理和池化计算的基本原理方法;掌握卷积神经网络算法流程,厘清算法计算的规模与各算法参数之间的关联关系,能用高级语言编程实现卷积神经网络算法,能以一具体的学习工程实例开展学习计算,探索方法的作用机理和作用效果。

7.3.6.2 智能制造中的工业机器人

1) 机床上下料机器人

机器人的功能描述:在机床加工行业中要求加工精度高、批量加工速度快导致生产线体自动化程度要有很大的提升,首先就是针对机床方面进行全方位自动化处理使人力从中解放出来,具有柔性小、惯性小、通用性强、能将工件紧贴在机床底座上、能绕过机身与工作机械之间的障碍物进行作业等特点。对机床上下料机器人的学习中,需要学习常规数控机床加工机理、运动速度和运动精度,机床上下料机器人的结构和工作原理;熟悉工业机器人末端与上料物料的关系;进而实现上下料机器人的动作描述。

在学习后,要求学生能掌握常规工件切削的加工工艺,包括铣削、车削和锻造等,理解这些机床的工作原理和机床结构,知晓常见机床的精度、加工效率、加工速度等加工性能;掌握与机床协作的上下料机器人的结构确定方式,能围绕机床精度和速度要求给出上下料结构机器人的方案设计;能给出机器人末端的方案,匹配上料物料,实现物料的精确定位与无干涉机床上下料;能对上下料机器人的动作进行描述,实现把这种描述用于对工业机器人进行编程。

2) 激光加工机器人

机器人的功能描述:激光加工机器人是将机器人技术应用于激光加工中,通过高精度工业机器人实现更加柔性的激光加工作业。通过工业机器人的示教盒进行在线操作,也可通过离线方式进行编程。可产生加工件的模型,继而生成加工曲线,也可以利用 CAD 数据直接加工,可用于工件的激光表面处理、切割、打孔、焊接和模具修复等工艺。学习内容包括:激光切割和焊接的基本原理、激光能量产生和聚焦的基本原理、激光加工系统的基本组成,以及机器人末端运动插补和激光加工性能的关系。

经过学习后,要求学生能了解激光高能加工的基本工作原理,掌握激光切割过程需要的参数;了解激光加工系统的基本组成,掌握每个系统功能部件的关系;掌握激光精度与插补误差产生的机理,了解激光切割需要的辅助条件,熟悉激光加工设备的可靠性、安全性、可维修性、配套性。

3) 智能检测机器人

机器人的功能描述:实现对制造零件或部件的精度和质量检测,是制造过程的重要工序环节,采用工业机器人对这个工序实现自动化和智能化,检测机器人围绕视觉或其他传感器基础,以机器人对目标的相对运动,实现对目标的某项或多项指标进行检测。在对智能检测机器人的学习中,需要学习内容包括:空间坐标与检测指标的映射关系转换;基于机器学习的检测系统的构建原理;检测中机器人驱动与数据采集系统融合方面的知识。

经过学习后,要求学生能围绕机器人的空间位置误差与检测传感误差进行分析,能围绕机器人路径运动与检测偏差进行分析;能应用一种或多种智能机器学习算法实现对检测目标的自动推理检测;能给出机器人驱动与检测数据采集系统融合,实现驱动运动系统与检测系统之间的协同,能厘清数据通信与采集的基本原理。

4) 智能 AGV

机器人的功能描述:智能自动导向车(automated guided vehicle, AGV)是目前实现工业制造物流作为联系和调节离散型物流管理系统,使其作业连续化的必要自动化搬运装卸手段。通过构建智能 AGV 的 SLAM 技术,实现对空间位置的自感知,加上机器人的抓取功能的融合,实现对车间物流自动化,提升智能制造车间物流的无人配送与车间调度的智能化。在该部分的学习知识点包括:SLAM 技术在车间物流中的应用,优化算法在车间优化调度中的使用,以及在传感技术的配合下对越障碍智能推断技术。

经过学习后,要求能在激光位移传感器的作用下,对 SLAM 技术在车间物流中的应用进行仿真;能应用一种或多种智能启发式算法对车间物流的调度给出车间调度的优化,能实现对一种或多种优化目标进行优化计算;能围绕接触式传感器,对空间障碍的避障给出智能路径规划,实现路径最短的计算方案。

5) 装配机器人

机器人的功能描述:零部件的装配是产品制造环节中重要的工序步骤,装配要求的技术熟练程度高。装配机器人是柔性自动化装配系统的核心设备,由机器人操作机、控制器、末端执行器和传感系统组成。其中,操作机的结构类型有水平关节型、直角坐标型、多关节型和圆柱坐标型等;控制器一般采用多 CPU 或多级计算机系统,实现运动控制和运动编程;末端执行器为适应不同的装配对象而设计成各种手爪和手腕等;传感系统用来获取装配机器人与环境和装配对象之间相互作用的信息。对装配机器人需要学习知识点包括:机械装配中的公差性能等级,装配公差的三类装配配合关系,机器人运动精度与配合误差的关联关系,以及多机协同装配时时间控制的协同关系。

经过学习后,要求学生掌握机械装配中的公差性能等级,熟悉装配公差带的表示方法,掌握基轴和基孔的装配关系;掌握装配中间隙配合、过渡配合和过盈配合关系与公差带的控制;能够分析装配运动误差与装配误差之间空间几何关联关系,并协调机器人的路径运动实现对装配误差的控制;能够对多机协同装配下机器人运动进行时间协同分析,实现对机器停止运动最小化时间控制。

7.4 前沿技术和发展趋势

随着新材料、新工艺、人工智能和云计算等技术的发展,机器人技术呈现出日新月异的变化。下面简要介绍几类前沿技术,以呈现机器人技术的发展趋势。

7.4.1 协作机器人

先进的人-机器人协作(human-robot collaboration,HRC)是实现工业 4.0 的关键技术,而协作机器人(图 7-22)是实现 HRC 的核心装备。通过充分利用协作机器人与人类的优势(即利用机器人从事繁重和重复性的工作,同时利用人类的适应和决策能力),可以创造满足工业 4.0 要求的柔性生产制造环境。

"协作机器人(collaborative robot 或 cobot)"一词,既可用于指代通过相互协作完成任务的多机器人系统,又可用于指代不需要安全护栏或者其他额外安全装置即可与人协同操作的机器人。目前,多数文献资料采用后一种定义。

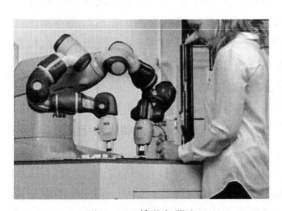

图 7-22 协作机器人

1) 协作机器人作业模式

协作机器人最初是作为智能辅助装置引入的,用于为人类操作员提供助力。随着技术的发展,协作机器人逐渐具备了几种不同的协同作业模式。在 ISO/TS 15066 和 ISO 10218 - 2 中,一共定义了以下四种可应用于 HRC 的协作机器人作业模式:

(1) 安全级监控停止(safety-rated monitored stop)。在这一作业模式下,当人类操作员进入协作工作空间时,机器人即停止工作。也就是说,在与人类发生互动时,机器人总是处于静止状态。因此这种作业模式最安全,但人-机器人协作的效益也最低。

(2) 手动指引(hand guiding)。在这一作业模式下,人类操作员直接与机器人接触,机器人被动地跟随操作员的运动,从而保证安全性。通过手指引机器人运动的操作是符合直觉的,易于学习掌握。

(3) 速度和分离监控(speed and separation monitoring)。在这一作业模式下,机器人根据传感器提供的信息检测自身与周围物体和人员之间的距离,从而始终保持一定的安全距离。速度和分离监控既可以避免机器人与人类操作员相互接触,又可以减少停机时间。因此,该模式可以在安全性和生产效率之间取得平衡。

(4) 功率和动力限制(power and force limiting)。在这一作业模式下,机器人与人类操作员之间的接触力被限制在一定的安全阈值以下。为此,机器人必须具备检测接触的能力。这增加了机器人的复杂度,但也可以避免在工作环境中配置额外的接触检测传感器。

2) 协作机器人设计的安全策略

机器人的工具和作业对象对人类而言常常具有一定的危险性,而机器人所具有的速度和力量也很容易对人造成伤害。由于协作机器人需要与人类操作员并肩作业,因此人员安全是设计和应用协作机器人时需要考虑的首要因素。设计协作机器人时考虑的安全策略可以分为以下三类:

(1) 本质安全策略。这类策略从根本上保证机器人的安全性,例如降低机器人移动部分的质量、使用接近感觉皮肤或扭矩和力传感器避免碰撞、增强机器人保护层的吸能特性、给机器人安装柔性外壳、在机器人周围放置气囊、限制机器人的最大速度和能量、限制接触力等。

(2) 预防碰撞策略。预防碰撞系统利用机器人内部和外部传感器检测人员和障碍物,通过使机器人停止或改变轨迹来阻止碰撞和避免接触。预防碰撞策略又可以分为反应控制策略、基于内部传感器的策略和基于外部传感器的策略。

(3) 后碰撞策略。后碰撞系统用于在意外发生碰撞时减小冲击和伤害,这类系统通过限制最大冲击能量或在控制系统中引入测量力来保障人员安全。

经过十多年的发展,已经出现了能够初步与人协作的机器人,但协作机器人仍然处于高速发展和进化阶段,在与之相关的软硬件设计、人员安全保障、人-机器人感知交互、在线示教编程、VR 和 AR 等方面仍然存在许多问题和挑战。

7.4.2　软体及自修复机器人

软体机器人(图 7 - 23)是采用柔性材料制造而成的机器人。与传统机器人相比,软体机器人具有人-机交互安全、适用于可穿戴设备、抓取系统简单等优点。具有自修复能力的软体机器人即自修复机器人。

传统机器人自由度为有限数值,其大多由刚性电动机驱动。而软体机器人由可变形的连续体构成,这极大地增大了机器人的自由度,导致软体机器人难以采用与传统机器人相同的驱

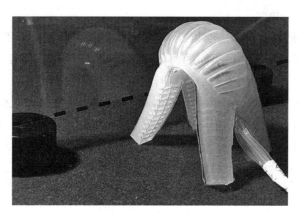

图 7-23 软体机器人

动方式。现有研究中,软体机器人的驱动系统可以分为三类:变长度肌腱驱动、流体驱动以及电活性聚合物驱动。

(1)常用的变长度肌腱包括张力绳和形状记忆合金。变长度肌腱可被嵌入机器人的某些柔性分段内作为驱动器,通过改变传递力使柔性分段受控地改变形状。流体驱动通过控制柔性体内部通道的膨胀使得柔性体发生受控变形。

(2)常见的流体驱动器包括气动人工肌肉(pneumatic artificial muscle,PAM)和射流弹性体驱动器(fluidic elastomer actuator,FEA)。气动人工肌肉由可变形的弹性体管和纤维套管组成,是线性柔性驱动器。射流弹性体驱动器是具有极高变形和适应能力的柔性驱动器,它包含合成弹性体层和内部通道。在完成变形之后,射流弹性体驱动器不需要或仅需少量能量即可保持形状不变。

(3)电活性聚合物(electro-active polymer,EAP)是受到电场刺激之后改变尺寸或形状的生物相容性聚合物,分为电子型 EAP 和离子型 EAP。电子型 EAP 通常需要高激活电场,并且在直流电压的作用下保持电刺激产生的形变,而离子型 EAP 需要低激活电压。

上述各种驱动系统都有其独特优势和各自的应用。除上述驱动器之外,有些自修复机器人还采用了具有自修复功能的驱动器,如可以自动修复介电层穿孔的介电弹性体驱动器和利用紫外线固化液态树脂修复穿孔的流体驱动器。

机器人依靠传感器感知各种信息,但软体机器人可变形的特点导致其无法使用许多传统的传感器,如编码器、应变片和惯性测量单元等,取而代之的是无接触或低模量传感器。由低模量弹性体和液相材料构成的柔性传感器适合作为软体机器人弯曲结构的内部传感器。为制造柔性传感器,比较传统的方法采用软光刻技术,比较新的方法采用导体掩膜沉积技术和3D打印技术。自修复机器人的传感器需要采用具有自修复能力的电子元件,这类电子元件一般通过两种途径制造:一种在自修复结构中封装室温液态金属,另一种使用混有导电填料的自修复聚合物块。

与传统刚性机器人相比,软体机器人具有抓取动作简单、生物相容性和安全性好等独特优势。随着技术的发展,必将有越来越多的软体机器人走进人们的生活。

7.4.3 微纳机器人

"微纳机器人"是微米机器人与纳米机器人(图 7-24)的统称。其中,微米机器人是特征尺寸不超过 1 mm 的机器人,纳米机器人是特征尺寸不超过 1 μm 的机器人。与传统宏观尺度的机器人相比,微纳机器人具有尺寸小、重量轻、高柔性和高敏感性等优点,特别适合用于需要操作微小对象以及需要机器人进入微小空间的应用。

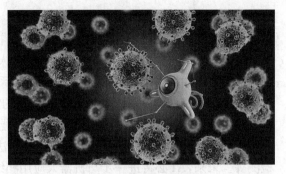

图 7-24　纳米机器人

微纳机器人通常被用于生物医学,如精准药物投递、高精度微创侵入手术、疾病精确诊断、遗传病和心血管疾病的治疗等。此外,微纳机器人在高端制造、航空、军事、环境和能源等领域也有广泛应用。

微纳机器人的驱动方法可以分为物理驱动方法、化学驱动方法、生物驱动方法和混合驱动方法。

(1)物理驱动方法利用磁、电、光、热、声等作为能源驱动微纳机器人。磁驱动穿透能力强,适合进行远程驱动,并且可以实现对活性生物材料的无害驱动。但是,在医疗应用中,需要考虑高强度磁场的安全性问题。电驱动方法常利用电泳力、介电泳力和电场力控制微纳机器人的运动,但由于此类方法需要安装电极,其在生物相关中的使用受到一定限制。光驱动具有可远端控制、低噪声和可局部驱动等优点,但由光产生的热量可能损坏活性生物材料;此外,光对生物组织的穿透也是需要考虑的因素。热驱动通过加热微纳机器人所处的液体环境实现驱动,在生物医学领域应用此类驱动方法需要避免对生物体、生物组织和生物活性材料造成热损伤。声驱动方法常利用超声波实现驱动,这类方法具有良好的生物相容性,可广泛用于生物医学领域。但是,声驱动受骨骼和气体影响较大,这类驱动方法还处于快速发展阶段,暂时不如其他物理驱动方法成熟。

(2)化学驱动方法利用化学反应为微纳机器人提供驱动力,这类驱动方法适用于不同形状、不同应用场合的机器人。化学驱动方法也存在许多问题,例如化学驱动的生物稳定性和运动精度会受到生物体内环境的影响、获取化学驱动微纳机器人的反馈非常困难、化学反应持续时间短导致机器人只能运动很短的一段时间等。

(3)生物驱动方法将生物有机体作为微纳机器人的动力组件,或者直接将生物有机体作为微纳机器人。常用的生物有机体包括细菌、藻类细胞和哺乳动物细胞等。生物驱动方法使得微纳机器人具备了生物有机体的诸多优点,如尺寸小、效率高、敏感度高和环境适应性强等。然而,生物驱动方法要求维持生物体生存所需的环境,这限制了此类方法的应用范围。

(4)混合驱动方法是采用上述一种或多种方法的组合进行驱动的方法。混合驱动可以结合不同驱动方法的优点,并克服相应的缺点。例如,药物投递机器人可以利用电磁驱动克服大血管中血流的影响,并利用细菌的趋药性和自主运动能力在小血管中完成药物投递。需要注意的是,由于采用了不同的驱动方法,因此混合驱动方法比单一的驱动方法复杂。此外,混合驱动微纳机器人的正常工作也依赖于更多的外部条件。

受微纳机器人本身的特点和现有技术水平的限制,微纳机器人在功能多样性、制造、控制、能量来源和材料等方面还面临许多问题和挑战。

7.4.4 人工智能赋能机器人

过去几年,人工智能(AI)技术已经在机器视觉、自然语言处理和自动驾驶应用中取得了长足进步,这启发机器人研究人员尝试在机器人技术的各个环节应用 AI 技术。随着 AI 技术与机器人技术的融合发展,越来越多的机器人系统开始利用 AI 提高性能,甚至解决以前难以处理的问题。例如,利用 AI 提高无人机网络的可靠度、连接度和安全度,利用 AI 赋能的传感器构建农业应用物联网,利用 AI 监测扫地机器人的性能退化和操作安全问题,利用 AI 赋能的聊天机器人开展精神护理,利用深度学习方法(一种实现 AI 的技术)进行机器人抓取目标检测等。未来,AI 必将进一步与机器人应用相结合,继续深入机器人技术的方方面面。

7.4.5 云机器人

云机器人是指依靠云计算、云存储以及其他互联网技术完成特定操作的机器人。这类机器人通过网络与分布在不同地点的一个或多个计算机、传感器和其他设备相连,利用云端计算机和数据中心强大的软件、计算能力、存储设备和数据等资源构建超级智能"大脑",并通过网络与不同的机器人、智能设备和人员进行信息共享和交互,进而获得应对复杂信息处理和繁重计算任务的能力。

与传统机器人相比,云机器人的优势可以概括为四个方面:①可以访问远端数据库中的图片、地图和轨迹等数据;②可以利用云端并行计算网络进行统计分析、学习和运动规划等任务;③可以与云端机器人共享轨迹、控制策略和输出;④可以利用云端的专家知识进行数据分析、学习和错误恢复。采用云技术可以设计和制造轻量化、低成本,同时具备访问海量数据、进行复杂运算等强大能力的机器人。

云机器人适于完成数据密集型和计算密集型任务,如机器人应用中的 SLAM 技术、抓取和导航。在机器人抓取应用中,如果已知抓取对象的完整、精确三维模型,则许多现有方法都可以用于生成抓取动作。反之,如果抓取对象的三维模型未知或不精确,则抓取动作的生成将变得极具挑战,机器人需要访问并处理海量数据,并承受极大的计算负荷。如果将这些数据访问和计算任务卸载至云端,则机器人平台不需要配备大量的数据存储和运算资源即可轻松完成抓取任务。机器人导航要求机器人确定自身相对于特定参考系的位置,并规划到达目标位置的路径。导航过程可能包含的任务包括定位、路径规划和建图。基于地图的导航可以采用已有地图,也可以采用导航过程中建立的地图。然而,建图过程需要消耗大量存储空间和计算资源,而搜索地图的过程中需要访问大量数据。云机器人可以有效解决上述问题,这是因为云端设备不仅能够提供海量存储空间用于保存地图数据,而且可以提供足够的处理能力用于快速建立和搜索地图。此外,云机器人在智能交通、环境监测、健康护理、智能家居、娱乐、教育和军事等领域中也有广泛的应用前景。

云机器人也面临许多问题和挑战。例如,机器人与云端连接,增加了数据和隐私泄露的风险,而且使得机器人可能遭受远程攻击。在技术方面,机器人算法需要处理网络延迟和质量、大数据规模变化和数据污染等问题。

参考文献

[1] 单祥茹.机器人行业发展现状综述[J].中国电子商情,2015(9):41-43.

[2] 曾艳涛.机器人的前世今生[J].机器人技术与应用,2012(2):1-5.

[3] 马柝. 智能机器人现状及发展趋势研究[J]. 传播力研究,2018,2(35):238.

[4] 郭海燕. 工业机器人国内外行业发展现况概述[J]. 机电产品开发与创新,2021,34(3):143 - 144,154.

[5] 张红霞. 国内外工业机器人发展现状与趋势研究[J]. 电子世界,2013(12):2.

[6] 蒋志宏. 机器人学基础[M]. 北京:北京理工大学出版社,2018.

[7] 李宏胜. 机器人控制技术[M]. 北京:机械工业出版社,2020.

[8] 刘辛军. 机器人机构学[M]. 北京:机械工业出版社,2021.

[9] 卢宏琴. 基于旋量理论的机器人运动学和动力学研究及其应用[D]. 南京:南京航空航天大学,2007.

[10] 朴钟宇,凯文·M. 林奇. 现代机器人学:机构、规划与控制[M]. 北京:机械工业出版社,2020.

[11] 张福学. 机器人学:智能机器人传感技术[M]. 北京:电子工业出版社,1996.

[12] 胡寿松. 自动控制原理[M]. 7 版. 北京:科学出版社,2019.

[13] 石海彬. 现代控制理论基础[M]. 2 版. 北京:清华大学出版社,2018.

[14] 路立军. 旋量理论概述[J]. 机械工程师,2012(4):39 - 42.

[15] 陈庆诚,朱世强,王宣银,等. 基于旋量理论的串联机器人逆解子问题求解算法[J]. 浙江大学学报(工学版),2014,48(1):8 - 14,20.

[16] 徐鉴. 机器人动力学与控制专题序[J]. 力学学报,2016,48(4):754 - 755.

[17] 姚文岳. 基于旋量理论的五自由度串联机械臂运动分析与控制研究[D]. 哈尔滨:哈尔滨工程大学,2021.

[18] 徐鉴. 机器人动力学与控制专题序[J]. 力学学报,2016,48(4):754 - 755.

[19] Hirsch-Kreinsen H. Digitization of industrial work: development paths and prospects [J]. Journal for Labour Market Research, 2016,49(1):1 - 14.

[20] Kirschner D, Velik R, Yahyanejad S, et al. YuMi, come and play with me! a collaborative robot for piecing together a tangram puzzle [C]. International Conference on Interactive Collaborative Robotics. Springer, Cham, 2016.

[21] Jarrassé N, Charalambous T, Burdet E, et al. A framework to describe, analyze and generate interactive motor behaviors [J]. PLoS ONE, 2012,7(11):e49945.

[22] Santis A D, Siciliano B, Federico I N. Safety issues for human-robot cooperation in manufacturing systems [C]//Proceedings of Tools and Perspectives in Virtual Manufacturing, Napoli, Italy, July, 2008.

[23] Aouache M, Maoudj A, Akli I, et al. Human-robot interaction in industrial collaborative robotics: a literature review of the decade 2008 - 2017 [J]. Advanced Robotics, 2019,33(15 - 16):764 - 799.

[24] Lee C, Kim M, Kim Y J, et al. Soft robot review [J]. International Journal of Control Automation and Systems, 2017,15(1):3 - 15.

[25] Adam B R, Kramer R K. Self-healing and damage resilience for soft robotics: a review [J]. Frontiers in Robotics and AI, 2017(4):48.

[26] Rus D, Tolley M. Design, fabrication and control of soft robots [J]. Nature, 2015

(521):467 - 475.

[27] Wallin T, Pikul J, Bodkhe S, et al. Click chemistry stereolithography for soft robots that self-heal [J]. Journal of Materials Chemistry B, 2017,5(31):6249 - 6255.

[28] Terryn S, Langenbach J, Roels E, et al. A review on self-healing polymers for soft robotics [J]. Materials Today, 2021(47):187 - 205.

[29] Rus D, Tolley M. Design, fabrication and control of soft robots [J]. Nature, 2015 (521):467 - 475.

[30] Zhang M, Tarn T J, Xi N. Micro/nano-devices for controlled drug delivery [C]. IEEE International Conference on Robotics and Automation, 2004.

[31] Medina-Sánchez M, Xu H, Schmidt O G. Micro- and nano-motors: the new generation of drug carriers [J]. Therapeutic Delivery, 2018,9(4):303 - 316.

[32] Yang J, Zhang C, Wang X D, et al. Development of micro-and nanorobotics: a review [J]. Science China Technological Sciences, 2019,62(1):1 - 20.

[33] Li D, Choi H, Cho S, et al. A hybrid actuated microrobot using an electromagnetic field and flagellated bacteria for tumor-targeting therapy [J]. Biotechnology and Bioengineering, 2015,112(8):1623 - 1631.

[34] Rovira-Sugranes A, Afghah F, Chakareski J, et al. A review of AI-enabled routing protocols for UAV networks: trends, challenges, and future outlook [J]. Ad Hoc Networks, 2022(130):102790.

[35] Ullo S L, Sinha G R. Advances in IoT and smart sensors for remote sensing and agriculture applications [J]. Remote Sensing, 2021,13(13):2585.

[36] Pookkuttath S, Rajesh E M, Sivanantham V, et al. AI-enabled predictive maintenance framework for autonomous mobile cleaning robots [J]. Sensors, 2022,22(1):13.

[37] Pham K T, Nabizadeh A, Selek S. Artificial intelligence and chatbots in psychiatry [J]. Psychiatric Quarterly, 2022(93):249 - 253.

[38] Caldera S, Rassau A, Chai D. Review of deep learning methods in robotic grasp detection [J]. Multimodal Technologies and Interaction, 2018,2(3):57.

[39] Kehoe B, Patil S, Abbeel P, et al. A survey of research on cloud robotics and automation [J]. IEEE Transactions on Automation Science and Engineering, 2015,12 (2):398 - 409.

[40] 徐文福. 机器人学[M]. 哈尔滨:哈尔滨工业大学出版社,2020.

[41] 蔡自兴. 机器人学基础[M]. 3版. 北京:机械工业出版社,2021.

[42] 樊炳辉. 机器人工程导论[M]. 北京:北京航空航天大学出版社,2018.

[43] 辔三郎,江尻正员. 机器人工程学及其应用[M]. 王琪民,朱近康,译. 北京:国防工业出版社,1989.

[44] 李卫国. 工程创新与机器人技术[M]. 北京:北京理工大学出版社,2013.

[45] 白井良明. 机器人工程[M]. 王棣棠,译. 北京:科学出版社,2001.

[46] 何苗,马晓敏,陈晓红. 机器人操作系统基础[M]. 北京:机械工业出版社,2022.